高等职业教育精品示范教材（电子信息课程群）

数据结构（Java 版）

主　编　孙琳　张宇

副主编　肖奎　胡双　董宁

主　审　罗炜

中国水利水电出版社
www.waterpub.com.cn

内 容 提 要

本书全面系统地介绍了数据结构的基础理论和算法设计方法，对常用的数据结构做了系统的介绍，并结合数据结构的应用以及算法性能评价等内容，进一步使读者理解数据抽象与编程实现的关系，提高用计算机解决实际问题的能力。主要内容包括：数据结构的基本概念、算法描述和算法分析初步、线性表、链表、栈、队列、串、数组、广义表、树、图、查找和排序的各种方法。

本书是用 Java 语言定义和实现数据结构及算法的，因此本书中第一章第一节简单介绍了 Java 编程语言。本书结构合理，内容丰富，算法描述清晰，便于自学，可作为高等院校计算机专业和其他相关专业的教材和参考书，也可供从事计算机软件开发的科技工作者参考。

图书在版编目（C I P）数据

数据结构 : Java版 / 孙琳，张宇主编. -- 北京 : 中国水利水电出版社，2015.9（2019.8 重印）
高等职业教育精品示范教材. 电子信息课程群
ISBN 978-7-5170-3618-0

Ⅰ. ①数… Ⅱ. ①孙… ②张… Ⅲ. ①数据结构－高等职业教育－教材 Ⅳ. ①TP311.12

中国版本图书馆CIP数据核字(2015)第210748号

策划编辑：祝智敏　　责任编辑：李　炎　　封面设计：李　佳

书　　名	高等职业教育精品示范教材（电子信息课程群） 数据结构（Java 版）
作　　者	主　编　孙琳　张宇 副主编　肖奎　胡双　董宁 主　审　罗炜
出版发行	中国水利水电出版社 （北京市海淀区玉渊潭南路 1 号 D 座　100038） 网址：www.waterpub.com.cn E-mail：mchannel@263.net（万水） sales@waterpub.com.cn 电话：（010）68367658（发行部）、82562819（万水）
经　　售	北京科水图书销售中心（零售） 电话：（010）88383994、63202643、68545874 全国各地新华书店和相关出版物销售网点
排　　版	北京万水电子信息有限公司
印　　刷	三河市铭浩彩色印装有限公司
规　　格	184mm×240mm　16 开本　17.75 印张　410 千字
版　　次	2015 年 9 月第 1 版　2019 年 8 月第 3 次印刷
印　　数	5001—6000 册
定　　价	38.00 元

高等职业教育精品示范教材（电子信息课程群）

丛书编委会

I

序

为贯彻落实国务院印发的《关于加快发展现代职业教育的决定》，加快发展现代职业教育，形成适应发展需求、产教深度融合、中职高职衔接、职业教育与普通教育相互沟通的现代职业教育体系，我们在围绕中国职业技术教育学会研究课题的基础上、联合大批的一线教师和技术人员，共同组织出版“高等职业教育精品示范教材（电子信息课程群）”职业教育系列教材。

职业教育在国家人才培养体系中有着重要位置，以服务发展为宗旨，以促进就业为导向，适应技术进步和生产方式变革以及社会公共服务的需要，从而培养数以亿计的高素质劳动者和技术技能人才。紧紧围绕国家发展职业教育的指导思想和基本原则，编委会在调研、分析、实践等环节的基础上，结合社会经济发展的需求，设计并打造电子信息课程群的系列教材。本系列教材配合各职业院校专业群建设的开展，涵盖软件技术、移动互联、网络系统管理、软件与信息管理等专业方向，有利于建设开放共享的实践环境，有利于培养“双师型”教师团队，有利于学校创建共享型教学资源库。

本次精品示范系列教材的编写工作，遵循以下几个基本原则：

（1）体现就业为导向、产学结合的发展道路。学科和专业同步加强，按企业需要、按岗位需求来对接培养内容。既反映学科的发展趋势，又能结合专业教育的改革，且及时反映教学内容和教学体系的调整更新。

（2）采用项目驱动、案例引导的编写模式。打破传统的以学科体系设置课程体系、以知识点为核心的框架，更多地考虑学生所学知识与行业需求及相关岗位、岗位群的需求相一致，坚持“工作流程化”“任务驱动式”，突出“走向职业化”的特点，努力培养学生的职业素养、职业能力，实现教学内容与实际工作的高仿真对接，真正以培养技术技能型人才为核心。

（3）专家教师共建团队，优化编写队伍。由来自于职业教育领域的专家、行业企业专家、院校教师、企业技术人员协同组合编写队伍，跨区域、跨学校来交叉研究、协调推进，把握行业发展和创新教材发展方向，融入专业教学的课程设置与教材内容。

（4）开发课程教学资源，推进专业信息化建设。从充分关注人才培养目标、专业结构布局等入手，开发补充性、更新性和延伸性教辅资料，开发网络课程、虚拟仿真实训平台、工作过程模拟软件、通用主题素材库以及名师讲义等多种形式的数字化教学资源，建立动态、共享的课程教材信息化资源库，服务于系统培养技术技能型人才。

电子信息类教材建设是提高电子信息领域技术技能型人才培养质量的关键环节，是深化职业教育教学改革的有效途径。为了促进现代职业教育体系建设，使教材建设全面对接教学改革、行业需求，更好地服务区域经济和社会发展，我们殷切希望各位职教专家和老师提出建议，并加入到我们的编写队伍中来，共同打造电子信息领域的系列精品教材！

丛书编委会
2014 年 6 月

II

前言

“数据结构”是计算机专业的重要基础课，是该专业的核心课程之一，它是一门集技术性、理论性和实践性于一体的课程。Java 是现今一种热门的语言，本书在编写过程中特别考虑到了面向对象程序设计（OOP）的思想与 Java 语言的特性。本书在数据结构的实现上更好地运用了 Java 语言，并且自始至终强调以面向对象的方式来思考、分析和解决问题。

本书在编写过程中特别考虑到了 Java 与对象，Java 语言是完全面向对象的、简单高效、与平台无关、支持多线程、具有安全性和健壮性等特点，为教师和学生提供了一种精心设计并经过教学检验的方式，借助 Java 讲授 ADT 和对象。本书教给学生如何使用线性表、词典、栈、队列等来组织数据。利用这些数据组织方式，学生们将学到算法设计的相关技术。

本书共 9 章。第 1 章简单介绍 Java 语言，阐述数据、数据结构和算法等基本概念。第 2 章至第 7 章分别讨论线性表、链表、栈、队列、串、数组、广义表、树以及图的基本数据结构及应用。本书第 9 章排序给出了多种经典排序方法，全部是用 Java 语言描述编写，并经过测试运行。

本书注重理论联系实际，注重基本知识的传授与基本技能的培养。本书还提供了丰富的教辅材料，内容包括 PPT、源代码、课后上机实训、习题解答等，非常适合作为数据结构的教学用书。

本书由孙琳、张宇担任主编，肖奎、胡双、董宁任副主编，其中第 1、2 章由胡双编写，第 3、4 章由肖奎编写、第 5、6 章由张宇编写，第 7、8、9 章由孙琳和董宁编写。全书由罗炜主审。李礼、余璐、计菲、夏杰等几位老师提供了丰富的案例与实践素材，并参与部分章节的编写，在此一并表示感谢！

本书编写过程中参考了许多作者的大量文献资料和国内外优秀教材，中国水利水电出版社对本书的出版给与了大力支持和帮助，作者在此一并致以诚挚的谢意。

由于编写时间紧张，编者水平有限，难免存在疏漏，敬请读者批评指证。

编　者

2015 年 6 月

目 录

1 绪论

本章学习目标：

本章首先介绍了 Java 语言的基本知识，其次讲解了数据结构在计算机专业中的重要地位，以及学习数据结构的意义和作用，重点介绍了与数据结构相关的概念和术语。读者学习本章后应当掌握数据、数据元素、逻辑结构、存储结构、算法设计等基本概念，并了解影响算法效率的因素，同时明白如何评价一个算法的好坏。

1.1 Java 简介

1.1.1 Java 编程语言

本书以纯面向对象的 Java 语言作为数据结构的描述语言，掌握 Java 语言程序设计的基本概念和基本方法是学习本课程的基础。为帮助读者学习，本节概要叙述与数据结构课程教学内容相关的一些 Java 语言基础。

Java 编程语言是一种高级语言，它具有以下性质：面向对象、多线程、与体系结构无关、解释以及可移植性。在大多数语言中，要么编译程序，要么解释程序，才能在计算机上运行。Java 编程语言的特殊之处在于程序既被编译又被解释。首先，使用编译器将程序翻译为一种称为 Java 字节码的中间语言，这是由 Java 平台上的解释器解释的，与平台无关的代码。解释器在计算机上分析并运行每条 Java 字节编码指令。编译只发生一次，而解释在每次执行程序时都发生。可以将 Java 字节码看作用于 Java 虚拟机（JVM）的机器码指令，每个 Java 解释器，无论是开发工具还是可以运行 Applet 的 Web 浏览器，都是一种 Java VM 实现。

Java 字节码有助于使“一次编写，处处运行”成为可能。你可以在任何有 Java 编译器的平台上将你的程序编译为字节码。字节码可以在任何 Java VM 实现上运行。这意味着只要计算机上有一个 Java VM，那么用 Java 编程语言写的同样的程序就能够在 Windows 系列机、Solaris 工作站或 iMac 上运行。

1.1.2 Java 虚拟机

JVM 就是我们常说的 Java 虚拟机，它是整个 Java 实现跨平台的最核心的部分，所有的 Java 程序（.Java 文件）会首先被编译为.class 的类文件，这种类文件可以在虚拟机上执行，也就是说 class 并不直接与机器的操作系统相对应，而是经过虚拟机间接与操作系统交互，由虚拟机将程序解释给本地系统执行。JVM 是 Java 平台的基础，和实际的机器一样，它也有自己的指令集，并且在运行时操作不同的内存区域。JVM 通过抽象操作系统和 CPU 结构，提供了一种与平台无关的代码执行方法，即与特殊的实现方法、主机硬件、主机操作系统无关。但是在一些小的方面，JVM 的实现也是互不相同的，比如垃圾回收算法，线程调度算法（可能不同操作系统有不同的实现）。

JVM 的主要工作是解释自己的指令集（即字节码）到 CPU 的指令集或系统调用，保护用户免受恶意程序骚扰。JVM 对上层的 Java 源文件是不关心的，它关注的只是由源文件生成的类文件（class file）。类文件的组成包括 JVM 指令集、符号表以及一些辅助信息。

1.2 数据结构概述

1.2.1 学习数据结构的必要性

数据结构是计算机专业中的一门专业基础必修课，凡是设置计算机专业的院校都开设了此课程。此外，一些常见的数据结构已经渗透到计算机专业的各门课程中，例如操作系统课程中涉及到“队列”和“树”的使用，即进程调度的原则就是从就绪队列中按照某种原则选取一个进程执行；在文件管理中，文件一般都按照“树”型结构进行存储和处理。

瑞士著名计算机科学家 N.Wirth 提出了著名公式“程序=算法+数据结构”，表明了数据结构在程序设计中的重要地位。在计算机发展的初期，人们使用计算机的主要目的是处理数值计算问题。由于当时所涉及的运算对象是简单的整型、实型或布尔类型数据，所以程序设计者的主要精力都集中在程序设计技巧上，而无需重视数据结构。随着计算机应用领域的扩大以及软硬件的发展，非数值计算问题显得越来越重要。这类问题涉及到的数据结构更为复杂，数据元素之间的相互关系一般无法用数学方程式直接描述，数学分析和计算方法在解决此类问题时显得力不从心，而设计出合适的数据结构，才能有效地解决这类问题。

因此，掌握好数据结构课程的知识，对于提高解决实际问题的能力将会有很大的帮助。实际上，一个“好”的程序无非是选择一个合理的数据结构和好的算法，而好的算法的选择很大程度上取决于描述实际问题所采用的数据结构。所以，要想编写出好的程序，仅仅学习计算机语言是不够的，必须扎实的掌握数据结构的基本知识和基本技能。

1.2.2　什么是数据结构

一般而言，利用计算机解决一个具体问题时，大致需要经过如下几个步骤：

1）从具体问题抽象出一个合适的数学模型。

2）设计一个解此数学模型的算法。

3）编写出程序，进行测试、调整直到最终解答。

寻求数学模型的实质是分析问题，从中提取操作的对象，并找出这些操作对象之间含有的关系，然后用数学的语言加以描述。为了说明这个问题，我们首先举一个例子，然后再给出明确的含义。

例 1-1　在八皇后问题中，处理过程不是根据某种确定的计算法则，而是利用试探和回溯的探索技术求解。为了求得合理布局，在计算机中要存储布局的当前状态。从最初的布局状态开始，一步步地进行试探，每试探一步形成一个新的状态，整个试探过程形成了一棵隐含的状态树，如图 1-1 所示（为了描述方便，将八皇后问题简化为四皇后问题）。回溯法求解过程实质上就是一个遍历状态树的过程。在这个问题中所出现的树也是一种数据结构，它可以应用在许多非数值计算的问题中。

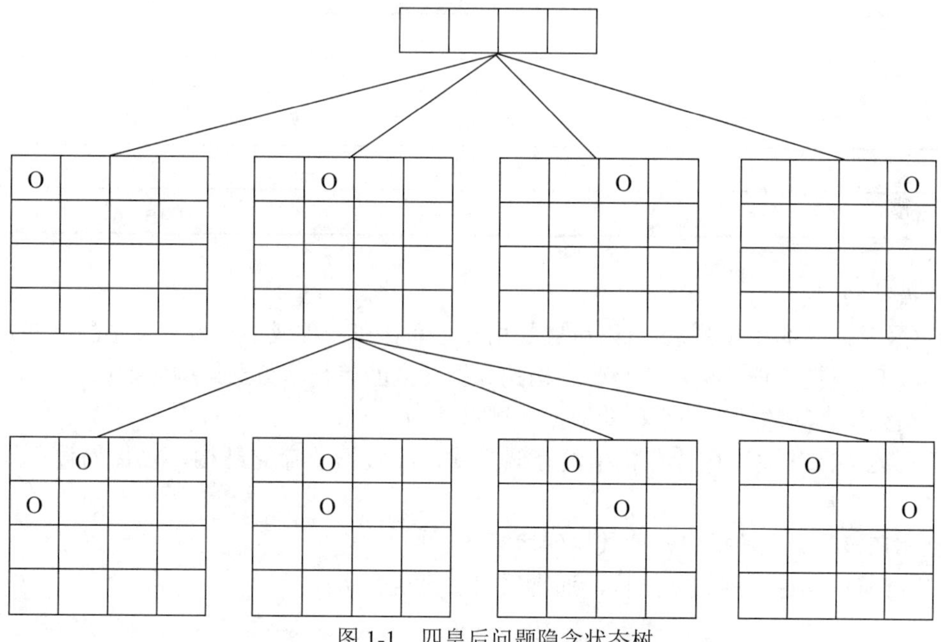

图 1-1　四皇后问题隐含状态树

由以上例子可以看出，描述这类非数值计算问题的数学模型不再是数学方程式，而主要是线性表、树、图这类的数据结构。因此，可以说数据结构课程主要是研究非数值计算的程序设计问题中所出现的计算机操作对象以及他们之间关系和操作的学科。

1.2.3 基本概念和术语

1. 数据

数据是人们利用文字符号、数字符号以及其他规定的符号对现实世界的事物及其活动所做的描述。在计算机中，它泛指所有能输入到计算机中并被计算机程序处理的符号的总称。它是计算机程序加工的原料，包括文字、表格、声音、图像等都称为数据。

2. 数据元素

数据的基本单位，在程序中通常把数据元素作为一个整体进行考虑和处理。例如，表 1-1 所示的学生表中，如果把每行当作一个数据元素来处理，此表共包含 7 个数据元素。一个数据元素可由若干**数据项**组成，例如表 1-1 中每一个学生的信息作为一个数据元素，而学生信息的每一项（如学号、姓名等）都是一个数据项。数据的最小单位即数据项。

表 1-1　学生表

学号	姓名	性别	班号
201001	张斌	男	1001
201013	刘英	女	1001
201016	李丽丽	女	1002
201034	陈雪华	女	1003
201056	王硕	男	1002
201021	董明	男	1003
201006	王平	男	1001

3. 数据结构

指数据及其之间的相互关系，可以看做是相互之间存在一种或多种特定关系的数据元素的集合。因此，可以把数据结构看成是带结构的数据元素的集合。数据结构包括以下几个方面：

1）数据元素之间的逻辑关系，即数据的逻辑结构。

2）数据元素及其关系在计算机中的存储方式，即数据的存储结构，也称为数据的物理结构。

3）施加在该数据上的操作，即数据的运算。

为了更准确的描述一种数据结构，通常采用二元组表示：

$$B = (D, R)$$

其中，B 是一种数据结构，它由数据元素的集合 D 和 D 上二元关系的集合 R 所组成。即：

$$D = \{d_i \mid 1 <= i <= n, n >= 0\}$$

$$R = \{r_j \mid 1 <= j <= m, m >= 0\}$$

其中 d_i 表示集合 D 中的第 i 个结点或数据元素，n 为 D 中结点的个数。若 n=0，则 D 是一个空集，因而 B 也就无结构可言，有时把这种情况认为是具有任意结构。r_j 表示集合 R 中的第 j 个关系，m 为 R 中关系的个数。若 m=0，则 R 是一个空集，表明集合 D 中的结点间不存在任何关系，彼此是独立的。

R 中的一个关系 r 是序偶的集合，对于 r 中的任一序偶<x, y>(x, y∈D)，把 x 叫做序偶的第一结点，把 y 叫做序偶的第二结点，称序偶的第一结点为第二结点的直接前驱，称第二结点为第一结点的直接后继。若某个结点没有直接前驱，则称该结点为开始结点；若某个结点没有直接后继，则称该结点为终端结点。

4. 数据类型

一个值的集合和定义在这个集合上的一组操作的总称。例如，Java 语言中的整型变量，其值集为某个区间上的整数，定义在其上的操作即为加、减、乘、除和模运算等算术运算。按“值”的不同特性，高级程序设计语言中的数据类型可分为两类：**原子类型**和**结构类型**。原子类型的值是不可分解的，例如 Java 语言中的基本类型（整型、布尔型等）；结构类型的值是若干成分按照某种结构组成的，因此是可以分解的，其组成成分既可以是结构的，也可以是非结构的。

5. 抽象数据类型

指一个数学模型以及定义在该模型上的一组操作。抽象数据类型的定义仅取决于它的一组逻辑特性，而与其在计算机内的存储形式无关，即不论其内部结构如何变化，只要它的数学特性不变，都不影响外部的使用。

抽象数据类型的范畴十分广，它不仅包括当前各处理器中已定义并实现的数据类型（固有类型），还包括用户在设计软件时自定义的数据类型。本书定义抽象数据类型格式如下：

```
ADT 抽象数据类型名{
    数据对象：(数据对象定义)
    数据关系：(数据关系定义)
    数据操作：(数据操作定义)
}ADT 抽象数据类型名
```

1.2.4 数据的逻辑结构

数据的逻辑结构是从逻辑关系（主要是指相邻关系）上描述数据的，它与数据的存储无关，是独立于计算机的。因此，数据的逻辑结构可以看做是从具体问题抽象出来的数学模型。在不会产生混淆的前提下，常将数据的逻辑结构简称为数据结构。数据的逻辑结构主要分为以下几类。

1. 集合

集合是指数据元素之间除了“同属于一个集合”的关系外，别无其他关系。

2. 线性结构

线性结构是指该结构中的结点之间存在一对一的关系。其特点是开始结点和终端结点都是唯一的，除了开始结点和终端结点以外，其余结点都有且仅有一个直接前驱，有且仅有一个直接后继。顺序表是一种典型的线性结构。

3. 树形结构

树形结构是指该结构中结点之间存在一对多的关系。其特点是每个结点最多只有一个直接前驱，但可以有多个直接后继，可以有多个直接后继。二叉树就是一种典型的树形结构。

4. 图形结构

图形结构或称为网状结构，是指该结构中的结点之间存在多对多的关系。其特点是每个结点的直接前驱和直接后继的个数都可以是任意的。因此，图形结构可能没有开始结点和终端结点，也可能有多个开始结点和多个终端结点。

树形结构和图形结构统称为非线性结构，该结构中的结点之间存在一对多或多对多的关系。由图形结构、树形结构和线性结构的定义可知，线性结构是树形结构的特殊情况，而树形结构又是图形结构的特殊情况。

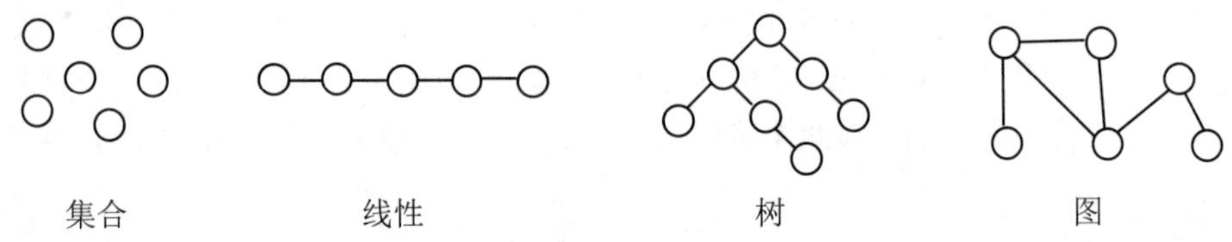

图 1-2　四类基本逻辑结构关系图

例 1.2　有一种数据结构 B_1=(D,R)，其中：

D = {a,b,c,d,e,f,g,h,i,j}

R = {r}

r = {<a,b>,<a,c>,<a,d>,<b,e>,<c,f>,<c,g>,<d,h>,<d,i>,<d,j>}

画出其逻辑结构表示。

解　从该例子中可以看出，每个结点有且仅有一个直接前驱结点（除根结点外），但有多个直接后继结点（树叶结点可看做具有 0 个后继结点）。这种数据结构的特点是数据元素之间为一对多联系，即层次关系，是一种树形结构。对应的图形如图 1-3 所示。

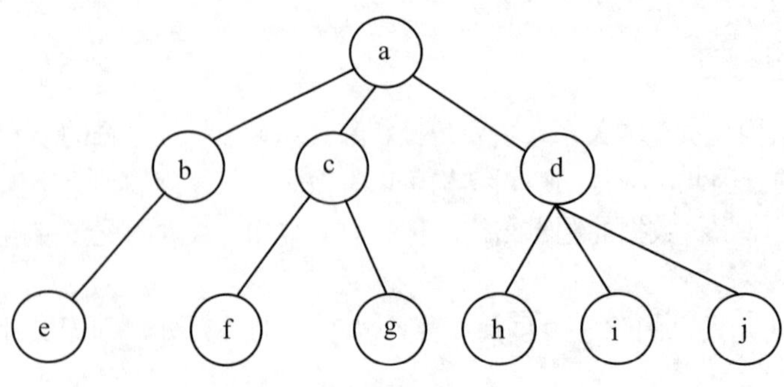

图 1-3　对应 B_1 的逻辑结构图

例 1.3 有一种数据结构 B_2=(D,R)，其中

D = {a, b, c, d, e}

R = {r}

r = {(a, b),(a, c),(b, c),(c, d),(c, e),(d, e)}

画出其逻辑结构表示。

解 从该例子中看出，每个结点可以有多个直接前驱和多个直接后继结点。这种数据结构的特点是数据元素之间为多对多联系，即图形关系，因此是一种图形结构。对应的图形如图 1-4 所示。

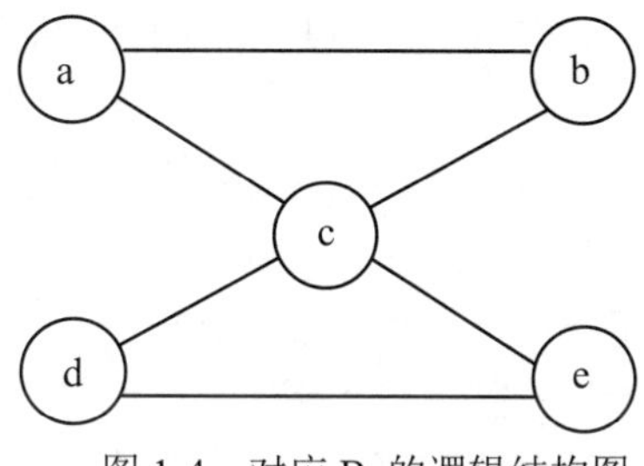

图 1-4 对应 B_2 的逻辑结构图

1.2.5 数据的存储结构

数据的存储结构是逻辑结构用计算机语言的实现或在计算机中的表示（亦称为映像），也就是逻辑结构在计算机中的存储方式，它是依赖于计算机语言的。数据元素之间的关系在计算机中有两种不同的表示方式：**顺序映像**和**非顺序映像**。归纳起来，数据结构在计算机中有以下 4 种存储结构类型。

1. 顺序存储结构

顺序存储结构是把逻辑上相邻的结点存储在物理位置上相邻的存储单元里，结点之间的逻辑关系由存储单元的邻接关系来体现。由此得到的存储表示称为顺序存储结构，通常顺序存储结构是借助于计算机程序设计语言的数组来描述的。

顺序存储方法的主要优点是节省存储空间，因为分配给数据的存储单元全用于存放结点的数据，结点之间的逻辑关系没有占用额外的存储空间。采用这种方法时，可实现对结点的随机存取。然而顺序存储方法的主要缺点是不便于修改，对结点进行插入、删除运算时，可能要移动一系列的结点。

2. 链式存储结构

链式存储结构不要求逻辑上相邻的结点在物理位置上也相邻，结点间的逻辑关系是由附加的“指针”字段表示的。由此得到的存储表示称为链式存储结构。

链式存储方法的优点是便于修改，在进行插入、删除操作时，仅需要修改相应结点的“指针域”，不必移动结点。但与顺序存储方法相比，链式存储方法的存储空间利用率较低，因为

分配给数据的存储单元有一部分被用来存储结点间的逻辑关系了。另外，由于逻辑上相邻的结点在物理位置上并不一定相邻，所以不能对结点进行随机存取操作。

3. 索引存储结构

索引存储结构通常在存储结点信息的同时还建立附加的索引表。索引表的每一项称为索引项，索引项的一般形式是：（关键字，地址），关键字唯一标识一个结点，地址作为指向结点的指针。这种带有索引表的存储结构可以大大提高数据查找的速度。

线性结构采用索引存储方法后，可以对结点进行随机访问。在进行插入、删除运算时，只需移动存储在索引表中对应结点的存储地址，而不必移动存放在结点表中结点的数据，所以仍保持较高的数据修改效率。索引存储方法的缺点是增加了索引表，增加了存储空间开销。

4. 哈希（或散列）存储结构

哈希结构的基本思想是根据结点的关键字，通过哈希函数直接计算出一个值，并将这个值作为该结点的存储地址。

哈希存储方法的优点是查找速度快，只要给出待查找结点的关键字，就可以快速计算出该结点的存储地址。但与前三种存储方法不同，哈希存储方法只存储结点的数据，不存储结点之间的逻辑关系。哈希存储方法一般适合要求对数据能够进行查找和插入的场合。

1.3 算法的描述和算法分析

1.3.1 算法的描述

算法是对特定问题求解步骤的一种描述，它是指令的有限序列，其中每条指令表示一个或多个操作。一个算法具有以下 5 个重要的特性。

1. 有穷性

一个算法必须总是（对任何合法的输入值）执行有穷步，且每一步都可在有穷时间内完成。也就是说，一个算法对于任意一组合法输入值，在执行有穷步之后一定能够结束。

2. 确定性

算法中每一条指令都必须有确切的含义，当读者理解时不会产生二义性。同时，在任何条件下，算法都只有一条执行路径，即对于相同的输入只能得出相同的结果。

3. 可行性

算法中所描述的操作必须足够基本，都可以通过已经实现的基本操作执行有限次来实现。

4. 输入

作为算法加工对象的量值，一个算法有零个或多个输入。有的输入量需要在算法执行过程中输入，而有的算法表面上没有输入，实际上已经被嵌入到算法中。

5. 输出

输出是一组同“输入”有确定对应关系的量值，是算法进行信息加工后所得到的产物，一个算法可以有一个或多个输出。

当我们设计一个算法时，它应该满足以下几个目标。

1. 正确性

要求算法能够正确地执行预先规定的功能和性能要求。这是最重要也是最基本的标准。目前大多数是用自然语言描述需求，它至少应包括输入、输出和加工处理等明确无歧义的描述。设计或选择算法应当能正确的反映这种需求。

2. 可读性

算法应当易于理解，也就是可读性好。为了达到这个要求，算法首先必须做到逻辑清晰、简单并且结构化。晦涩难懂的程序易于隐藏较多错误，且难以调试和修改。

3. 健壮性

算法要求具有良好的容错性，提供异常处理，能够对任何的输入进行检查。不经常出现异常中断或死机现象。例如，一个求矩形面积的算法，当输入的坐标集合不能构成一个矩形时，不应继续计算，而应当报告输入出错。同时，处理错误的方法是返回一个表示错误的值，而不是打印错误信息或直接异常中断。

4. 效率与低存储量需求

通常算法的效率主要指算法的执行时间。对于同一个问题，如果能有多种算法进行求解，执行时间短的算法效率高。算法存储量指的是算法执行过程中所需的大量存储空间，效率与低存储量要求这两者都与问题的规模有关。例如，求 100 个学生的平均成绩和求 10000 个学生的平均成绩在时间和空间开销上必然是存在差异的。

1.3.2 影响算法效率的因素

一个算法用高级语言实现以后，在计算机上运行时所消耗的时间与很多因素有关，主要因素列举如下。

1）依据算法所选择的具体策略。

2）问题的规模，如求 100 以内还是 1000 以内的素数。

3）书写程序的语言，对于同一个算法，实现语言的级别越高，执行效率往往就越低。

4）编译程序所产生的机器代码的质量。

5）机器执行指令的速度。

很显然，一个算法用不同的策略实现，或者用不同的语言实现，或在不同的计算机上执行，它所耗费的时间是不一样的，因而效率均不相同。由此可知，使用一个绝对的时间单位去衡量一个算法的效率是不准确的。在上述五个因素当中最后三个均与具体的机器有关，撇开这些与计算机硬、软件有关的因素，仅考虑算法本身的效率，可以认为一个特定算法的“执行工作量”只依赖于问题的规模，换而言之是问题规模的函数。

1.3.3 算法效率的评价

一个算法是由控制结构（顺序、分支和循环）和原操作（指固有数据类型的操作）构成的，算法的执行时间取决于二者的综合结果。为了便于比较同一问题的不同算法，通常从算法中选取一种对于所研究的问题来说是基本运算的原操作，算法执行的时间大致为基本运算所需的时间与其运算次数（一个语句的运行次数称为语句频度）的乘积。

显然，在一个算法中，执行的基本运算次数越少，其运行时间也就相对越少；执行基本运算的次数越多，其运行时间也相对越多。也就是说，一个算法的执行时间可以看成是基本运算执行的次数。

算法基本运算次数 T(n)是问题规模 n 的某个函数 f(n)，记做：

$$T(n) = O(f(n))$$

记号“O”读作“大 O”（值数量级），它表示随问题规模 n 的增大，算法执行时间的增长和 f(n)的增长率相同，称为算法的时间复杂度。

“O”的形式定义为：若 f(n)是正整数 n 的一个函数，则 T(n)= O(f(n))表示存在一个正的常数 M，使得当 $n>=n_0$ 时都满足|T(n)| <= M|f(n)|，也就是只求出 T(n)的最高阶，忽略其低阶项和常数，这样既能简化计算，又可以较为客观地反映当 n 很大时算法的时间性能。

一个没有循环的算法中基本运算次数与问题规模 n 无关，记做 O(1)，也称作常数阶。一个只有一重循环的算法中基本次数与问题规模 n 的增长呈线性增大关系，记做 O(n)，也称线性阶。

（a）{++ x; s = 0;}

（b）for(i = 1;i <= n; i ++){++ x; s += x;}

（c）for(j = 1;j <= n; j ++)
　　for(k = 1;k <= n; k ++) {++ x; s += x;}

含基本操作“x 加 1”的语句频度分别为 1、n 和 n^2，则这 3 个程序段的时间复杂度分别为 O(1)、O(n)和 $O(n^2)$，分别称为常量阶、线性阶和平方阶。各种不同数量级对应的值存在如下关系：

$$O(1)< O(\log_2 n) < O(n) < O(n\log_2 n) < O(n^2) < O(n^3) < O(2^n) < O(n!)$$

例 1.4 分析以下算法的时间复杂度

```
void fun(int a[],int n,int k)
{
    int i;
    i = 0;                              //语句（1）
    while(i < n && a[i] != k)           //语句（2）
        i ++;                           //语句（3）
    return (i);                         //语句（4）
}
```

解 该算法完成在一维数组 a[n]中查找给定值 k 的功能。语句（3）的频度不仅与问题规模 n 有关，还与输入实例中 a 的各个元素取值是 k 的位置有关，即与输入实例的初始状态有关。若 a 中没有与 k 相等的元素，则语句（3）的频度为 n；若 a 中的第一个元素 a[0]等于 k，则语句（3）的频度是常数 0。在这种情况下，可用最坏情况下的时间复杂度作为时间复杂度。这样做的原因是，最坏情况下的时间复杂度是在任何输入实例上运行时间的上界。

有时也可以选择将算法的平均时间复杂度作为讨论目标。所谓平均时间复杂度是指，所有可能的输入实例以等概率出现的情况下算法的期望运行时间与问题规模 n 的数量级的关系。例 1.4 中，以 k 出现在任何位置的概率相同，都为 1/n，则语句（3）的平局执行频度为：

$$(0+1+2+\ldots+(n-1))/n = (n-1)/2$$

它决定此程序段的平均时间复杂度的数量级为 O(n)。

例 1.5 有如下算法：

```
float RSum(float list[],int n)
{
    count ++;
    if(n){
        count ++;
        return RSum(list,n-1) + list[n-1];
    }
    count ++;
    return 0;
}
```

解 该程序是求数组元素之和的递归程序。为了确定这一递归程序的程序步，首先考虑当 n=0 时的情况。很明显，当 n=0 时，程序只执行 if 条件判断和第二个 return 语句，所需程序步数为 2。当 n>0 时，程序在执行 if 条件判断后，将执行第一个 return 语句。此 return 语句不是简单返回，而是在调用函数 RSum(list,n-1)后，再执行一次加法运算后返回。

设 RSum(list,n)的程序步为 T(n)，则 RSum(list,n-1)为 T(n-1)，那么，当 n>0 时，T(n)=T(n-1) + 2。于是有：

$$T(n)=\begin{cases}2 & n=0\\ T(n-1)+2 & n>0\end{cases}$$

这是一个递推关系式，它可以通过转换成如下和式来计算：

$$\begin{aligned}T(n)&=2+T(n-1)=2+2+T(n-2)\\&=2\times3+T(n-3)\\&\vdots\\&=2\times n+T(0)\\&=2\times n+2\end{aligned}$$

根据上式结果可知，该程序段的时间复杂度为线性阶，即 0(n)。

1.3.4 算法的存储空间需求

一个算法的空间复杂度是指算法运行所需的存储空间。程序运行所需的存储空间包括如下两个部分。

（1）固定空间需求

这部分空间域所处理数据的大小和个数无关，也就是说，与问题实例的特征无关，主要包括程序代码、常量、简单变量、定长成分的结构变量所占的空间。

（2）可变空间需求

这部分空间大小与算法在某次执行中处理的特定数据的规模有关。例如，分别包含 100 个元素的两个数组相加，与分别包含 10 个元素的两个数组相加，所需的存储空间显然是不同的。这部分存储空间包括数据元素所占的空间，以及算法执行所需的额外空间，例如，运行递归算法所需的系统栈空间。

在对算法进行存储空间分析时，只考察辅助变量所占空间，所以空间复杂度是对一个算法在运行过程中临时占用的存储空间大小的度量，一般也作为问题规模 n 的函数，以数量级形式给出，记做：

$$S(n) = O(g(n))$$

若所需额外空间相对于输入数据量来说是常数，则称此算法为原地工作或就地工作；若所需存储量依赖特定的输入，则通常按最坏情况考虑。

例 1.6 分析例 1.4 算法的空间复杂度

解 对于例 1.4 的算法，只定义了一个辅助变量 i，临时存储空间大小与问题规模 n 无关，所以空间复杂度为 O(1)。

例 1.7 有如下算法，求其空间复杂度

```
void fun(int a[],int n,int k)
{
    int i;
    if(k == n - 1){
        for(i = 0;i < n;i ++)
            System.out.println(a[i]);
    }
    else
{
    for(i = k;i < n;i ++)
        a[i] = a[i] + i * i;
    fun(a,n,k+1);
  }
}
```

设 fun(a,n,k)的临时空间大小为 S(k)，其中定义了一个辅助变量 i，并有

$$S(k)=\begin{cases}1 & k=n-1\\1+S(k+1) & \text{其他}\end{cases}$$

计算 fun(a,n,0)所需的空间为 S(0)，则

$$\begin{aligned}S(0) &= 1 + S(1) = 1 + 1 + S(2)\\&= \ldots = 1 + 1 + \ldots + 1 + S(n-1)\\&= \underbrace{1+1+\ldots+1}_{n个1} = O(n)\end{aligned}$$

本章小结

本章主要介绍了数据结构的一些基本概念、算法的描述及分析方法。数据结构是指数据及其之间的相互关系，可以看做是相互之间存在一种或多种特定关系的数据元素的集合。因此，可以把数据结构看成是带结构的数据元素的集合。

数据结构包括：

1）数据元素之间的逻辑关系，即数据的逻辑结构。

2）数据元素及其关系在计算机存储中的存储方式，即数据的存储结构。

数据的逻辑结构主要分为集合、线性结构、树形结构、图形结构。数据的存储结构包括顺序存储结构、链式存储结构、索引存储结构和哈希（或散列）存储结构。

算法是对特定问题求解步骤的一种描述，它是指令的有限序列，其中每条指令表示一个或多个操作；一个算法具有以下五个重要的特性：

（1）有穷性

（2）确定性

（3）可行性

（4）输入

（5）输出

一个算法用高级语言实现以后，在计算机上运行时所消耗的时间与很多因素有关：

（1）依据算法所选择的具体策略

（2）问题的规模

（3）书写程序的语言

（4）机器代码的质量

（5）机器执行指令的速度

可以认为一个特定算法的“执行工作量”只依赖于问题的规模。我们从时间和空间两方面来衡量一个算法效率，一个算法的执行时间可以看成是基本运算执行的次数，一个算法的空间复杂度是指算法运行所需的存储空间。

在掌握以上概念的同时，学生应当重点掌握从时间和空间两方面评价一个算法好坏的方

法，以至于当自己设计一个算法时，能够达到效率上的最优化。

上机实训

1．设 n 为在算法前边定义的整数类型已赋值的变量，分析下列各算法中加下划线语句的执行次数，并给出各算法的时间复杂度 T(n)。

（1）
```
int i = 1,k = 0;
While(i < n-1){
    k = k + 10 * i;
    i = i + 1;
}
```
（2）
```
int i = 1,k = 0;
do {
    k= k + 10 * i;
    i = i + 1;
}while(i != n);
```
（3）
```
int i = 1,j = 1;
while(i<=n && j<=n){
    i = i + 1;
    j = j + 1;
}
```
（4）
```
int x = n;
int y = 0;
while(x>=(y+1)*(y+1)){
    y ++;
}
```
（5）
```
int i,j,k,x=0;
For(i=0;i<n;i++)
    For(j=0;j<i;j++)
        For(k=0;k<j;k++)
            x = x + 2;
```
2．如下算法是用冒泡排序法对数组 a 中的 n 个整数类型的数据元素从小到大进行排序，求该算法的时间复杂度。

```
void bubbleSort(int a[]){
    int n = a.length;
```

```
    int i,j,temp,flag=1;
    for(i=1;i<n&&flag==1;i++){
        flag = 0;
        for(j=0;j<n-i;j++){
            if(a[j]>a[j+1]){
                flag = 1;
                temp = a[j];
                a[j] = a[j+1];
                a[j+1] = temp;
            }
        }
    }
}
```

3．下边算法是一个有 n 个数据元素的数组 a 中删除第 pos 个位置的数组元素，求该算法的时间复杂度。

```
boolean delete(int a[],int pos){
    int n = a.length;
    if(pos<0||pos>=n)
        return false;           //删除失败返回
    for(int j=pos+1;j<n;j++){
        a[j-1]=a[j];            //顺次移位填补
        return true;            //删除成功返回
    }
}
```

4．分析如下算法的空间复杂度。

```
static void reverse1(int[] a,int[] b){
    int n = a.length;
    for(int i = 0;i < n;i ++){
        b[i] = a[n-1-i];
    }
}
```

习题

1．什么是数据？什么是数据元素？什么是数据项？

2．什么是数据的逻辑结构？什么是数据的存储结构？什么是数据的操作？

3．分别画出线性结构、树结构和图结构的逻辑示意图。

4．什么是数据类型？什么是抽象数据类型？

5．基本的存储结构有几种？分别画出数据元素序列 $a_0,a_1,...,a_{n-1}$ 的顺序存储结构示意图和链式存储结构示意图。

6．什么是算法？算法的五个性质是什么？

7．评判一个算法的优劣主要有哪几条准则？

8．什么是算法的时间复杂度？怎样表示算法的时间复杂度？

9．设求解同一个问题有三种算法，三种算法的空间复杂度相同，各自的时间复杂度分别为 $O(n^2)$，$O(2^n)$，$O(nlgn)$，哪种算法最可取？为什么？

10．按增长率从小到大的顺序排列下列各组函数。

（1）2^{100}，$(3/2)^n$，$(2/3)^n$，$(4/3)^n$

（2）n，$n^{3/2}$，$n^{2/3}$，n!，n^n

（3）$\log_2 n$，$n\log_2 n$，$n^{\log 2n}$，n

2

线性表

本章学习目标：

线性表（Linear List）是最简单且最常用的一种数据结构。这种结构具有下列特点：存在一个唯一的没有前驱（头）的数据元素；存在一个唯一的没有后继（尾）的数据元素；此外，每一个数据元素均有一个直接前驱和一个直接后继数据元素。通过本章的学习，读者应能掌握线性表的逻辑结构和存储结构，以及线性表的基本运算以及实现算法。

2.1 线性表的逻辑结构

线性表表示具有相同特性的数据元素的一个有序序列。该序列中所含元素的个数叫做线性表的长度，用 n 表示，n>=0。当 n=0 时，表示线性表是一个空表，即表中不包含任何元素。设序列中第 i（i 表示逻辑位序）个元素为 a_i（1<=i<=n），则线性表的一般表示为

$$(a_1,a_2,\ldots,a_i,a_{i+1},\ldots a_n)$$

其中 a_1 为第一个元素，又称作表头元素；a_2 为第二个元素；a_n 为最后一个元素，又称作表尾元素。

一个线性表可以用一个标识符来命名，如用 L 命名上面的线性表，则

$$L = (a_1,a_2,\ldots,a_i,a_{i+1},\ldots a_n)$$

线性表中的元素在位置上是有序的，即第 i 个元素 a_i 处在第 i-1 个元素 a_{i-1} 的后面和第 i+1 个元素 a_{i+1} 的前面，这种位置上有序性就是一种线性关系，所以线性表是一个线性结构，用二元组表示为

$$L = (D,R)$$

其中：

$D = \{a_i|1<=i<=n,n>=0,ai$ 属 ElemType 类型$\}$，ElemType 是自定义的类型标识符

$R = \{r\}$

$r = \{<a_i,a_{i+1}>|1<=i<=n-1\}$

对应的逻辑结构如图 2-1 所示。

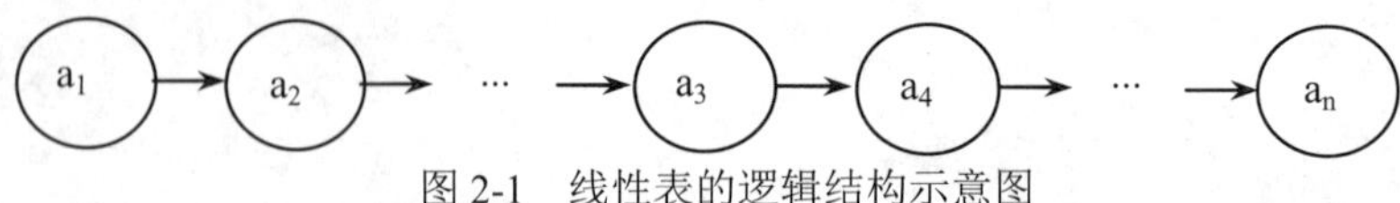

图 2-1　线性表的逻辑结构示意图

线性表是一个相当灵活的数据结构，它的长度可根据需要增长和缩短，即对线性表的数据元素不仅可以进行访问，也可以进行插入和删除操作等。

抽象数据类型线性表的定义如下：

```
ADT List{
    数据对象：D={ai|1<=i<=n,n>=0, ai 属 ElemType 类型}
    数据关系：R={<ai, ai+1>| ai,ai+1∈D,i=1,…,n-1>}
    基本操作：
        //初始化线性表，构造一个空线性表 L
        InitList(&L)
        //销毁线性表，释放线性表 L 占用的内存空间
        DestroyList(&L)
        //判断线性表是否为空，若 L 为空表，则返回真值，否则返回假
        ListEmpty(L)
        //求线性表长度，返回线性表中元素的个数
        ListLength(L)
        //打印线性表，当线性表 L 不为空时，依次输出线性表中各元素
        DispList(L)
        //获取线性表中某位置元素，获取线性表 L 中位置 i 的元素，用 e 返回该元素
        GetElem(L,i,&e)
        //按元素查找，返回线性表中第一个等于 e 的元素的位置，不存在则返回 0
        LocateElem(L,e)
        //插入元素，在线性表 L 位置 i 处插入一个元素，该元素值等于 e
        ListInsert(&L,i,e)
        //删除元素，将线性表 L 位置 i 处的元素删除，并用 e 将该元素返回
        ListDelete(&L,i,&e)
}
```

对于上面定义的抽象数据类型线性表，我们还可以进行一些更复杂的操作，例如，将两个或两个以上的线性表合并成一个线性表；把一个线性表分拆成两个或两个以上的线性表等。

例 2.1　有一个线性表 L=('a', 'f', 'e', 'd')，求 ListLength(L)、ListEmpty(L)、GetElem(L,3,e)、LocateElem(L,'a')、ListInsert(L,4,'e')和 ListDelete(L,3)等基本运算的执行结果。

解 各种基本运算结果如下：

```
ListLength(L) = 4
ListEmpty(L)返回假(0)
GetElem(L,2,e),e = 'f'
LocateElem(L,'a') = 1
ListInsert(L,4,'e')执行后线性表 L 变成('a', 'b', 'f', 'e', 'e')
ListDelete(L,3)执行后 L 线性表('a', 'b',  'e', 'e')
```

2.2 线性表的顺序存储结构

2.2.1 线性表的顺序存储结构

线性表的顺序存储结构就是，将线性表中的所有元素按照其逻辑结构顺序依次存储在计算机中一块连续的存储空间中。假定线性表中的每个元素需占用 m 个存储单元，同时以线性表中第一个元素所在的位置为起点，记为 $Loc(a_0)$；那么线性表中第 i 个元素的存储位置为：

$$Loc(a_i) = Loc(a_0) + m*(i-1)$$

在 Java 语言中，定义一个数组（使用 new 关键字）就分配了一块可供用户使用的存储空间。因此，线性表的顺序存储和结构通常利用数组来实现的，数组的基本类型就是线性表中元素的类型，数组的大小（数组包含的元素个数）要大于等于线性表的长度。线性表中的第一个元素存储在数组的起始位置，即下标 0 位置上；第二个元素存储在数组下标为 1 的位置上，以此类推，则第 n 个元素存储在数组下标为 n-1 的位置上。

假定使用类型为 ElemType 的数组 data[maxSize]存放线性表 $L=(a_1,a_2,\ldots,a_i,a_{i+1},\ldots a_n)$，并假设线性表存储在数组 Array 中，Array 的起始物理位置为 Loc(Array)，每个数组元素所占内存大小为 m，则线性表所对应的顺序存储结构如图 2-2 所示。

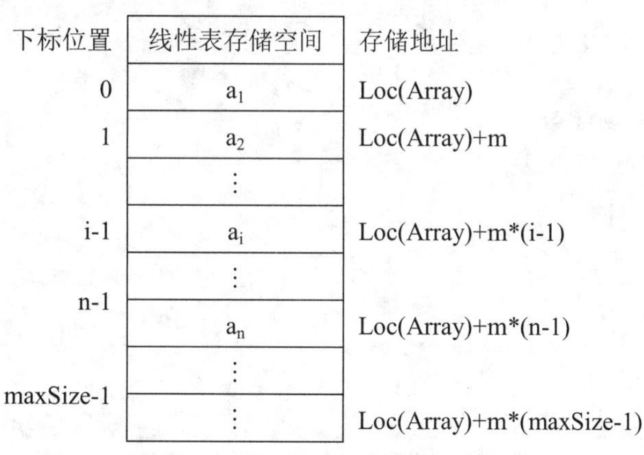

图 2-2 顺序表的示意图

maxSize 定义为一个整型常量，即预估线性表元素个数不会超出的一个上界，如预估元素个数不会超过 50，则可以将 maxSize 定义为 50。

```
static final int maxSize = 50
```

2.2.2 线性表在顺序存储结构下的运算

顺序表类包含成员变量和成员函数，成员变量用来表示抽象数据类型中定义的数据集合，成员函数用来表示抽象数据类型中定义的操作结合。顺序表类实现接口 List，顺序表类的 public 成员函数主要是接口 List 中定义的成员函数。

顺序表类的设计代码如下：

【算法 2.1　顺序表的基本运算实现】

```
package lib.algorithm.chapter2.n01;

import java.util.Collection;
import java.util.Iterator;
import java.util.List;
import java.util.ListIterator;

publicclass SeqList implementsList{

    finalintdefaultSize = 10;
    intmaxSize;
    intsize;
    Object[] listArray;

    public SeqList(){
        initiate(defaultSize);
    }

    // 初始化数组
    privatevoid initiate(int sz){
        maxSize = sz;
        size = 0;
        listArray = new Object[sz];
    }

    // 插入数据
    publicvoid insert(int i,Object obj) throws Exception{
        if(size == maxSize){
            thrownew Exception("顺序表已满无法插入！");
        }
```

2 Chapter

```
        if(i<0||i>size){
            thrownew Exception("参数错误");
        }
        for(int j = size;j>i;j--){
            listArray[j] = listArray[j-1];
        }
        listArray[i] = obj;
        size++;
    }

    // 删除数据
    public Object delete(int i) throws Exception{
        if(size == 0){
            thrownew Exception("顺序表已空无法删除！");
        }
        if(i<0||i>size-1){
            thrownew Exception("参数错误");
        }
        Object it = listArray[i];
        for(int j=i;j<size-1;j++){
            listArray[j] = listArray[j+1];
        }
        size--;
        return it;
    }

    // 获取数据
    public Object getData(int i) throws Exception{
        if(i<0||i>size-1){
            thrownew Exception("参数错误");
        }
        returnlistArray[i];
    }


    publicstaticvoid main(String[] args) throws Exception {

        SeqList sl = newSeqList();
        System.out.println("向顺序表中插入 11,22,33,44 这 4 个数");
        sl.insert(0, 11);
        sl.insert(1, 22);
        sl.insert(2, 33);
```

```
        sl.insert(3, 44);
        System.out.println("输出插入 4 个数据后顺序表的长度：");
        System.out.println(sl.size);

        System.out.println("在顺序表中获取下标为 1 的数据：");
        System.out.println(sl.getData(1));

        System.out.println("在顺序表中删除下标为 0 的数据");
        sl.delete(0);
        System.out.println("输出删除后顺序表的长度：");
        System.out.println(sl.size);
    }
}
```

程序运行结果如下：

```
向顺序表中插入 11,22,33,44 这 4 个数
输出插入 4 个数据后顺序表的长度：
4
在顺序表中获取下标为 1 的数据：
22
在顺序表中删除下标为 0 的数据
输出删除后顺序表的长度：
3
```

（1）设计说明

1）SeqList 是类名，List 是所实现的接口。该类中有三个成员变量，其中 listArray 表示存储元素的数组，maxSize 表示数组允许的最大数据元素个数，size 表示数组中当前存储的数据元素个数，要求必须满足 size<=maxSize。

2）要把顺序表类 SeqList 设计成可重复使用的通用软件模块，就要把顺序表中保存的数据元素的类型设计成合适任何情况的抽象数据类型。Object 类是 Java 中所有类的根类，Java 支持多态性，定义为 Object 类的虚参，适用于任何派生类对象的实参。

3）构造函数完成创建对象时的初始化复制和数组内存空间申请。顺序表构造函数完成三件事：确定 maxSize 的数值，初始化 size 的数值，为数组申请内存空间并使 listArray 等于（即指向或表示）所分配的内存空间。

构造函数重载了两个：一个没有参数，用类中定义的常量 defaultSize（等于 10）来给 maxSize 赋值；另一个有一个参数 size，用该参数来给 maxSize 赋值。

```
public SeqList(){
        initiate(defaultSize);
    }

    public SeqList(int size){
```

```
        initiate(size);
    }

    private void initiate(int sz){
        maxSize = sz;
        size = 0;
        listArray = new Object[sz];
    }
```

4）插入成员函数步骤是：首先把下标 size-1 至下标 i 中的数组元素依次后移，然后把数据元素 x 插入到 listArray[i]中，最后把当前数据元素个数 size 加 1。

应用程序调用该成员函数时可能出错，应该判断异常的出现并抛出异常。可能出现两种异常：一种是 size==maxSize，表明顺序表已满无法插入；另一种是 i<0 或 i>size，表明插入位置参数 i 错误。

```
public void insert(int i,Object obj) throws Exception{
        if(size == maxSize){
            throw new Exception("顺序表已满无法插入！");
        }
        if(i<0||i>size){
            throw new Exception("参数错误");
        }
        for(int j = size;j>i;j--){
            listArray[j] = listArray[j-1];
        }
        listArray[i] = obj;
        size++;
    }
```

顺序表插入过程的具体示例如图 2-3 所示。

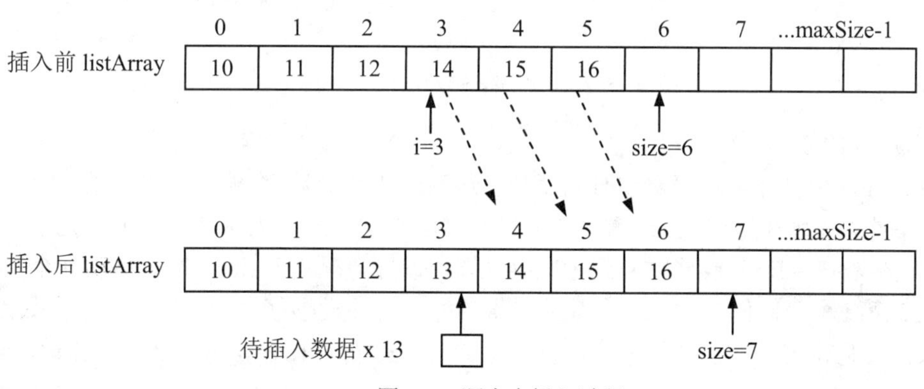

图 2-3　顺序表插入过程

5）对于删除成员函数来说，删除的步骤是：首先把 listArray[i]存放到临时变量 x 中，然后依次把下标 i 至下标 size-1 中的数组元素前移，最后把数据元素个数 size 减 1。

可能出现两种异常：一种是 size==0，表明顺序表已空无法删除；另一种是 i<0 或 i>size-1，表明删除位置参数 i 出错。

```
public Object delete(int i) throws Exception{
    if(size == 0){
        throw new Exception("顺序表已空无法删除！");
    }
    if(i<0||i>size-1){
        throw new Exception("参数错误");
    }
    Object it = listArray[i];
    for(int j=i;j<size-1;j++){
        listArray[j] = listArray[j+1];
    }
    size--;
    return it;
}
```

顺序表删除过程的具体示例如图 2-4 所示。

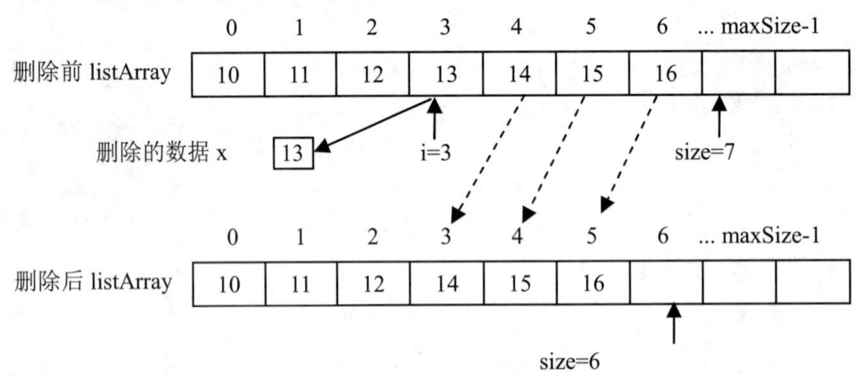

图 2-4　顺序表删除过程

（2）顺序表的效率分析

顺序表的插入和删除是顺序表中时间复杂度最高的成员函数。在顺序表中插入一个数据元素时，主要耗时的是循环移动数据元素部分。循环移动数据元素的效率和插入数据元素的位置 i 有关。最坏情况是 i=0，需要移动 size 个数据元素；最好情况是 i=size，需要移动 0 个数据元素。设 p_i 是在第 i 个存储位置插入一个数据元素的概率，并设顺序表中的数据元素个数为 n，当在顺序表的任何位置上插入数据元素的概率相等时，有 p_i=1/(n+1)，则向顺序表插入一个数据元素需移动的数据元素的平均次数为：

$$E_n=\sum_{i=0}^{n}p_i(n-i)=\frac{1}{n+1}\sum_{i=0}^{n}(n-i)=\frac{n}{2}$$

在顺序表中删除一个数据元素时，主要耗时的部分也是循环移动数据元素。循环移动数据元素的效率和删除数据元素的位置 i 有关。最坏情况是 i=0，需移动 size-1 个数据元素；最好情况是 i=size-1，需移动 0 个数据元素。设 q_i 是第 i 个存储位置数据元素的概率，设顺序表中已有的数据元素个数为 n，当顺序表的任何位置上数据元素的概率相等时，有 q_i=1/n，则顺序表中删除一个数据元素时所需移动的数据元素的平均次数为：

$$E_{\text{dl}}=\sum_{i=0}^{n}q_i(n-i)=\frac{1}{n}\sum_{i=0}^{n-1}(n-i)=\frac{n-1}{2}$$

顺序表中的其余操作都和数据元素个数 n 无关，因此，在顺序表中插入和删除一个数据元素成员函数的时间复杂度为 O(n)。顺序表支持随机读取，因此，顺序表读取数据元素的时间复杂度为 O(1)。

顺序表的主要优点：支持随机读取，以及内存空间利用效率高。

顺序表的主要缺点：需要预先给出数据的最大数据元素个数，但数组的最大数据元素个数很难准确给出。另外，插入和删除操作时可能需要移动较多的数据元素。

2.3 线性表的链式存储

2.3.1 单向链表

在单链表中，构成链表的每个结点只有一个指向直接后继结点的指针（注意：本章中指针在 Java 语言中对应引用）。

1. *单链表的表示方法*

单链表中每个结点的结构如图 2-5 所示。

数据元素域	指针域

或

element	next

图 2-5 单链表的结点结构

单链表有带头结点结构和不带头结点结构两种。我们把指向单链表的指针称为单链表的**头指针**。头指针所指的不存放数据元素的第一个结点称为**头结点**。存放第一个数据元素的结点称作第一个数据元素结点，或称为首元结点。一个带头结点的单链表如图 2-6 所示。

在图 2-6 中，头指针指向单链表的头结点，头结点的数据域部分通常涂上阴影，以表示该结点为头结点。符号∧表示指针为空，用来标识链表的结束，符号∧在 Java 中用 null 表示。

null 在 Java 语言中已有定义。对于带头结点的单链表，单链表中一个数据元素也没有的空链表结构如图 2-6（a）所示，有 n 个数据元素 a_0、a_1 、...、a_{n-1} 的单链表结构如图 2-6（b）所示。

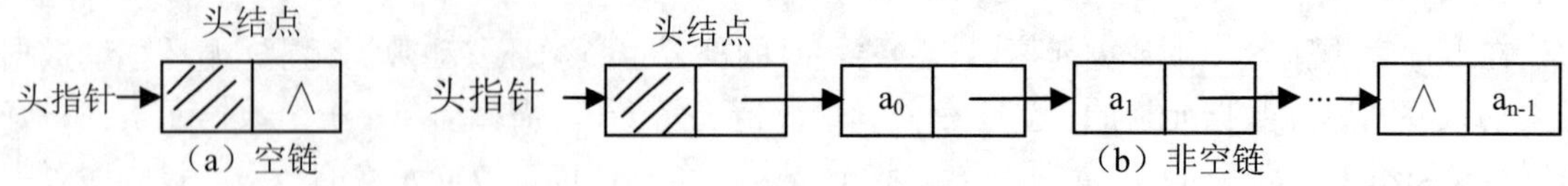

图 2-6　带头结点的单链表

在顺序存储结构中，用户向系统申请一块地址连续的有限空间用于存储数据元素序列，这样任意两个逻辑上相邻的数据元素在物理存储位置上也必然相邻。但在链式存储结构中，由于链式存储结构是初始时为空链，每当有新的数据元素需要存储时，用户才将向系统动态申请的结点插入链中，而这些在不同时刻向系统动态申请的结点，一般情况下其存储位置并不连续。因此，在链式存储结构中，任意两个在逻辑上相邻的数据元素在物理上不一定相邻，数据元素的逻辑关系是通过指针链接实现的。

2. 带头结点和不带头结点的单链表比较

从线性表的定义可知，线性表允许在任意位置进行插入和删除。当选用带头结点的单链表时，插入和删除操作实现方法比不带头结点单链表的实现方法简单。

设头指针用 head 表示，在单链表中任意结点（但不是第一个数据元素结点）前插入一个新结点的方法如图 2-7 所示。算法实现时，首先把插入位置定位在要插入结点的前一个结点位置，然后把 s 表示的新结点插入单链表中。

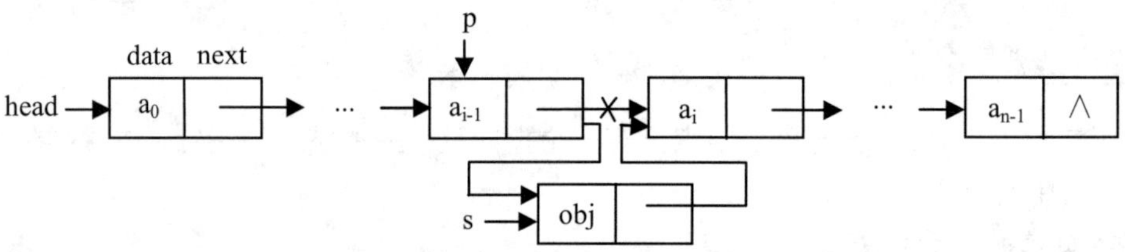

图 2-7　单链表非首结点前插入结点过程

要在第一个数据元素结点前插入一个新结点，若不采用带头结点的单链表结构，则结点插入后，头指针 head 就要指向新插入结点 s，这和在非第一个数据元素结点前插入结点时的情况不同。另外，还有一些特殊情况需要考虑。因此，算法对这两种情况就要分别设计实现方法。

而如果采用带头结点的单链表结构进行算法实现时，p 指向头结点，改变的是 p 指针的 next 指针的值，而头指针 head 的值不变，因此算法实现比较简单。在带头结点单链表中第一个数据元素结点前插入一个新结点的过程如图 2-8 所示。

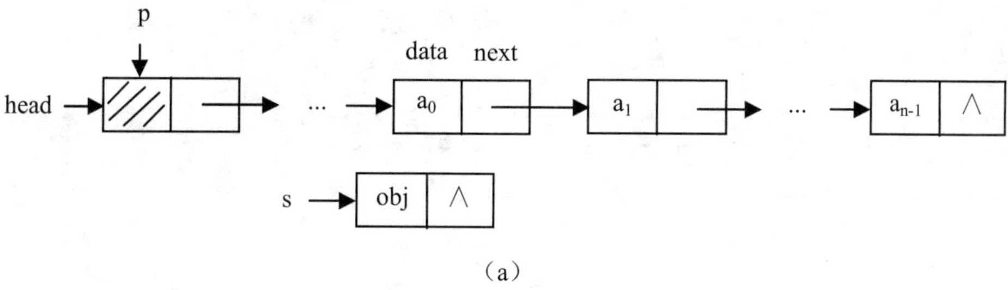

(a)

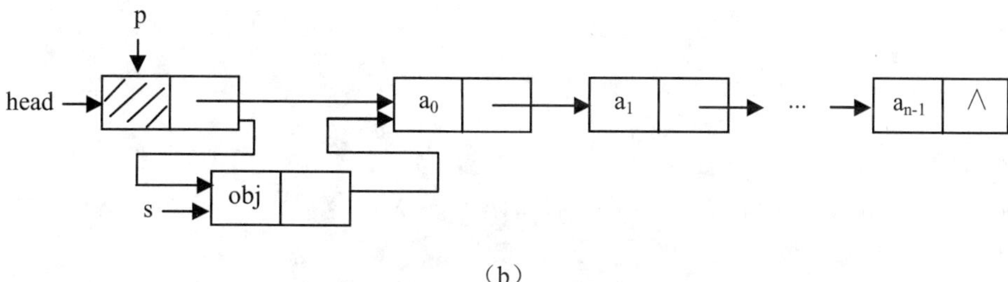

(b)

图 2-8　带头结点单链表首结点前插入结点过程

类似地，实现删除操作时，带头结点的单链表和不带头结点的单链表也有类似情况。因此，对于单链表，带头结点比不带头结点的设计方法简单。

3．结点类

单链表是由一个个结点组成的，因此，必须先设计结点类才能设计出单链表。结点类的成员变量有两个：一个是数据元素，另一个是表示下一个结点的对象的引用。

结点类设计如下：

```
public class Node{
    Object element;              //数据元素
    Node next;                   //表示下一个结点的对象引用

    Node(Node nextval){
        next = nextval;
    }

    Node(Object obj,Node nextval){
        element = obj;
        next = nextval;
    }

    public Node getNext(){
        return next;
    }
```

```
    public void setNext(Node nextval){
        next = nextval;
    }

    public Object getElement(){
        return element;
    }

    public void setElement(Object obj){
        element = obj;
    }

    public String toString(){
        return element.toString();
    }
}
```

4. 单链表类

单链表类的成员变量至少有两个：一个是头指针，另一个是单链表中的数据元素的个数。但是，如果再增加一个表示单链表当前结点位置的成员变量，则有些成员函数的设计将更加方便。

单链表类设计代码如下：

【算法 2.2　单链表的基本运算实现】

```
package lib.algorithm.chapter2.n02;

import java.util.Collection;
import java.util.Iterator;
import java.util.List;
import java.util.ListIterator;

@SuppressWarnings("rawtypes")
publicclass LinList implementsList{

    private Node head; // 头指针
    private Node current; // 当前节点位置
    privateintsize; // 数据元素个数

    public LinList(){
        head = current = newNode(null);
        this.size = 0;
    }
```

```
publicvoid index(int i) throws Exception{
    if(i < -1 || i >size -1){
        thrownew Exception("参数错误");
    }

    if(i == -1) return;
    this.current = head.getNext();
    int j = 0;
    while((current != null)&& j < i){
        current = current.getNext();
        j++;
    }
}

// 插入数据
publicvoid insert(int i,Object obj) throws Exception{
    if(i<0||i>size){
        thrownew Exception("参数错误");
    }
    index(i-1);
    current.setNext(new Node(obj,current.getNext()));
    size++;
}

// 删除数据
public Object delete(int i) throws Exception{
    if(size==0){
        thrownew Exception("链表已空，无元素可删！");
    }
    if(i<0||i>size-1){
        thrownew Exception("参数错误");
    }

    index(i-1);
    Object obj = current.getNext().getElement();
    current.setNext(current.getNext().getNext());
    size--;
    return obj;
}

// 获取数据
```

```
    public Object getData(int i) throws Exception{
        if(i < -1 || i >size -1){
            thrownew Exception("参数错误");
        }
        index(i);
        returncurrent.getElement();
    }

    publicstaticvoid main(String[] args) throws Exception {
        LinList ll = newLinList();

        // 节点数据
        Node n = newNode(1,null);

        // 头节点
        ll.head = newNode(null, n);

        ll.insert(0, 0);
        ll.insert(1, 1);
        ll.insert(2, 2);
        ll.insert(3, 3);
        ll.insert(4, 4);
        System.out.println("链表数据长度"+ll.size);
        System.out.println("获取指定数据"+ll.getData(4));

        System.out.println("删除指定数据"+ll.delete(4));
        System.out.println("删除后链表长度："+ll.size);
    }
}
```

程序运行结果如下：

```
链表数据长度 5
获取指定数据 4
删除指定数据 4
删除后链表长度：4
```

（1）设计说明

1）构造函数要完成三件事：创建头结点；是 head 和 current 均表示所创建的头结点；置 size 为 0。其中，前两件事由下面语句完成。注意，new Node(null)表示采用结点类的构造函数 1 创建结点对象，该构造函数创建的对象数据元素域没有赋值。

2）定位成员函数 index(int i)的实现。它按照参数 i 指定的位置，让当前结点位置成员变量 current 表示该结点。

其设计方法是：用一个循环过程从头开始计数寻找第 i 个结点。循环初始时，

current=head.next，当计数到 current 表示第 i 个结点时，循环过程结束。若参数 i 不在 i>-1 且 i<=size-1 范围内时，说明参数 i 错误，抛出异常。该成员函数主体部分如下：

```
current = head.getNext();
int j = 0;
while((current != null)&&j<i){
    current = current.getNext();
    j++;
}
```

图 2-9（a）是循环开始时的状态，图 2-9（b）是循环到最后一次时的状态。

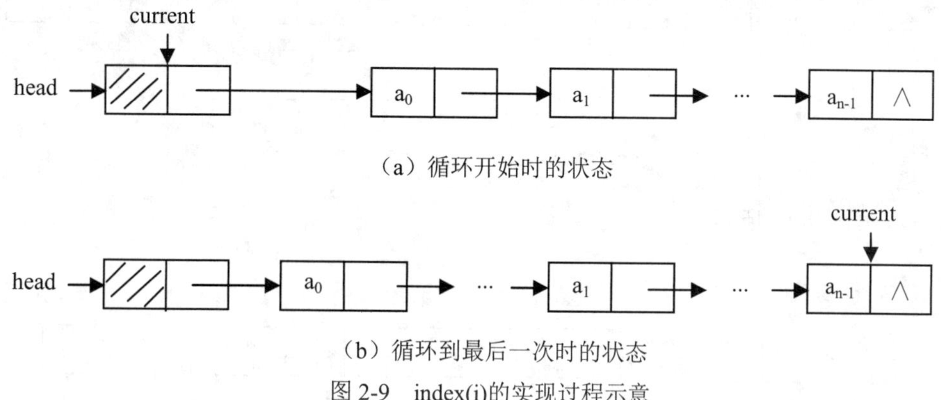

（a）循环开始时的状态

（b）循环到最后一次时的状态

图 2-9　index(i)的实现过程示意

3）插入成员函数 insert(int i,Object obj)的实现。它用于把一个新结点插入到第 i 个结点前，新结点 element 域的值为 obj。

其设计方法是：①调用 index()成员函数，让成员变量 current 表示第 i-1 个结点；②创建一个新结点，新结点的 element 域为数据元素 obj，新结点的 next 域为 current.next；③让第 i-1 个结点的 next 域为新创建的结点；④数据元素个数成员变量 size 加 1。其中①由下面的第一条语句实现，②和③由第二条语句实现。

```
index(i-1);
current.setNext(new Node(obj,current.getNext()));
```

插入过程如图 2-10 所示。

此算法的异常情况和顺序表插入算法的异常情况类似，只是单链表中不存在空间已满无法插入的情况。

4）删除成员函数 delete(int i)的实现。它用于删除单链表中第 i 个结点。

其设计方法是：①调用 index()成员函数，让成员变量 current 表示第 i-1 个结点；②让第 i-1 个结点的 next 域等于第 i 个结点的 next 域，即把第 i 个结点脱链；③数据元素个数成员变量 size 减 1。其中①由下面的第一条语句实现，②由第二条语句实现。

```
index(i-1);
current.setNext(current.getNext().getNext());
```

（a）定位到第 i-1 个结点

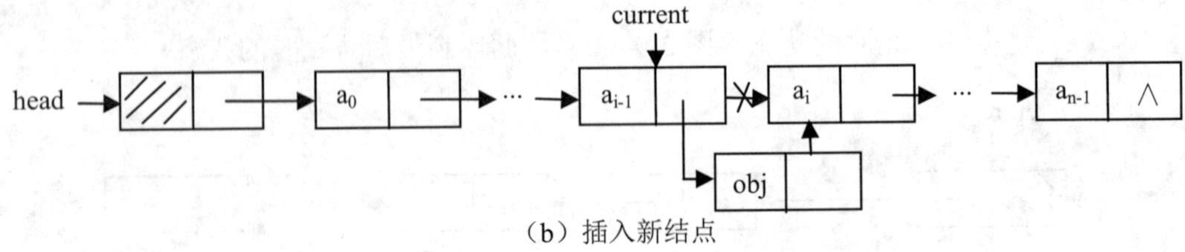

（b）插入新结点

图 2-10　插入一个结点过程示意

删除过程如图 2-11 所示。

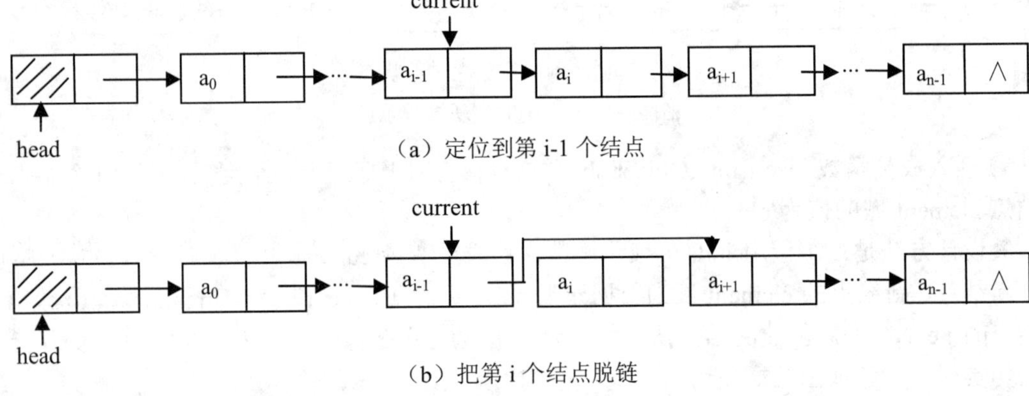

（b）把第 i 个结点脱链

图 2-11　删除结点过程示意

5）取数据元素成员函数 getData(int i)的实现。它返回第 i 个结点的 element 域值。

其设计方法是：①调用 index()成员函数，让成员变量 current 表示第 i 个结点；②返回第 i 个结点的 element 域值。其实现语句如下：

```
index(i);
return current.getElement();
```

（2）单向链表的效率分析

单向链表的插入和删除操作的时间效率分析方法和顺序表的插入和删除操作的时间效率分析情况类似，因此，当在单链表的任何位置上插入数据元素的概率相等时，在单链表中插入一个数据元素时比较数据元素的平均次数为：

$$E_n = \sum_{i=0}^{n} p_i(n-i) = \frac{1}{n+1}\sum_{i=0}^{n}(n-i) = \frac{n}{2}$$

删除单链表的一个数据元素时比较数据元素的平均次数为：

$$E_{dl} = \sum_{i=0}^{n-1} q_i(n-i) = \frac{1}{n}\sum_{i=0}^{n-1}(n-i) = \frac{n-1}{2}$$

因此，单链表插入和删除操作的时间复杂度均为 O(n)。另外，单链表取数据元素操作的时间复杂度也为 O(n)。

（3）顺序表和单链表的比较

1）顺序表和单链表完成的逻辑功能完全一样，但两者的应用背景以及不同情况下的使用效率略有不同。对于具体的应用，需要根据其应用背景来确定是使用顺序表还是单链表。

2）顺序表的主要优点是支持随机读取，以及内存空间利用效率高；顺序表的主要缺点是需要预先给出数组的最大数据元素个数，而这通常很难准确做到。当实际的数据元素个数超过了预先给出的个数时，会发生异常。另外，顺序表插入和删除操作时需要移动较多的数据元素。

3）和顺序表相比，单链表的主要优点是不需要预先给出数据元素的最大个数。另外，单链表插入和删除操作时不需要移动数据元素。单链表的主要缺点是每个单元要有一个指针，因此单链表的空间利用率略低于顺序表。另外，单链表不支持随机读取，单链表取数据元素操作的时间复杂度为 O(n)；而顺序表支持随机读取，顺序表取数据元素操作的时间复杂度为 O(1)。

2.3.2 循环链表

循环链表是单向链表的另一种形式，其结构特点是链表中最后一个结点的指针不再是结束标记，而是指向整个链表的第一个结点，从而使单链表形成一个环。和单向链表相比，循环链表的长处是从链尾到链头操作比较方便。当要处理的数据元素序列具有环形结构特点时，适合采用循环链表。

和单向链表相同，循环链表也有带头结点结构和不带头结点结构两种，带头结点的循环链表实现插入和删除操作时，算法实现比较方便。一个带头结点的循环链表结构如图 2-12 所示。

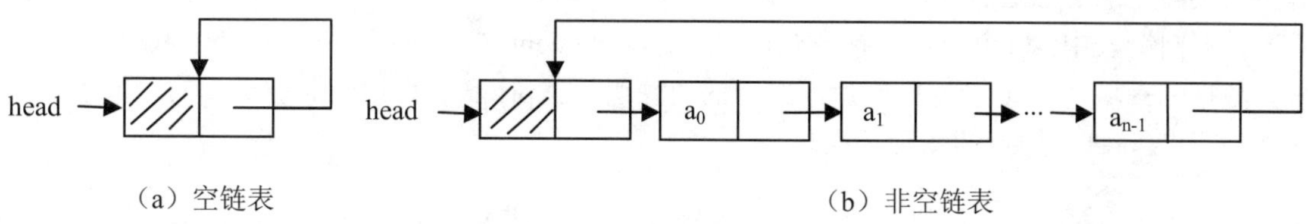

（a）空链表　　（b）非空链表

图 2-12　带头结点的循环链表

循环链表的结点类设计和 2.3.1 节中单向链表的结点类相同，唯有链表类的操作上有些差异。带头结点的循环单链表的操作实现方法和带头结点的单链表的操作实现方法类似，差别仅在于：在构造函数中，要加一条 head.next=head 语句，把初始时的带头结点的循环链表设计成图 2-12

所示的状态。具体实现如下：

```
LinList(){
    head = current = new Node(null);
    head.setNext(head);
    size = 0;
}
```

在 index(i)成员函数中，把循环结束判断条件 current!=null 改成 current!=head。具体实现如下：

```
public void index(int i) throws Exception{
        if(i<-1||i>size-1){
            throw new Exception("参数错误！ ");
        }
        if(i==-1) return;
        current = head.getNext();
        int j = 0;
        while((current != head)&&j<i){
            current = current.getNext();
            j++;
        }
    }
```

2.3.3 双向链表

双向链表的结构特点是每个结点除后继指针外还有一个前驱指针。和单向链表类似，双向链表也有带头结点和不带头结点两种结构，带头结点的双向链表更为常用。另外，双向链表也可以由循环和非循环两种结构，循环结构的双向链表更为常用。

在单向链表中查找当前结点的后继结点并不困难，可以通过当前结点的 next 域进行，但要查找当前结点的前驱结点就要从头指针 head 开始重新进行。对于一个要频繁进行查找当前结点的后继结点和前驱结点的应用来说，使用单链表的时间效率是非常低的，双向链表是有效解决这类问题的必然选择。

在双向链表中，每个结点包括三个域，分别是 element 域、next 域和 prior 域，其中 element 域为数据元素域，next 域为指向后继结点的对象引用，prior 域为指向前驱节点的对象引用。图 2-13 为双向链表结点的图示结构。

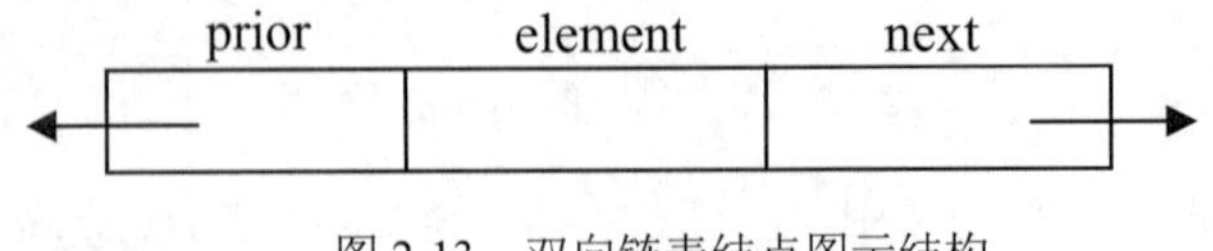

图 2-13　双向链表结点图示结构

双向链表的结点类设计代码如下：

```
package lib.algorithm.chapter2.n03;

publicclass DNode {
    private Object element;
    private DNode prior;
    private DNode next;


    public DNode() {
        this.element = null;
        this.prior = null;
        this.next = null;
    }
    public DNode(Object element) {
        this.element = element;
        this.prior = null;
        this.next = null;
    }

    public DNode(Object element, DNode prior, DNode next) {
        super();
        this.element = element;
        this.prior = prior;
        this.next = next;
    }
    public Object getElement() {
        returnelement;
    }
    publicvoid setElement(Object element) {
        this.element = element;
    }
    publicDNode getPrior() {
        returnprior;
    }
    publicvoid setPrior(DNode prior) {
        this.prior = prior;
    }
    public DNode getNext() {
        returnnext;
    }
    publicvoid setNext(DNode next) {
        this.next = next;
```

```
        }
    }
```

图 2-14 是带头结点的循环双向链表的图示结构。从图中可以看出，循环双向链表的 next 和 prior 各自构成自己的循环单链表。

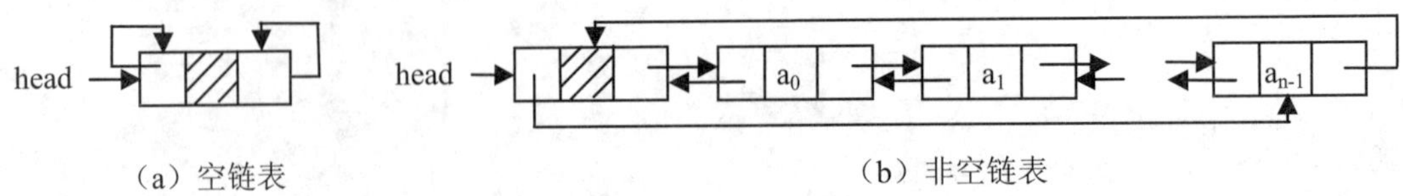

（a）空链表　　（b）非空链表

图 2-14　带头结点的循环双向链表

循环双向链表类设计代码如下：

【算法 2.3　循环双向链表的基本运算实现】

```
package lib.algorithm.chapter2.n03;

import java.util.Collection;
import java.util.Iterator;
import java.util.List;
import java.util.ListIterator;


@SuppressWarnings("rawtypes")
public class DoubleLinList    implements List{
    private DNode head; // 头指针
    private DNode current;// 当前节点位置
    private int size; // 数据元素个数

    public DoubleLinList(){
        //初始化链表时头指针和 current 指针都指向头结点
        head = current = new DNode(null);
        head.setNext(head);
        size = 0;
    }

    public void index(int i) throws Exception{
        if(i < 0 || i > size -1){
            throw new Exception("参数错误");
        }
        if(i < (size    >> 2)){
            current = head.getNext();
            for(int num=0; num < i; num++){
```

```
                current = current.getNext();
            }
        }else{
            for(int num = size -1; num > i; num--){
                current = current.getPrior();
            }
        }

    }

    /**
     * 新增数据
     * @param obj
     * @return
     */
    public boolean add(Object obj){
        DNode node = new DNode(obj);
        if(current.getPrior() == null)
        {
            head = current;
            node.setPrior(current);
            current.setNext(node);
            current = node;
            head.setPrior(node);
        }else
        {
            node.setPrior(current);
            current.setNext(node);
            current = node;
        }
        size++;
        return true;
    }

    public void insert(int i, Object obj) throws Exception{
        if(i < 0 || i > size -1){
            throw new Exception("参数错误");
        }
        //添加一个变量记录 current 地址
        DNode t = new DNode();
        t.setElement(current.getElement());
        t.setNext(current.getNext());
```

```
    t.setPrior(current.getPrior());
    current.getPrior().setNext(t);
    index(i);
    DNode node = new DNode(obj);
    node.setPrior(current.getPrior());
    current.getPrior().setNext(node);
    node.setNext(current);
    current.setPrior(node);
    // 新增后把 current 地址还原
    current = t;
    size++;
}

public Object delete(int i) throws Exception{
    if(i < 0 || i > size -1){
        throw new Exception("参数错误");
    }
    index(i);
    Object obj = current.getElement();
    current.getPrior().setNext(current.getNext());
    current.getNext().setPrior(current.getPrior());
    size--;
    return obj;
}

public Object getData(int i) throws Exception{

    if(i<0||i>size-1){
        throw new Exception("参数错误");
    }
    // 修改,添加一个变量记录 current 地址
    DNode t = new DNode();
    t.setElement(current.getElement());
    t.setNext(current.getNext());
    t.setPrior(current.getPrior());
    current.getPrior().setNext(t);

    index(i);
    Object obj = current.getElement();
    // 新增后把 current 地址还原
    current = t;
    return obj;
```

```
    }

    /**
     * 输出链表数据
     */
    public void output()
    {
        DNode t = head.getNext();
        for(; t != null; t = t.getNext()){
            System.out.print(t.getElement() + " ");
        }

        System.out.println();
    }

    public static void main(String[] args) throws Exception {
        DoubleLinList dl = new DoubleLinList();

        System.out.println("向双向链表中依次添加 11,22,33");
        // 下标从 0 开始
        // 向双向链表中新增第一个数据
        dl.add(11);
        // 向双向链表中新增第二个数据
        dl.add(22);
        // 向双向链表中新增第三个数据
        dl.add(33);
        dl.output();
        System.out.println("向双向链表中第二个位置插入 44");
        // 向双向链表中的第二个位置插入第四个数据
        dl.insert(1, 44);
        dl.output();
        //输出链表的长度
        System.out.println("输出链表的长度：" + dl.size());
        //获得下标为 2 的节点中的数据
        System.out.println("输出下标为 2 的数据：" + dl.getData(2));
        //删除下标为 1 的节点
        dl.delete(1);
        //输出删除后链表的长度
        System.out.println("删除下标为 1 的节点后链表长度："+ dl.size);
        dl.output();
    }
}
```

程序运行结果如下：

```
向双向链表中依次添加 11,22,33
11 22 33
向双向链表中第二个位置插入 44
11 44 22 33
输出链表的长度：4
输出下标为 2 的数据：22
删除下标为 1 的节点后链表长度：3
11 22 33
```

（1）设计说明

1）在双向链表中，有如下关系：设对象引用 p 表示双向链表中的第 i 个结点，则 p.next 表示第 i+1 个结点，p.next.prior 仍表示第 i 个结点，即 p.next.prior==p；同样地，p.prior 表示第 i-1 个结点，p.prior.next 仍表示第 i 个结点，即 p.prior.next==p。图 2-15 是双向循环链表上述关系的图示。

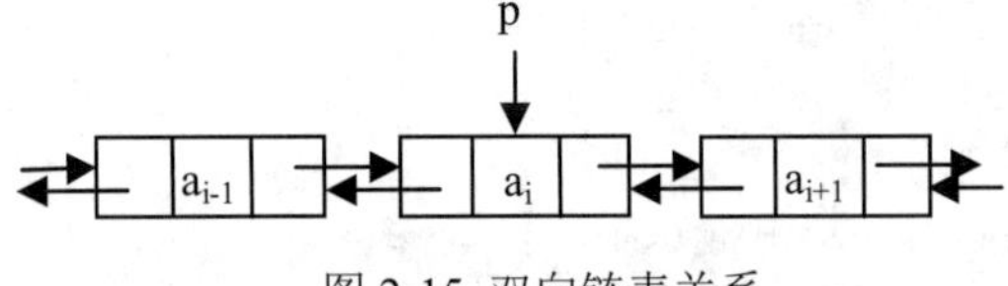

图 2-15 双向链表关系

2）循环双向链表的插入过程如图 2-16 所示。图中的指针 p 表示要插入结点的位置，s 表示要插入的结点，1、2、3、4 表示实现插入操作过程的步骤。

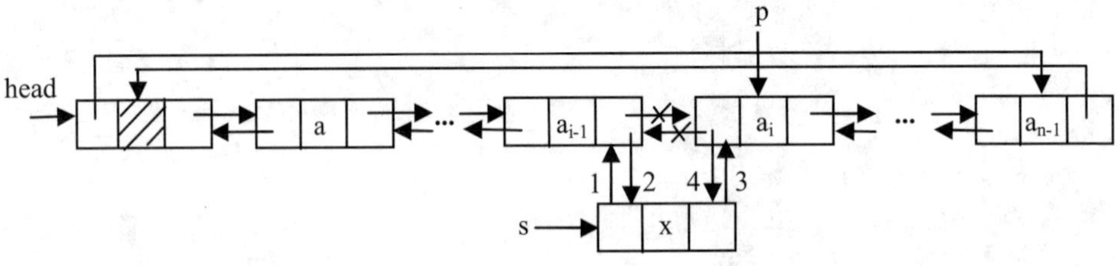

图 2-16 循环双向链表的插入过程

循环双向链表的插入操作由 insert(int i,Object obj)函数完成，其设计方法是：①调用 index()成员函数，让成员变量 current 表示第 i 个结点；②创建一个新结点，新结点的 element 域为数据元素 obj，新结点的 prior 域和 next 域均为空；③让新结点的 prior 域指向 current 前驱；④让 current 的前驱的 next 域指向当前结点；⑤让当前结点的 next 域指向 current；⑥使 current 的 prior 域指向当前结点。⑦数据元素个数成员变量加 1。上述步骤分别依次由如下 7 条语句完成：

```
index(i);
Node node = new Node(obj);
node.setPrior(current.getPrior());
current.getPrior().setNext(node);
```

```
node.setNext(current);
current.setPrior(node);
size++;
```

3）循环双向链表的删除过程如图 2-17 所示。图中的指针 p 表示要删除结点的位置，1、2 表示实现删除过程的步骤。

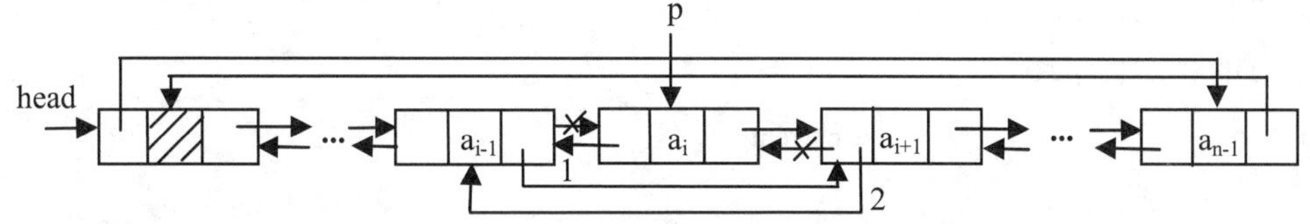

图 2-17 循环双向链表的删除过程

循环双向链表的删除操作由函数 delete(int i)完成，其设计方法是：①利用 index()成员函数，让成员变量 current 表示第 i 个结点；②新建 Object 对象，对其赋值为 current 的 element 域值；③将 current 的前驱的 next 域指向 current 的 next 域所指向的对象；④将 current 的 next 域所指向的对象的 prior 域指向 current 的 prior 域所指向的对象；⑤数据元素个数成员变量减 1；⑥返回删除结点的数据域值。上述 6 个步骤分别由如下 6 条语句实现：

```
index(i);
Object obj = current.getElement();
current.getPrior().setNext(current.getNext());
current.getNext().setPrior(current.getPrior());
size--;
return obj;
```


2.4 一元多项式的表示及相加

设有一个一元多项式 $f(x)=\sum a_i x^i$，经过分析可以看出，多项式的每一项都由系数、指数以及未知数 x 构成，已知系数和指数则可以知道多项式该项。我们运用单向链表来表示一元多项式，每个结点包含多项式每一项的两个信息系数（带符号）和指数，则单向链表结点可以设计如下。

图 2-18 多项式结点结构图示

我们使用带头结点的单向链表来表示一元多项式，那么对于某个多项式 $p=-2x^2+100x^3+45x^5+3x^{20}$，它的单链表表示如下：

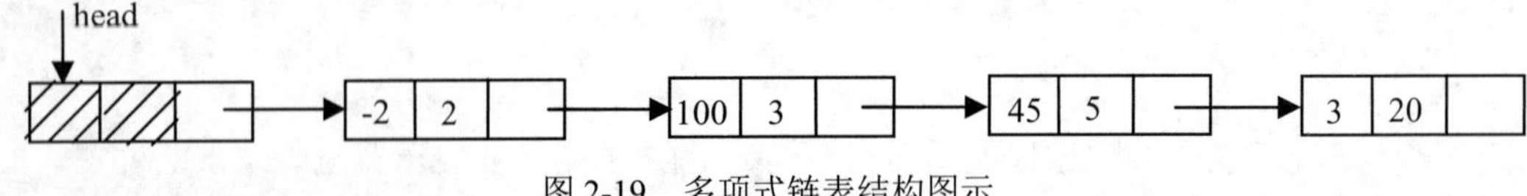

图 2-19　多项式链表结构图示

假设有多项式 $p1 = 2x^2 + 100x^3 + 45x^5 + 3x^{20}$， $p2 = 8x^2 + 7x^3 + 4x^4 + 6x^{18} + 7x^{20}$，p1 和 p2 加法运算的算法如下图：

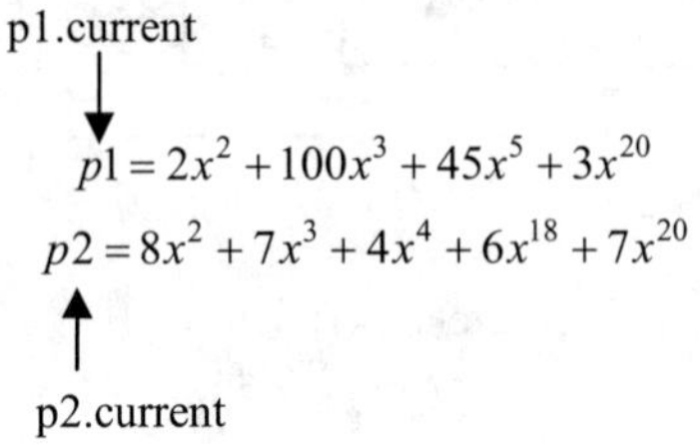

p1.current

↓

$$p1 = 2x^2 + 100x^3 + 45x^5 + 3x^{20}$$

$$p2 = 8x^2 + 7x^3 + 4x^4 + 6x^{18} + 7x^{20}$$

↑

p2.current

图 2-20　多项式加法运算示意图

多项式 result 用来保存结果。p1.current 和 p2.current 分别指向 p1 和 p2 的第一个元素，比较它们的幂，如果相等，将它们的系数相加，幂不变，这一新项插入到 result 中，p1.current 和 p2.current 都往后移一位；如果 p1.current 所指向的项的幂小于 p2.current，则把 p1.current 所指向的这一项插入到 result 中，p1.current 后移一位；同样地，如果 p2.current 所指向的项的幂小于 p1.current，执行类似的操作。重复这一过程，直到这两个指针都指向 null（在单链表中，最后一个结点的 next 指向 null）。这里还有一个细节，就是这两个指针中一般都会有一个先指向 null，那么这时候很简单，把剩下的那个指针往后遍历，它及其后面所指向的项都插入 result 即可。

综上，多项式各项的结点类设计代码如下。

```
package lib.algorithm.chapter2.n04;

publicclassPNode {
    doublerat; // 系数
    doubleexp; // 指数
    PNodenext; // 指向下一个结点对象的引用

    public PNode(double rat, double exp) {
        this.rat = rat;
        this.exp = exp;
        this.next = null;
    }

    public PNode() {
        this(0, 0);
```

```
    }

    publicdouble getRat() {
        returnrat;
    }

    publicdouble getExp() {
        returnexp;
    }

    publicPNode getNext() {
        returnnext;
    }

    publicvoid setRat(int rat) {
        this.rat = rat;
    }

    publicvoid setExp(int exp) {
        this.exp = exp;
    }

    publicvoid setNext(PNode node) {
        this.next = node;
    }
}
```

表示多项式的链表类设计代码如下。

【算法 2.4 多项式链表的基本运算实现】

```
package lib.algorithm.chapter2.n04;

publicclass PolyList
{
    PNode head;
    PNode current;

    public PolyList()
    {
        head = new PNode();
        current = head;
        head.setNext(null);
    }
```

```
publicboolean isEmpty()
{
    // 如果链表头部的 next 部位空（代表有数据）
    if(head.getNext() != null)
    {
        returntrue;
    }

    returnfalse;
}

publicvoid insert(PNode node)
{
    current.setNext(node);
    current = node;
}

public String print()
{
    StringBuilder rst = newStringBuilder("");
    StringBuilder rat = newStringBuilder("");
    StringBuilder exp = newStringBuilder("");
    StringBuilder tmp = newStringBuilder("");

    current = head.getNext();
    while (current != null)
    {
        rat.delete(0, rat.length());
        exp.delete(0, exp.length());
        tmp.delete(0, tmp.length());

        if (current.getRat() == 1)
            rat.append("");
        else
            rat.append(String.valueOf(current.getRat()));

        if (current.getExp() == 1)
        {
            exp.append("");
            tmp.append(rat.toString()).append("x").append(exp.toString());
        } else
        {
```

```
                exp.append(String.valueOf(current.getExp()));
                if (current.getExp() > 0)
                    tmp.append(rat.toString()).append("x^").append(exp.toString());
                else
                    // 指数为负数时加括号
                    tmp.append(rat.toString()).append("x^(").append(exp.toString()).append(")");
            }

            if (current == head.getNext())
                rst.append(tmp.toString());
            else
            {
                if (current.getRat() > 0)
                    rst.append("+").append(tmp.toString());
                else
                    // 系数<0 时自动带有负号
                    rst.append(tmp.toString());
            }
            current = current.getNext();
        }
        return rst.toString();
    }

    publicstatic PolyList add(PolyList p1, PolyList p2)
    {

        PolyList result = newPolyList();
        // 分别指向 p1 p2 的第一个元素
        p1.current = p1.head.getNext();
        p2.current = p2.head.getNext();
        while (p1.current != null&& p2.current != null)
        {

            if (p1.current.getExp() == p2.current.getExp())
            {
                result.insert(new PNode(p1.current.getRat() + p2.current.getRat(), p1.current.getExp()));
                p1.current = p1.current.getNext();
                p2.current = p2.current.getNext();
            } elseif (p1.current.getExp() < p2.current.getExp())
            {
                result.insert(p1.current);
                p1.current = p1.current.getNext();
```

```
            } else
            {
                result.insert(p2.current);
                p2.current = p2.current.getNext();
            }
        }
        while (p1.current != null)
        {
            result.insert(p1.current);
            p1.current = p1.current.getNext();
        }
        while (p2.current != null)
        {
            result.insert(p2.current);
            p2.current = p2.current.getNext();
        }
        return result;
    }

    publicstaticvoid main(String[] args)
    {
        PolyList polyList1 = newPolyList();
        PolyList polyList2 = newPolyList();

        // 设置第一组第一个节点值
        PNode pNode1 = newPNode();
        pNode1.setExp(2);
        pNode1.setRat(2);
        // 设置第一组第二个节点值
        PNode pNode2 = newPNode();
        pNode2.setExp(3);
        pNode2.setRat(100);
        // 插入数据
        polyList1.insert(pNode1);
        polyList1.insert(pNode2);

        // 设置第二组第一个节点值
        PNode pNode3 = newPNode();
        pNode3.setExp(50);
        pNode3.setRat(33);
        // 插入数据
        polyList2.insert(pNode3);
```

```
            System.out.println("打印第一组数据：" + polyList1.print());
            System.out.println("打印第二组数据：" + polyList2.print());
        }
}
```

程序运行结果如下：

```
打印第一组数据：2.0x^2.0+100.0x^3.0
打印第二组数据：33.0x^50.0
```

本章小结

本章首先介绍了线性表的逻辑结构，线性表示具有相同特性的数据元素的一个有序序列，该序列中所含元素的个数叫做线性表的长度。线性表中的元素在位置上是有序的。然后介绍了线性表的存储结构：顺序存储和链式存储。线性表的顺序存储结构就是，将线性表中的所有元素按照其逻辑结构顺序依次存储在计算机中一块连续的存储空间中。依据线性表的链式结构可将线性表分为单链表、双向链表和循环链表。在单链表中，构成链表的每个结点只有一个指向直接后继结点的指针。循环链表是单向链表的另一种形式，其结构特点是链表中最后一个结点的指针不再是结束标记，而是指向整个链表的第一个结点，从而使单链表形成一个环。而双向链表的结构特点是每个结点除后继指针外还有一个前驱指针。

在本章第四节，利用单链表实现了一元多项式的表示及相加，能够支持多项式的加法运算。在熟练掌握线性表的逻辑和存储结构的基础上，学生应熟练掌握以及运用顺序表和链表的增加、删除、查询以及修改运算，熟练掌握各种算法在不同场景下的优劣。在处理实际问题的时候，能够根据不同数据结构的实现特点来进行具体选择。

上机实训

1．编写一个逐个输出顺序表中所有数据元素的成员函数。

2．编写一个逐个输出单链表中所有数据元素的成员函数。

3．编写顺序表定位操作的函数。顺序表定位操作的功能是：在顺序表中查找是否存在数据元素 x，如果存在，返回顺序表中和 x 值相等的第一个数据元素的序号（序号从 0 开始编号）；如果不存在，返回-1。要求设计一个能按随机数赋值的测试程序进行测试。

4．编写单链表类的删除成员函数，要求删除单链表中数据元素等于 x 的所有结点。函数返回被删除元素的个数。

5．编写一个函数，要求把顺序表 A 中的数据元素序列逆置后存储到顺序表 B 中。所谓逆置是指把（$a_0,a_1,...a_{n-1}$）变为（$a_{n-1},...,a_1,a_0$）。

6．编写一个函数，要求把带头结点单链表 A 中的数据元素序列就地逆置。所谓就地逆置是指逆置后的数据元素仍然保存在带头结点单链表 A 中。

7. 约瑟夫环问题仿真

问题描述：设编号为 1，2，...，n（n>0）个人按顺时针方向围成一圈，每人持有一个正整数密码。开始时任意给出一个报数上限值 m，从第一人开始顺时针方向自 1 起顺序报数，报到 m 时停止报数，报 m 的人出列，将他的密码作为新的 m 值，从他在顺时针方向上的下一个人起重新自 1 起顺序报数；如此下去，知道所有人全部出列为止。

基本要求：设计一个程序模拟此过程，给出出列人的编号序列。

测试数据：

n = 7，7 个人的密码依次为 3,1,7,2,4,8,4。

初始报数上限值 m = 20。

习题

1. 什么是线性表？
2. 什么是线性结构？线性表是线性结构吗？为什么？
3. 什么是顺序存储结构？什么是链式存储结构？
4. 什么是顺序表？画出有 n 个抽象数据元素的顺序表结构。
5. 什么是头指针？什么是头结点？
6. 画出有 n 个抽象数据元素的带头结点的单链表、循环单链表和循环双向链表结构。
7. 在链表设计中，为什么通常采用带头结点的链表结构？
8. 在顺序表类中实现插入操作和删除操作时，为什么必须移动数据元素？插入操作和删除操作移动数据元素的方向是否相同？
9. 对比顺序表和单链表的优缺点。在什么情况下使用顺序表好？在什么情况下使用单链表好？
10. 若多项式 $A=a_1x+a_2x^2+\cdots+a_{n-1}x^{n-1}+a_nx^n$, $B=b_1x+b_2x^2+\cdots+b_{n-1}x^{n-1}+b_nx^n$ 以单链表存储，试给出多项式相减 A-B 的算法。

3

栈和队列

本章学习目标：

从数据结构上看，栈和队列都是线性表，但是它们是两种特殊的线性表。栈只允许在表的一端进行插入或删除操作；而队列允许在表的一端进行插入操作，而在另一端进行删除操作。因而，栈和队列也可以被称为操作受限的线性表。读者学习本章后应能掌握栈和队列的基本概念、逻辑结构和存储结构。

3.1 栈

3.1.1 栈的定义及其运算

栈（Stack）是一种操作受限的线性表，它只允许在一端进行元素的插入和删除操作。其中，允许进行插入和删除元素的一端称为栈顶，另一端称为栈底。栈的插入操作通常称为入栈或进栈（push），而栈的删除操作则称为出栈或退栈（pop）。当栈中没有数据元素时，称栈为空栈。

因为只允许在栈顶进行插入与删除元素，栈顶元素总是最后入栈的，同时也是最先出栈；栈底元素总是最先入栈的，同时也是最后出栈。所以，栈是按照后进先出（LIFO，last in first out）的原则组织数据的，因此，也被称为“后进先出”的线性表。

为了便于对数据进行管理，栈通常包含一个指针指向栈顶元素，称为栈顶指针（top），如图 3-1 所示。栈顶指针 top 动态反映栈的当前位置，当栈为空栈时，栈顶指针为空。

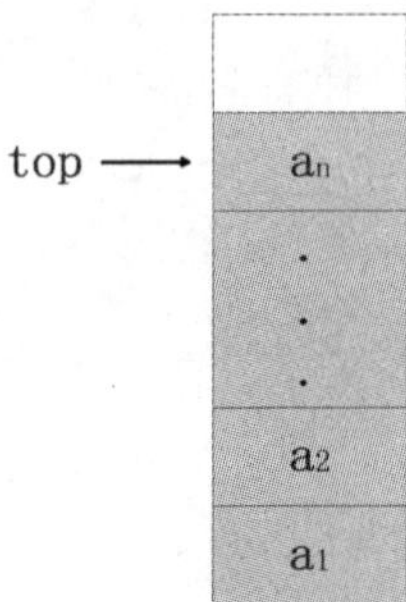

图 3-1　栈的示意图

栈的基本操作如下：

1）getSize 返回栈的大小：获取栈里元素的个数，如果是空栈，则返回 0。

2）isEmpty 判断栈是否为空：若栈为空，则返回 TRUE；否则，返回 FALSE。

3）push 入栈：在栈的顶部插入新元素，若栈满，则返回 FALSE；否则，返回 TRUE。

4）pop 出栈：若栈不为空，则返回栈顶元素，并从栈顶中删除该元素；否则，返回空元素 NULL。

5）getTop 取栈顶元素：若栈不为空，则返回栈顶元素（但不删除元素）；否则返回空元素 NULL。

6）setEmpty 置栈空操作：置栈为空栈。

栈是一种特殊的线性表，因此栈可采用顺序存储结构存储，也可以使用链式存储结构存储。下面给出了实现栈数据结构的完整 Java 接口。

【Stack 接口定义】

```
interface Stack {
    // 返回栈的大小
    public int getSize();

    // 判断堆栈是否为空
    public boolean isEmpty();

    // 数据元素 x 入栈
    public boolean push(Object x);

    // 栈顶元素出栈
    public Object pop();

    // 取栈顶元素
    public Object getTop();

    // 置栈空操作
```

```
    public void setEmpty();
}
```

3.1.2 栈的顺序存储结构

利用一组地址连续的存储单元依次存放自栈底到栈顶的数据元素，这种形式的栈称为顺序栈。因此，我们可以使用一维数组来作为栈的顺序存储空间。设指针 top 指向栈顶元素的当前位置，以数组元素下标较小的一端作为栈底，通常以 top=-1 时为空栈，在元素进栈时指针 top 不断地加 1，当 top 等于数组的最大下标值时则栈满。

图 3-2 展示了顺序栈中数据元素与栈顶指针的变化。

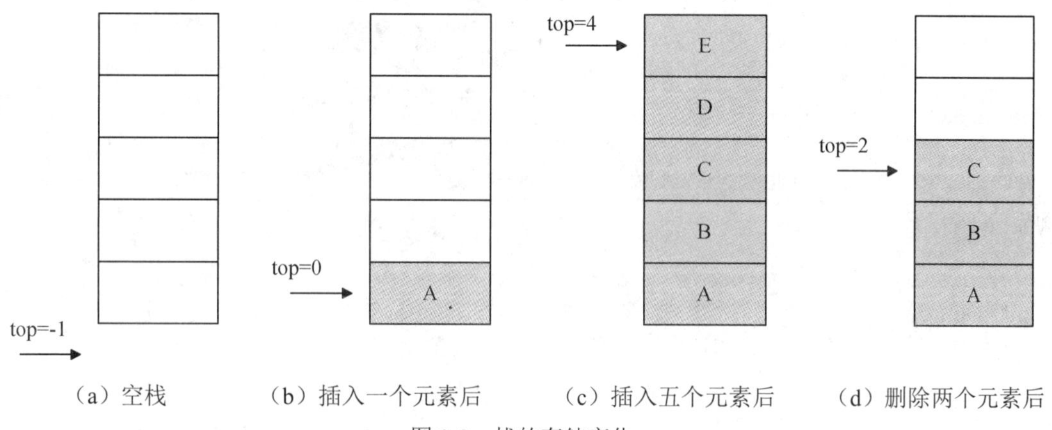

图 3-2 栈的存储变化

鉴于 Java 语言中数组的下标约定是从 0 开始的，因而使用 Java 语言的一维数组作为栈时，应设栈顶指针 top=-1 时为空栈。

实现顺序栈的代码如下：

【算法 3.1 Stack 的顺序存储实现】

```
package lib.algorithm.chapter3.n01;
interface Stack {
    // 返回栈的大小
    public int getSize();

    // 判断堆栈是否为空
    public boolean isEmpty();

    // 数据元素 x 入栈
    public boolean push(Object x);

    // 栈顶元素出栈
```

```
    public Object pop();

    // 取栈顶元素
    public Object getTop();

    // 置栈空操作
    public void setEmpty();
}

class StackArray implements Stack {
    private final int LEN = 10; // 数组的默认大小
    private int top; // 栈顶指针
    private Object[] elements; // 数据元素数组

    public StackArray() {
        top = -1;
        elements = new Object[LEN];
    }

    // 返回堆栈的大小
    public int getSize() {
        return top + 1;
    }

    // 判断堆栈是否为空
    public boolean isEmpty() {
        if (top == -1) {
            return true;
        } else {
            return false;
        }
    }

    // 数据元素 x 入栈
    public boolean push(Object x) {
        if (getSize() >= elements.length) {
            return false;
        } else {
            top++;
            elements[top] = x;
            return true;
        }
```

```
    }

    // 栈顶元素出栈
    public Object pop() {
        Object obj;
        if (getSize() < 1) {
            obj = null;
        } else {
            obj = elements[top];
            top--;
        }
        return obj;
    }

    // 取栈顶元素
    public Object getTop() {
        Object obj;
        if (getSize() < 1) {
            obj = null;
        } else {
            obj = elements[top];
        }
        return obj;
    }

    // 置栈空操作
    public void setEmpty() {
        top = -1;
    }
}

public class StackArrayDemo {

    /**
     * @param args
     */
    public static void main(String[] args) {
        // TODO Auto-generated method stub
        StackArray sa = new StackArray();
        sa.push(100);
        System.out.println("元素 100 入栈");
        sa.push(150);
```

```
        System.out.println("元素 150 入栈");
        sa.push(200);
        System.out.println("元素 200 入栈");
        sa.push(500);
        System.out.println("元素 500 入栈");
        sa.push(550);
        System.out.println("元素 550 入栈");
        System.out.println();

        if (sa.isEmpty()) {
            System.out.println("栈当前为空");
        } else {
            System.out.println("栈当前不为空");
        }
        System.out.println();

        System.out.println("栈内有" + sa.getSize() + "个元素");
        System.out.println();

        System.out.println("栈顶元素为：" + sa.getTop());
        System.out.println();

        sa.pop();
        System.out.println("弹出一个元素后，栈顶元素为：" + sa.getTop());
        System.out.println();

        sa.setEmpty();
        if (sa.isEmpty()) {
            System.out.println("置栈空操作后，栈内为空");
        }
        System.out.println();
    }

}
```

程序运行结果如下：

```
元素 100 入栈
元素 150 入栈
元素 200 入栈
元素 500 入栈
元素 550 入栈

栈当前不为空
```

```
栈内有 5 个元素

栈顶元素为：550

弹出一个元素后，栈顶元素为：500
置栈空操作后，栈内为空
```

以上是基于数组实现栈的存储算法。由于有 top 指针的存在，所以 getSize、isEmpty 等方法均可在 O(1)时间内完成；push、pop、getTopc（除 getSize 外）都执行常数基本操作，因此它们的运行时间也是 O(1)。

注意，在栈的操作中需判断两种情况：①出栈时，判断栈是否为空，若为空，则称为下溢；②入栈时，判断栈是否为满，若为满，则称为上溢。

3.1.3　栈的链式存储结构

栈也可以采用链式存储结构表示，这种结构的栈简称为链栈。在一个链栈中，栈底就是链表的最后一个结点，而栈顶总是链表的第一个结点。因此，新入栈的元素即为链表新的第一个结点，只要系统还有存储空间，就不会有栈满的情况发生。一个链栈可由栈顶指针 top 唯一确定，当 top 为 NULL 时，是一个空栈。图 3-3 给出了链栈中数据元素与栈顶指针 top 变化的情况。

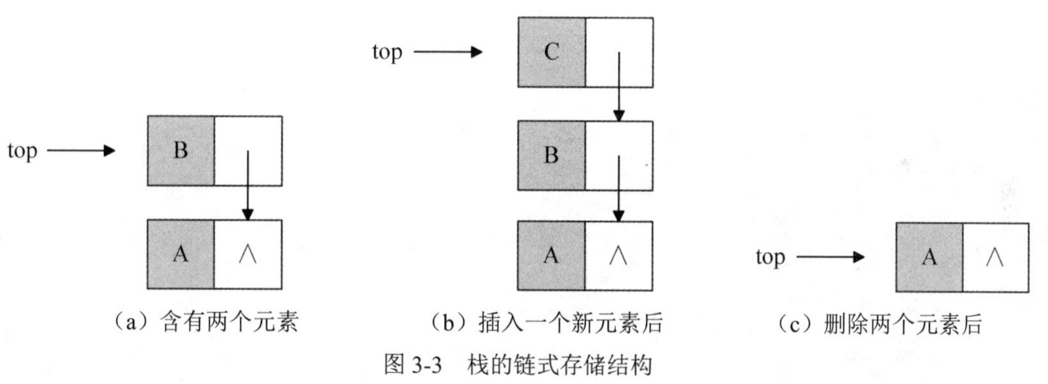

图 3-3　栈的链式存储结构

实现链栈的代码如下：

【算法 3.2　栈的链式存储实现】

```
package lib.algorithm.chapter3.n02;
interface Stack {
    // 返回栈的大小
    public int getSize();

    // 判断堆栈是否为空
```

```
    public boolean isEmpty();

    // 数据元素 x 入栈
    public boolean push(Object x);

    // 栈顶元素出栈
    public Object pop();

    // 取栈顶元素
    public Object getTop();

    // 置栈空操作
    public void setEmpty();
}

class SLLNode {
    // 数据域
    private Object data;
    // 引用域指向下一个节点
    private SLLNode nextlink;

    public Object getData() {
        return data;
    }

    public void setData(Object data) {
        this.data = data;
    }

    public SLLNode getNext() {
        return nextlink;
    }

    public void setNext(SLLNode nextlink) {
        this.nextlink = nextlink;
    }
}

class StackLinkedList implements Stack {
    private SLLNode top; // 链表首结点引用
    private int size; // 栈的大小
```

```
public StackLinkedList() {
    top = null;
    size = 0;
}

// 返回堆栈的大小
public int getSize() {
    return size;
}

// 判断堆栈是否为空
public boolean isEmpty() {
    if (size == 0) {
        return true;
    } else {
        return false;
    }
}

// 数据元素 x 入栈
public boolean push(Object x) {
    SLLNode q = new SLLNode();
    q.setData(x);
    q.setNext(top);
    top = q;
    size++;
    return true;
}

// 栈顶元素出栈
public Object pop() {
    Object obj = null;
    if (size < 1) {
        return null;
    } else {
        obj = top.getData();
        top = top.getNext();
        size--;
    }
    return obj;
}
```

```
    // 取栈顶元素
    public Object getTop() {
        Object obj = null;
        if (size < 1) {
            return null;
        } else {
            obj = top.getData();
        }
        return obj;
    }

    // 置栈空操作
    public void setEmpty() {
        top = null;
        size = 0;
    }
}

public class SLLNodeDemo {

    /**
     * @param args
     */
    public static void main(String[] args) {
        // TODO Auto-generated method stub
        StackLinkedList sll = new StackLinkedList();
        sll.push(100);
        System.out.println("元素 100 入栈");
        sll.push(150);
        System.out.println("元素 150 入栈");
        sll.push(200);
        System.out.println("元素 200 入栈");
        sll.push(500);
        System.out.println("元素 500 入栈");
        sll.push(550);
        System.out.println("元素 550 入栈");
        System.out.println();

        if (sll.isEmpty()) {
            System.out.println("栈当前为空");
        } else {
            System.out.println("栈当前不为空");
```

```
        }
        System.out.println();

        System.out.println("栈内有" + sll.getSize() + "个元素");
        System.out.println();

        System.out.println("栈顶元素为：" + sll.getTop());
        System.out.println();

        sll.pop();
        System.out.println("弹出一个元素后，栈顶元素为：" + sll.getTop());
        System.out.println();

        sll.setEmpty();
        if (sll.isEmpty()) {
            System.out.println("置栈空操作后，栈内为空");
        }
        System.out.println();

    }

}
```

程序运行结果如下：

```
元素 100 入栈
元素 150 入栈
元素 200 入栈
元素 500 入栈
元素 550 入栈

栈当前不为空

栈内有 5 个元素

栈顶元素为：550

弹出一个元素后，栈顶元素为：500

置栈空操作后，栈内为空
```

在算法 3.2 中，所有的方法操作都能够在 O(1)时间内完成。

3.2 队列

在日常生活中排队现象很常见，如我们在食堂排队打饭，这里的排队就体现了一种“先来先服务”的原则。

排队现象在计算机系统中也很常见。例如，在计算机系统中经常会遇到两个设备之间的数据传输，不同的设备（内存与硬盘）通常处理数据的速度是不同的，当需要在它们之间连续处理一批数据时，高速设备总是要等待低速设备，这就造成计算机处理效率的大大降低。为了解决这一速度不匹配的矛盾，通常就在这两个设备之间设置一个缓冲区。这样，高速设备就不必每次等待低速设备处理完一个数据后才开始处理下一个数据，而是把要处理的数据依次从一端加入缓冲区，而低速设备从另一端取走要处理的数据。

3.2.1 队列的定义及其运算

队列（Queue）也是一种操作受限的线性表，它只允许在一端插入元素，而在另一端删除元素。在队列中，允许进行插入的一端称为队尾（rear），允许进行删除的一端称为队头（front）。队列的插入操作通常称为入队列或进队列，而队列的删除操作则称为出队列或退队列。当队列中没有数据元素时，称为空队列。

根据队列的定义可知，队头元素总是最先进队列的，也总是最先出队列；队尾元素总是最后进队列，也是最后出队列。这种线性表是按照先进先出（FIFO，first in first out）的原则组织数据的，因此，队列也被称为“先进先出”的线性表。

假如队列 q={ a1，a2，…，an}，进队列的顺序为 a1，a2，…，an，则队头元素为 a1，队尾元素为 an。图 3-4 是队列的示意图。

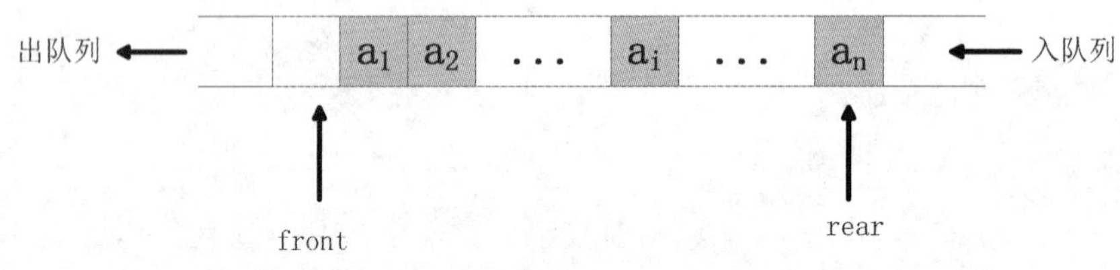

图 3-4　队列的示意图

队列的基本操作如下：

1）getSize 返回队列的大小：获取队列里元素的个数。

2）isempty 判断队列是否为空：若队列为空，则返回 TRUE；否则，返回 FALSE。

3）enqueue 入队列：在队列的尾部插入一个新元素，使它成为新的队尾。若队列满，则返回 FALSE；否则，返回 TRUE。

4）dequeue 出队列：若队列不为空，则返回队头元素，并从队头删除该元素，队头指针指向原队头的后继元素；否则，返回 NULL。

5）getFront 取队头元素：若队列不为空，则返回队头元素；否则返回 NULL。

6）setEmpty 置队列为空操作：置队列为空队列。

队列是一种特殊的线性表，因此队列可采用顺序存储结构存储，也可以使用链式存储结构存储。下面给出了实现队列数据结构的完整 Java 接口。

【Queue 接口定义】

```
interface Queue {
    // 返回队列的大小
    public int getSize();

    // 判断队列是否为空
    public boolean isEmpty();

    // 数据元素 x 入队
    public boolean enqueue(Object x);

    // 队首元素出队
    public Object dequeue();

    // 取队首元素
    public Object getFront();

    // 置队列为空操作
    public void setEmpty();
}
```

3.2.2 队列的顺序存储结构

按照顺序存储结构方式存储的队列称为顺序队列，即利用一组地址连续的存储单元依次存放队列中的数据元素。一般情况下，我们使用一维数组来作为队列的顺序存储空间，另外再设立两个指示器：一个为指向队头元素位置的指示器 front，另一个为指向队尾元素位置的指示器 rear。

Java 语言中，数组的下标是从 0 开始的，因此为了算法设计的方便，初始化队列时，通常令 front=rear=-1。向队列插入新的数据元素时，队尾指示器 rear 加 1，而当队头元素出队列时，队头指示器 front 加 1。另外还约定，在非空队列中，队头指示器 front 总是指向队列中实际队头元素的前面一个位置，而尾指示器 rear 总是指向队尾元素。

实现顺序队列的代码如下：

【算法 3.3 顺序队列的基本运算实现】

```
package lib.algorithm.chapter3.n03;
```

```
interface Queue {
    // 返回队列的大小
    public int getSize();

    // 判断队列是否为空
    public boolean isEmpty();

    // 数据元素 x 入队
    public boolean enqueue(Object x);

    // 队首元素出队
    public Object dequeue();

    // 取队首元素
    public Object getFront();

    // 置队列为空操作
    public void setEmpty();
}

class QueueArray implements Queue {
    private Object[] elements; // 数据元素数组
    private int capacity; // 数组的大小 elements.length
    private int front; // 队首指针,指向队首
    private int rear; // 队尾指针,指向队尾后一个位置

    public QueueArray(int capacity) {
        this.capacity = capacity;
        elements = new Object[capacity];
        front = -1;
        rear = -1;
    }

    // 返回队列的大小
    public int getSize() {
        int size = (rear - front + capacity) % capacity;
        return size;
    }

    // 判断队列是否为空
    public boolean isEmpty() {
        if (front == rear) {
```

```
            return true;
        } else {
            return false;
        }
    }

    // 数据元素 x 入队
    public boolean enqueue(Object x) {
        if (getSize() == capacity - 1) {
            return false;
        } else {
            elements[rear + 1] = x;
            rear = (rear + 1) % capacity;
            return true;
        }
    }

    // 队首元素出队列
    public Object dequeue() {
        Object obj = null;
        if (isEmpty()) {
            return null;
        } else {
            obj = elements[front + 1];
            front = (front + 1) % capacity;
        }
        return obj;
    }

    // 取队首元素
    public Object getFront() {
        Object obj = null;
        if (isEmpty()) {
            return null;
        } else {
            obj = elements[front + 1];
        }
        return obj;
    }

    // 置队列为空操作
    public void setEmpty() {
```

```
        front = -1;
        rear = -1;
    }

}

public class QueueArrayDemo {

    /**
     * @param args
     */
    public static void main(String[] args) {
        // TODO Auto-generated method stub
        QueueArray qa = new QueueArray(10);
        qa.enqueue(100);
        System.out.println("元素 100 入队列");
        qa.enqueue(150);
        System.out.println("元素 150 入队列");
        qa.enqueue(200);
        System.out.println("元素 200 入队列");
        qa.enqueue(500);
        System.out.println("元素 500 入队列");
        qa.enqueue(550);
        System.out.println("元素 550 入队列");
        System.out.println();

        if (qa.isEmpty()) {
            System.out.println("队列当前为空");
        } else {
            System.out.println("队列当前不为空");
        }
        System.out.println();

        System.out.println("队列内有" + qa.getSize() + "个元素");
        System.out.println();

        System.out.println("队首元素为：" + qa.getFront());
        System.out.println();

        qa.dequeue();
        System.out.println("一个元素出队列后，新队首元素为：" + qa.getFront());
        System.out.println();
```

```
        qa.setEmpty();
        if (qa.isEmpty()) {
            System.out.println("置队列为空操作后，队列内为空");
        }
        System.out.println();

    }

}
```

程序运行结果如下：

```
元素 100 入队列
元素 150 入队列
元素 200 入队列
元素 500 入队列
元素 550 入队列

队列当前不为空

队列内有 5 个元素

队首元素为：100

一个元素出队列后，新队首元素为：150

置队列为空操作后，队列内为空
```

在 QueueArray 类中，我们用成员变量 capacity 表示数组的大小，即 capacity = elements.length。每个操作的实现方法其时间复杂度为 O(1)。

在顺序队列中，当队尾指针已经指向了数组的最后一个位置时，此时若有元素入队列，就会发生溢出；但有些时候，虽然队尾指针已经指向最后一个位置，但事实上数组中还有一些空位置。也就是说，队列的存储空间并没有满，但队列却发生了溢出，我们称这种现象为假溢出。

我们通常采用循环队列的方法解决这个问题，即将顺序队列的存储区域假想为一个环状的空间，如图 3-5 所示。我们可假想 q->queue[0]接在 q->queue[MAX-1]的后面。当发生假溢出时，我们可以将新元素插入到第一个位置上。入列和出列仍按“先进先出”的原则进行，这就是循环队列。

很显然，在循环队列中不需要移动元素，操作效率高，空间的利用率也很高。

在循环队列中，每插入一个新元素时，就把队尾指针沿顺时针方向移动一个位置。即：

```
q->rear=q->rear+1;
if(q->rear= =MAXNUM)
    q->rear=0;
```

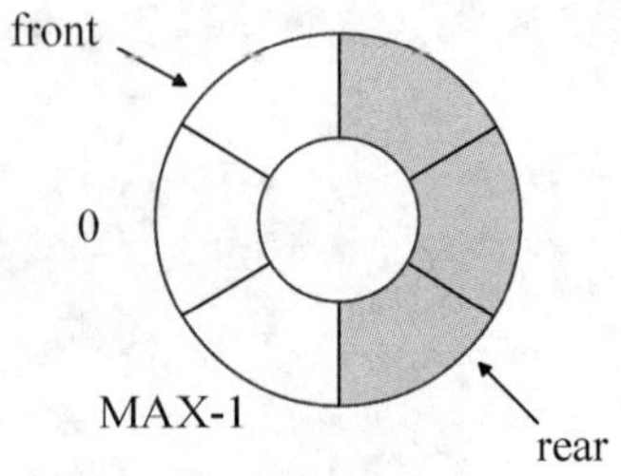

front
0
MAX-1
rear

图 3-5　循环队列示意

在循环队列中，每删除一个元素时，就把队头指针沿顺时针方向移动一个位置。即：

```
q->front=q->front+1;
if(q->front= =MAX)
    q->front=0;
```

图 3-6 所示，为循环队列的三种状态，图 3-6（a）为队列空时，有 q->front= =q->rear；图 3-6（c）为队列满时，也有 q->front= =q->rear；因此仅凭 q->front= =q->rear 不能判定队列是空还是满。

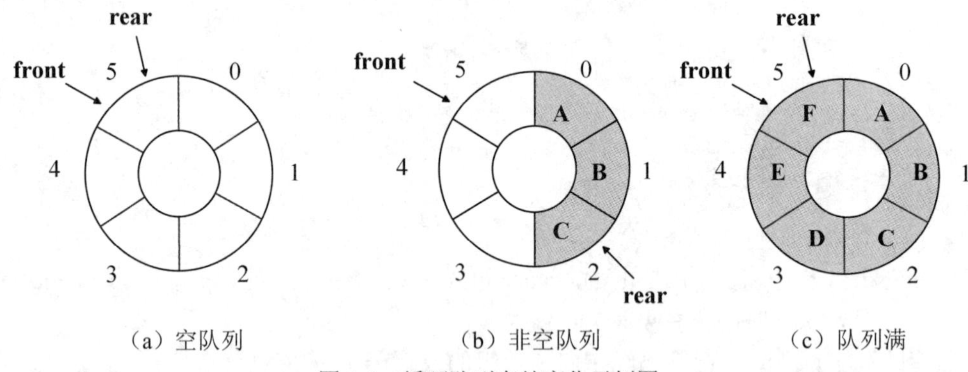

（a）空队列　　（b）非空队列　　（c）队列满

图 3-6　循环队列存储变化示例图

为了区分循环队列是空还是满，我们可以设定一个标志位 s。s= 0 时为空队列，s=1 时队列非空。循环队列的代码实现如下：

【算法 3.4　循环队列的实现】

```
package lib.algorithm.chapter3.n04;
interface Queue {
    // 返回队列的大小
    public int getSize();

    // 判断队列是否为空
    public boolean isEmpty();

    // 数据元素 x 入队
```

```
    public boolean enqueue(Object x);

    // 队首元素出队
    public Object dequeue();

    // 取队首元素
    public Object getFront();

    // 置队列为空操作
    public void setEmpty();
}

class CircularQueue implements Queue {

    private Object[] elements; // 数据元素数组
    private int capacity; // 数组的大小 lements.length
    private int front; // 队首指针，指向队首
    private int rear; // 队尾指针，指向队尾后一个位置
    private int s; // 标志位，为 1 时队列有元素，为 0 时队列空

    CircularQueue(int capacity) {
        this.capacity = capacity;
        front = -1;
        rear = -1;
        s = 0;
        elements = new Object[capacity];
    }

    // 返回队列的大小
    public int getSize() {
        if ((s == 1) && (rear == front)) {
            return capacity;
        } else if ((s == 1) && (front == -1)) {
            return rear - front;
        } else if (s == 1) {
            return (rear - front + capacity) % capacity;
        } else {
            return 0;
        }
    }

    // 判断队列是否为空
```

```
public boolean isEmpty() {
    if (s == 0) {
        return true;
    } else {
        return false;
    }
}

// 判断队列是否已满
public boolean isFull() {
    if ((rear == front) && (s == 1)) {
        return true;
    } else {
        return false;
    }
}

// 数据元素 x 入队
public boolean enqueue(Object x) {
    if (this.isFull()) {
        return false;
    }

    rear = (rear + 1) % capacity;
    elements[rear] = x;
    s = 1;
    return true;
}

// 队首元素出队列
public Object dequeue() {
    Object obj = null;

    if (s == 1) {
        front = (front + 1) % capacity;
        obj = elements[front];

        if (front == rear) {
            s = 0;
        }
    }
```

```
        return obj;
    }

    // 取队首元素
    public Object getFront() {
        Object obj = null;
        if (isEmpty()) {
            return null;
        } else {
            obj = elements[(front + 1 + capacity) % capacity];
        }
        return obj;
    }

    // 置队列为空操作
    public void setEmpty() {
        front = -1;
        rear = -1;
        s = 0;
    }
}

public class CircularQueueDemo {

    /**
     * @param args
     */
    public static void main(String[] args) {
        // TODO Auto-generated method stub
        CircularQueue cq = new CircularQueue(5);
        cq.enqueue(100);
        System.out.println("元素 100 入队列");
        cq.enqueue(150);
        System.out.println("元素 150 入队列");
        cq.enqueue(200);
        System.out.println("元素 200 入队列");
        cq.enqueue(500);
        System.out.println("元素 500 入队列");
        cq.enqueue(550);
        System.out.println("元素 550 入队列");
        System.out.println();
```

```
        if (cq.isEmpty()) {
            System.out.println("队列当前为空");
        } else {
            System.out.println("队列当前不为空");
        }
        System.out.println();

        System.out.println("队列内有" + cq.getSize() + "个元素");
        System.out.println();

        System.out.println("队首元素为：" + cq.getFront());
        System.out.println();

        cq.dequeue();
        System.out.println("一个元素出队列后，新队首元素为：" + cq.getFront());
        System.out.println();

        cq.setEmpty();
        if (cq.isEmpty()) {
            System.out.println("置队列为空操作后，队列内为空");
        }
        System.out.println();

    }

}
```

程序运行结果如下：

```
元素 100 入队列
元素 150 入队列
元素 200 入队列
元素 500 入队列
元素 550 入队列

队列当前不为空

队列内有 5 个元素

队首元素为：100

一个元素出队列后，新队首元素为：150

置队列为空操作后，队列内为空
```

3.2.3 队列的链式存储结构

如果用户无法预计所需队列的最大空间，我们也可以采用链式结构来存储队列元素。用链表存储的队列简称为链队列。在一个链队列中需设定两个指针（头指针和尾指针）分别指向队列的头和尾。为了操作的方便，和线性链表一样，我们也给链队列添加一个头结点，并设定头指针指向头结点，因此，空队列的判定条件就成为头指针和尾指针是否都指向头结点。

图 3-7（a）所示为一个空队列；图 3-7（b）所示为一个非空队列。

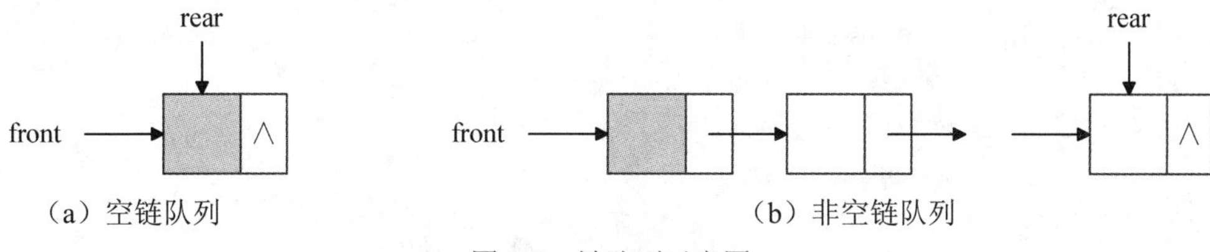

（a）空链队列　　（b）非空链队列

图 3-7　链队列示意图

【算法 3.5　队列的链式存储实现】

```
package lib.algorithm.chapter3.n05;
interface Queue {
    // 返回队列的大小
    public int getSize();

    // 判断队列是否为空
    public boolean isEmpty();

    // 数据元素 x 入队
    public boolean enqueue(Object x);

    // 队首元素出队
    public Object dequeue();

    // 取队首元素
    public Object getFront();

    // 置队列为空操作
    public void setEmpty();
}

class SLNode
{
    //数据域
```

3 Chapter

```
    private Object data;
     //引用域指向下一个节点
    private SLNode nextlink;
    public Object getData() {
        return data;
    }
    public void setData(Object data) {
        this.data = data;
    }
    public SLNode getNext() {
        return nextlink;
    }
    public void setNext(SLNode nextlink) {
        this.nextlink = nextlink;
    }
}

class QueueSLinked implements Queue
{
    private SLNode front;
    private SLNode rear;
    private int size;

    public QueueSLinked()
    {
        front = new SLNode();
        rear = front;
        size = 0;
    }

//返回队列的大小
public int getSize()
{
return size;
}

//判断队列是否为空
public boolean isEmpty()
{
        if(size==0)
        {
            return true;
```

```
        }
        else
        {
            return false;
        }
}

//数据元素 x 入队
public boolean enqueue(Object x)
{
    SLNode p = new SLNode();
    p.setData(x);
    rear.setNext(p);
    rear = p;
    size++;
    return true;
}

//队首元素出队
public Object dequeue()
{
         Object obj;
if (size<1)
{
        obj = null;
}

SLNode p = front.getNext();
front.setNext(p.getNext());
size--;
if (size<1)
{
rear = front;     //如果队列为空，rear 指向头结点
}
obj = p.getData();
return obj;
}

//取队首元素
public Object getFront()
{
Object obj;
```

```
if (size<1)
{
        obj = null;
}

obj = front.getNext().getData();
return obj;
}

//置队列为空操作
public void setEmpty()
{
front = new SLNode();
rear = front;
size = 0;
}
}

public class QueueSLinkedDemo {

    /**
     * @param args
     */
    public static void main(String[] args) {
        // TODO Auto-generated method stub
        QueueSLinked ql=new QueueSLinked();
        ql.enqueue(100);
        System.out.println("元素 100 入队列");
        ql.enqueue(150);
        System.out.println("元素 150 入队列");
        ql.enqueue(200);
        System.out.println("元素 200 入队列");
        ql.enqueue(500);
        System.out.println("元素 500 入队列");
        ql.enqueue(550);
        System.out.println("元素 550 入队列");
        System.out.println();

        if (ql.isEmpty()) {
            System.out.println("队列当前为空");
        } else {
            System.out.println("队列当前不为空");
```

```
        }
        System.out.println();

        System.out.println("队列内有" + ql.getSize() + "个元素");
        System.out.println();

        System.out.println("队首元素为：" + ql.getFront());
        System.out.println();

        ql.dequeue();
        System.out.println("一个元素出队列后，新队首元素为：" + ql.getFront());
        System.out.println();

        ql.setEmpty();
        if (ql.isEmpty()) {
            System.out.println("置队列为空操作后，队列内为空");
        }
        System.out.println();

    }
}
```

程序运行结果如下：

```
元素 100 入队列
元素 150 入队列
元素 200 入队列
元素 500 入队列
元素 550 入队列

队列当前不为空

队列内有 5 个元素

队首元素为：100

一个元素出队列后，新队首元素为：150

置队列为空操作后，队列内为空
```

算法 3.5 的所有操作实现算法的时间复杂度均为 O(1)。链队列的入队列操作和出队列操作实质上是单链表的插入和删除操作的特殊情况，只需要修改队尾指针或队头指针即可。

本章小结

本章主要介绍了栈与队列的基本概念。栈是一种只允许在一端进行插入和删除的线性表，它是一种操作受限的线性表。在表中只允许进行插入和删除的一端称为栈顶（top）。栈顶元素总是最后入栈的，也是最先出栈，因此，栈也被称为“后进先出”的线性表。栈存储方式包括顺序存储结构与链式存储结构两大类。其中，栈的顺序存储结构是利用一组地址连续的存储单元依次存放自栈底到栈顶的各个数据元素。栈的链式存储结构是用一组任意的存储单元（可以是不连续的）存储栈中的数据元素。在一个链栈中，栈顶总是链表的第一个结点。

队列是一种只允许在一端进行插入，而在另一端进行删除的线性表，它也是一种操作受限的线性表。在表中只允许进行插入的一端称为队尾（rear），只允许进行删除的一端称为队头（front）。队头元素总是最先进队列的，也总是最先出队列；队尾元素总是最后进队列，因而也是最后出队列。因此，队列也被称为“先进先出”表。队列元素的存储也分为顺序存储结构与链式存储结构两大类。其中，队列的顺序存储结构是利用一组地址连续的存储单元依次存放队列中的数据元素。队列的链式存储结构就是用一组任意的存储单元（可以是不连续的）存储队列中的数据元素。在一个链队列中需设定两个指针（头指针和尾指针）分别指向队列的头和尾。

除上述基本概念以外，学生还应该了解：栈的基本操作（初始化、栈的非空判断、入栈、出栈、取栈顶元素、置栈空操作）、栈的顺序存储结构的表示、栈的链式存储结构的表示、队列的基本操作（初始化、队列非空判断、入队列、出队列、取队头元素、求队列长度）、队列的顺序存储结构、队列的链式存储结构等。

上机实训

1．试写出函数 Fibonacci 数列的递归算法和非递归算法。

F1=0　(n=1)

F2=1，(n=2)

⋮

Fn=Fn-1+Fn-2　(n>2)

2．编写一个程序，将输入的十进制整数转换为二进制形式，用一个栈存放二进制数里的 0 与 1，并将转换结果输出。

3．在一个类型为 staticlist 的一维数组 A[0⋯m-1]存储空间建立两个链接堆栈，其中前两个单元的 next 域用来存储两个栈顶指针，从第 3 个单元起作为空闲存储单元空间提供给两个栈共同使用。试编写一个算法把从键盘上输入的 n 个整型数（n<=m-2，m>2）按照下列条件进栈：

（1）若输入的数小于 100，则进第一个栈。

（2）若输入的数大于等于 100，则进第二个栈。

4．对于一个具有 m 个单元的循环队列，写出求队列中元素个数的公式。

5．简述设计一个结点值为整数的循环队列的构思，并给出在队列中插入或删除一个结点的算法。

6．有一个循环队列 q(n)，进队和退队指针分别为 r 和 f；有一个有序线性表 A[M]，请编一个把循环队列中的数据逐个出队并同时插入到线性表中的算法。若线性表满则停止退队，并保证线性表的有序性。

7．设有栈 stack，栈指针 top=n-1，n>0；有一个队列 Q(m)，其中进队指针 r，试编写一个从栈 stack 中逐个出栈并同时将出栈的元素进队的算法。

习题

1．简述栈和线性表的区别和联系。

2．何为栈和队列？简述两者的区别和联系。

3．有 5 个元素，其入栈次序为：A，B，C，D，E，在各种可能的出栈次序中，以元素 C，D 最先出栈（即 C 第一个且 D 第二个出栈）的次序有哪几个？

4．若依次读入数据元素序列{a,b,c,d}进栈，进栈过程中允许出栈，试写出各种可能的出栈元素序列。

5．若栈采用链式存储结构，初始时为空，试画出 a,b,c,d 四个元素依次进栈后栈的状态，然后再画出此时的栈顶元素出栈后的状态。

6．一个栈的输入序列是：1，2，3，则不可能的栈输出序列有哪些？

7．设循环队列用数组 A[1..M]表示，队首、队尾指针分别是 FRONT 和 TAIL，判定队满的条件是什么？

8．举例说明顺序存储队列的“假溢出”现象，并给出解决方案。

9．简要叙述循环队列的数据结构，并写出其初始状态、队列空、队列满时的队首指针与队尾指针的值。

10．设一数列的输入顺序为 123456，若采用栈结构，并以 A 和 D 分别表示入栈和出栈操作，试问通过入出栈操作的合法序列。

（1）能否得到输出顺序为 325641 的序列？

（2）能否得到输出顺序为 154623 的序列？

4 串

本章学习目标：

在计算机的各类应用中，字符串处理的相关问题越来越多，例如用户的姓名和地址、货物的名称、规格等都是字符串数据。

字符串一般简称为串，可以将它看作是一种特殊的线性表，这种线性表的数据元素的类型总是字符型（char）的，字符串是有限个字符的集合。在一般线性表的基本操作中，大多以“单个元素”作为操作对象，而在字符串中，则是以字符串的整体或部分作为操作对象。因此，一般线性表的操作与字符串的操作有很大的不同。本章主要讨论字符串的基本概念、存储结构和一些基本的字符串处理函数。

4.1 串的基本概念

4.1.1 串的定义

串（String，字符串）是由零个或多个字符组成的有限序列。一般记作

$$s=\text{"}c_1c_2\cdots c_n\text{"}\quad (n\geqslant 0)$$

其中，s 为串名，用双引号括起来的字符序列是串的值；ci（1≤i≤n）可以是字母、数字或其他字符；双引号为串值的定界符，不是串的一部分；字符串中包含的字符的数目称为串的长度。包含 0 个字符的字符串称为空串，如：s=""，它的长度为零；仅由空格组成的的串称为空格串，如：s=" "；若串中含有空格，在计算串长时，空格应计入串的长度中，如：s="I'm a student"的长度为 13。

在 Java 语言中，用单引号引起来的单个字符与单个字符构成的串是不同的， 如 s1='a'与 s2="a"两者是不同的，s1 是一个字符，而 s2 是一个字符串。

4.1.2 主串和子串

一个字符串的任意个连续字符组成的子序列称为该串的子串，而该字符串称为主串。当一个字符在串中多次出现时，以该字符第一次在主串中出现的位置称为其在字符串中的位置。子串在主串中的位置，也是以子串的第一个字符在主串中的位置来表示的。

例如：s1、s2 为如下的两个串：s1=" I'm a student"，s2="student"。

则它们的长度分别为 13、7。串 s2 是 s1 的子串，s1 是 s2 的主串，子串 s2 在 s1 中的位置为 7。

4.2 串的存储结构

一个字符序列可以赋给一个字符串变量，操作运算时通过字符串变量名访问字符串的值。实现字符串名访问字符串的值，也可以将字符串定义为字符型数组，数组名就是字符串名。

字符串也是一种特殊的线性表，因此字符串的存储结构表示也有两种方法：静态存储采用顺序存储结构，动态存储采用的是链式存储结构。

1. 字符串的静态存储结构

类似于线性表的顺序存储结构，人们通常用一组地址连续的存储单元存储字符串的字符序列。由于一个字符只占 1 个字节，而现在大多数计算机的存储器地址是采用的字编址，一个字（即一个存储单元）占多个字节，因此顺序存储方式有两种：

（1）紧缩格式

即一个字节存储一个字符。这种存储方式可以在一个存储单元中存放多个字符，充分地利用了存储空间。但在进行字符串的操作运算时，如果需要分离某一部分字符，则变得非常复杂。

图 4-1 所示是以 4 个字节（32 位）为一个存储单元的存储结构，每个存储单元可以存放 4 个字符。对于给定的字符串 s="data structure"，其长度为 14，因此只需要 4 个存储单元即可保存整个字符串。

d	a	t	a
␣	S	t	r
u	c	t	u
r	e		

图 4-1　字符串的紧缩格式存储

（2）非紧缩格式

这种方式是以一个存储单元为单位，每个存储单元仅存放一个字符。这种存储方式的空间利用率较低，如一个存储单元有 4 个字节，则空间利用率仅为 25%。但这种存储方式中不需要分离字符，因而程序处理字符的速度高。图 4-2 即为这种结构的示意图。

与其它线性表的顺序存储结构一样，字符串的顺序存储结构有两大不足之处。一是需事先预定义字符串的最大长度，这在程序运行前是很难估计的；二是由于定义了串的最大长度，使得串的某些操作受限，如串的连接运算等。

d			
a			
t			
a			
⌴			
s			
t			
r			
u			
c			
t			
u			
r			
e			

图 4-2　字符串的非紧缩格式存储

2. 字符串的动态存储结构

字符串的链式存储，又称为动态存储。字符串的链式存储结构中每个结点对应字符串里一个字符，它包含数据域和引用域两部分。数据域用于存放字符，引用域用于存放下一个结点的地址，如图 4-3 所示。

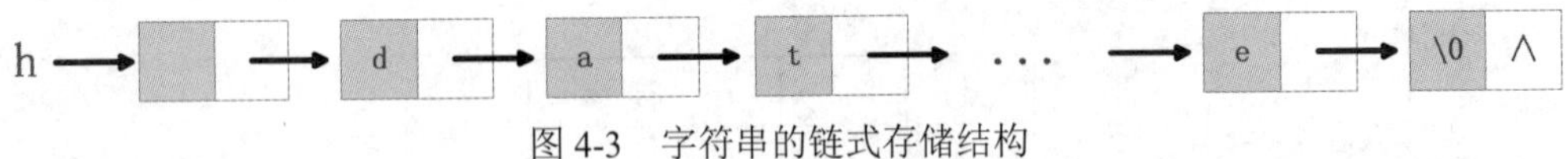

图 4-3　字符串的链式存储结构

4.3 串的基本运算及其实现

4.3.1 字符串的基本运算

字符串的基本运算有求串长、求子串、特定字符替换和求子串在主串中出现的位置等，下面分别对各类常用字符串函数进行介绍。

（1）public int length()

返回当前字符串长度。

（2）public char charAt(int index)

取字符串中的某一个字符，其中的参数 index 指的是字符串中的序号。字符串的序号从 0 开始到 length()-1。

例如：
```
String s = new String("abcdefghijklmnopqrstuvwxyz");
System.out.println("s.charAt(5): " + s.charAt(5) );
```

结果为：s.charAt(5): f

（3）public int indexOf(String str)

返回指定子字符串在此字符串中第一次出现处的索引。如果字符串参数作为一个子字符串在此对象中出现，则返回该字符串的第一个字符的索引；如果它不作为一个子字符串出现，则返回 -1。

此方法还有三个重载的方法：

public int indexOf(String str, int fromIndex)：从 fromIndex 开始找第一个匹配字符串位置。

public int indexOf(int ch)：把 ch 转换为字符，找第一个匹配字符位置。

public int indexOf(int ch, int fromIndex)：从 fromIndex 开始找第一个匹配字符位置。

例如：
```
String s = new String("write once, run anywhere!");
String ss = new String("run");
System.out.println("s.indexOf('r'): " + s.indexOf('r') );
System.out.println("s.indexOf('r',2): " + s.indexOf('r',2) );
System.out.println("s.indexOf(ss): " + s.indexOf(ss) );
```

结果为：
```
s.indexOf('r'): 1
s.indexOf('r',2): 12
s.indexOf(ss): 12
```

（4）public int lastIndexOf(String str)

返回指定子字符串在此字符串中最后一次出现处的索引。

此方法还有三个重载的方法：

public int lastIndexOf(String str, int fromIndex) ：从 fromIndex 开始向前找第一个匹配字符串位置。

public int lastIndexOf(int ch) ：把 ch 转换为字符，找最后一个匹配字符位置。

public int lastIndexOf(int ch, int fromIndex)：把 ch 转换为字符，从 fromIndex 开始向前找第一个匹配字符位置。

例如：
```
public class CompareToDemo
{
```

```
        public static void main (String[] args)
        {
            String s1 = new String("acbdebfg");
            System.out.println(s1.lastIndexOf((int)'b',7));
        }
    }
```

结果为：5

（5）public String replace(char oldChar,char newChar)

返回一个新的字符串，它是通过用字符变量 newChar 替换此字符串中出现的所有字符变量 oldChar 得到的。

（6）public String substring(int beginIndex, int endIndex)

返回一个新字符串，它是此字符串的一个子字符串。该子字符串从指定的 beginIndex 处开始，直到索引 endIndex - 1 处的字符。因此，该子字符串的长度为 endIndex-beginIndex。

此方法还有一个重载的方法：

public String substring(int beginIndex) ：取从 beginIndex 位置开始到结束的子字符串。

（7）public int compareTo(String str)

当前 String 对象与 str 比较。相等关系返回 0；不相等时，从两个字符串第 0 个字符开始比较，返回第一个不相等的字符差，另一种情况，较长字符串的前面部分恰巧是较短的字符串，返回它们的长度差。

（8）public String concat(String str)

将 str 连接在当前 String 对象的结尾。

（9）public　boolean endsWith(String str)

判断该 String 对象是否以 str 结尾。

例如：
```
String s1 = new String("abcdefghij");
String s2 = new String("ghij");
System.out.println("s1.endsWith(s2): " + s1.endsWith(s2) );
```

结果为：s1.endsWith(s2): true

（10）public boolean equals(Object obj)

当 obj 不为空并且与当前 String 对象一样，返回 true；否则，返回 false。

（11）public void getChars(int srcBegin,int srcEnd,char[] dst,int dstBegin)

该方法将字符串拷贝到字符数组中。其中，srcBegin 为拷贝的起始位置、srcEnd 为拷贝的结束位置、字符串数值 dst 为目标字符数组、dstBegin 为目标字符数组的拷贝起始位置。

例如：
```
char[] s1 = {'I',' ','l','o','v','e',' ','h','e','r','!'};//s1=I love her!
String s2 = new String("you!"); s2.getChars(0,3,s1,7); //s1=I love you!
System.out.println( s1 );
```

结果为：I love you!

（12）public boolean startsWith(String str,int toffset)

该 String 对象从 toffset 位置算起，是否以 str 开始。

例如：String s = new String("write once, run anywhere!");
String ss = new String("write");
String sss = new String("once");
System.out.println("s.startsWith(ss): " + s.startsWith(ss));
System.out.println("s.startsWith(sss,6): " + s.startsWith(sss,6));

结果为：s.startsWith(ss): true
s.startsWith(sss,6): true

4.3.2 串的基本运算实现

本小节中，我们将讨论字符串串值在静态存储方式和动态存储方式下，一些主要的字符串运算如何实现。如前所述，串的存储可以是静态的，也可以是动态的。静态存储在程序编译时就分配了存储空间，而动态存储只能在程序执行时才分配存储空间。不论在哪种方式下，都能实现串的基本运算。本节讨论求字符串长度与求子串等这些操作，在两种存储方式下的实现方法。

1. 在静态存储结构方式下求字符串长度与子串

按照面向对象程序设计思想的封装特性，定义一个 StatStr 类，将字符串相关的属性和方法封装于其中。StatStr 字符串的长度就是其字符数组的长度，这个可以在实例化 StatStr 对象的时候设置。求子串则是先得到子串的长度，然后以此长度构建一个字符数组，将父串指定开始位置到结束位置的字符依次放到新建字符数组中，最后以此字符数组为参数实例化一个新的 StatStr 对象返回。在 StatStr 类中还提供了一个静态方法 read( )，读取用户输入的字符串，返回字符数组，用来构建 StatStr 对象。

【算法 4.1 StatStr 类定义】

```
package lib.algorithm.chapter4.n01;
class StatStr {
    // 字符数组
    private char[] chars;
    // 字符串长度
    private int length;

    // 带字符数组参数的构造方法
    public StatStr(char[] chars) {
        this.chars = chars;
        this.length = chars.length;
```

```
    }

    /*
     * 返回一个新字符串，它是此字符串的一个子字符串。该子字符串从指定的 beginIndex 处开始，直到索引 endIndex - 1 处的字符。
     */
    public StatStr substring(int beginIndex, int endIndex) {
        // 子字符串的长度
        int len = endIndex - beginIndex;
        /*
         * beginIndex 不能小于 0，endIndex 不能大于 length-1， 子字符串的长度要大于 0
         */
        if (beginIndex < 0 || endIndex > length - 1 || len <= 0) {
            System.out.println("substring 方法参数输入错误！");
            return null;
        }
        char[] cs = new char[len];
        int j = 0;
        for (int i = beginIndex; i < endIndex; i++) {
            cs[j] = chars[i];
            j++;
        }
        StatStr str = new StatStr(cs);
        return str;
    }

    // 返回字符串长度
    public int length() {
        return length;
    }

    // 读取用户输入的字符串，返回字符数组
    public static char[] read() {
        int maxsize = 20;
        byte[] bs = new byte[maxsize];
        System.out.println("请输入字符串");
        try {
            System.in.read(bs);
        } catch (Exception e) {
            e.printStackTrace();
```

```
        }
        char[] cs = new char[maxsize];
        int len = 0;
        for (int i = 0; i < maxsize; i++) {
            byte b = bs[i];
            // 如果字符为回车符，则表示字符输入结束
            if (b == 13)
                break;
            cs[i] = (char) b;
            len = i + 1;
        }
        char[] chars = new char[len];
        for (int i = 0; i < len; i++) {
            chars[i] = cs[i];
        }
        return chars;
    }

    public String toString() {
        return new String(chars);
    }
}

public class StatStrDemo {

    /**
     * @param args
     */
    public static void main(String[] args) {
        // TODO Auto-generated method stub
        String s = "Hello world";
        char[] charArray = s.toCharArray();
        StatStr ss = new StatStr(charArray);
        System.out.println("字符串长度为：" + ss.length());

        System.out.println("子串：" + ss.substring(4, 8));

        char[] chars = StatStr.read();
        System.out.println(new String(chars));
```

```
    }

}
```

程序运行结果如下：

```
字符串长度为：11
子串：o wo
请输入字符串
```

2. 在动态存储结构方式下求子串

在链式存储结构方式下，假设链表中每个结点仅存放一个字符，则单链表节点类 LinkChar 定义如下：

【算法 4.2 单链表节点类 LinkChar 定义】

```
package lib.algorithm.chapter4.n02;
class LinkChar {
    // 字符域
    private char c;
    // 结点链接引用域
    private LinkChar next;

    public char getC() {
        return c;
    }

    public void setC(char c) {
        this.c = c;
    }

    public LinkChar getNext() {
        return next;
    }

    public void setNext(LinkChar next) {
        this.next = next;
    }
}
```

将链式存储结构字符串的相关属性和方法封装到 LinkStr 类中，其定义和实现的代码如下：

```
package lib.algorithm.chapter4.n02;
class LinkChar {
    // 字符域
    private char c;
    // 结点链接引用域
    private LinkChar next;
```

```
    public char getC() {
        return c;
    }

    public void setC(char c) {
        this.c = c;
    }

    public LinkChar getNext() {
        return next;
    }

    public void setNext(LinkChar next) {
        this.next = next;
    }
}

class LinkStr {
    // 头节点
    private LinkChar hc;
    // 字符串长度
    private int length;

    // 带字符数组参数的构造方法
    public LinkStr(char[] chars) {
        hc = new LinkChar();
        LinkChar q = hc;
        for (int i = 0; i < chars.length; i++) {
            LinkChar p = new LinkChar();
            p.setC(chars[i]);
            q.setNext(p);
            q = p;
        }
        // 设置最后一个字符节点的引用域为空
        q.setNext(null);
        // 设置字符串长度
        this.length = chars.length;
    }

    /*
     * 返回一个新字符串，它是此字符串的一个子字符串。 该子字符串从指定的 beginIndex 处开始，
```

```
直到索引 endIndex - 1 处的字符。
     */
    public LinkStr substring(int beginIndex, int endIndex) {
        int len = endIndex - beginIndex;
        if (beginIndex < 0 || endIndex > length - 1 || len <= 0) {
            System.out.println("substring 方法参数输入错误！");
            return null;
        }
        char[] chars = new char[len];
        LinkChar p = hc.getNext();
        // 找到 beginIndex 位置的字符
        for (int i = 0; i < beginIndex; i++) {
            p = p.getNext();
        }
        /*
         * 将从指定的 beginIndex 处到索引 endIndex-1 处的字符 依次放到新建字符串数组 chars 中
         */
        for (int i = 0; i < len; i++) {
            chars[i] = p.getC();
            p = p.getNext();
        }
        LinkStr str = new LinkStr(chars);
        return str;
    }

    // 返回字符串长度
    public int length() {
        return length;
    }

    public String toString()
    {
        char[] chars=new char[this.length];
        int i=-1;

        LinkChar q=hc;

        while(q.getNext()!=null)
        {
            q=q.getNext();
            i++;
            chars[i]=q.getC();
```

```
        }

        return new String(chars);
    }
}

public class LinkStrDemo {

    /**
     * @param args
     */
    public static void main(String[] args) {
        // TODO Auto-generated method stub
        String s = "Hello world";
        char[] charArray = s.toCharArray();
        LinkStr ls=new LinkStr(charArray);
        System.out.println("字符串为："+ls);
        System.out.println("字符串的长度为："+ls.length());
        System.out.println("子串："+ls.substring(4, 8));
    }

}
```

程序运行结果如下：

```
字符串为：Hello world
字符串的长度为：11
子串：o wo
```

4.4 文本编辑

文本编辑是串的一个很典型的应用。它被广泛用于各种源程序的输入和修改，也被应用于信函、报刊、公文、书籍的输入、修改和排版。文本编辑的实质就是修改字符数据的形式或格式。在各种文本编辑程序中，它们把用户输入的所有文本都作为一个字符串。尽管各种文本编辑程序的功能可能有强有弱，但是它们的基本的操作都是一致的，一般包括串的输入、查找、修改、删除、输出等。例如有下列一首英文诗片段：

To see a world
in a grain of sand,
And a heaven
in a wild flower.

我们把这首英文诗片段看成是一个文本，为了编辑的方便，总是利用换行符把文本划分为若干行，还可以利用换页符将文本组成若干页，这样整个文本就是一个字符串，简称为文本串，其中的页为文本串的子串，行又是页的子串。将它们按顺序方式存入计算机内存中，如表 4-1 所示（图中↙表示回车符）。

表 4-1　文本格式示例

T	o		s	e	e		a		w	o	r	l	d	↙			i
n		a		g	r	a	i	n		o	f		s	a	n	d	,
↙			a	n	d		a		h	e	a	v	e	n	↙		i
n	a		w	i	l	d		f	l	o	w	e	r	↙			

在输入程序的同时，文本编辑程序先为文本串建立相应的页表和行表，即建立各子串的存储映像。串值存放在文本工作区，而将页号和该页中的起始行号存放在页表中，行号、串值的存储起始地址和串的长度记录在行表，由于使用了行表和页表，因此新的一页或一行可存放在文本工作区的任何一个自由区中，页表中的页号和行表中的行号是按递增的顺序排列的，如表 4-2 所示。设程序的行号从 110 开始。

表 4-2　行表及其信息排列

行号	起始地址	长度
110	800	17
120	819	22
130	843	13
140	858	19

下面我们就来讨论文本的编辑。

1）插入一行时，首先在文本末尾的空闲工作区写入该行的串值，然后，在行表中建立该行的信息，插入后，必须保证行表中行号从小到大的顺序。若插入行 125，则行表中从 130 开始的各行信息必须向下平移一行。

2）删除一行时，则只要在行表中删除该行的行号，后面的行号向前平移。若删除的行是页的起始行，则还要修改相应页的起始行号（改为下一行）。

3）修改文本时，在文本编辑程序中设立了页引用，行引用和字符引用，分别指示当前操作的页、行和字符。如果在当前行内插入或删除若干字符，则要修改行表中当前行的长度。如果该行的长度超出了分配给它的存储空间，则应为该行重新分配存储空间，同时还要修改该行的起始位置。

对页表的维护与行表类似，在此不再叙述，有兴趣的同学可设计其中的算法。

本章小结

本章主要介绍了字符串基本概念与操作。串，又称为字符串（String），是由零个或多个字符组成的有限序列。一个字符串的任意个连续的字符组成的子序列称为该字符串的子串，包含该子串的字符串称为主串。

串的静态存储结构类似于线性表的顺序存储结构，即采用一组地址连续的存储单元存储字符串的字符序列。串的链式存储结构类似于线性表的链式存储结构，即采用链表方式存储字符串的字符序列。

除上述基本概念以外，学生还应该了解字符串的一些基本运算，能在各种存储结构方式中求字符串的长度、能在各种存储结构方式中实现字符串的基本运算。

上机实训

1．已知两个串：s1="fg cdb cabcadr", s2="abc", 试求两个串的长度，判断串 s2 是否是串 s1 的子串，如果是则指出串 s2 在串 s1 中的位置。

2．已知：s1="I'm a student"，s2="student"，s3="teacher"，试求下列各运算的结果：

```
s1. indexOf(s2);
s1. indexOf(s3);
s2.charat(3);
s3. substring(2,5);
```

3．设 s、t 为两个字符串，分别放在两个一维数组中，m、n 分别为其长度，判断 t 是否为 s 的子串。如果是，输出子串所在位置（第一个字符），否则输出-1。

4．输入一个字符串，内有数字和非数字字符，如：ak123x456 17960?302gef4563，将其中连续的数字作为一个整体，依次存放到一数组 a 中，例如 123 放入 a[0]，456 放入 a[1]，…。编程统计其共有多少个整数，并输出这些数。

5．编写程序，统计在输入字符串中各个不同字符出现的频度。

习题

1．简述空串与空格串、串变量与串常量、主串与子串、串名与串值几对术语的区别。

2．两个字符串相等的充分条件是什么？

3．串有哪几种存储结构？

4．如果两个串含有相同的字符序列，能否说它们相等？

5．下列程序判断字符串 s 是否对称，对称则返回 1，否则返回 0；如 f("abccba")返回 1，f("abcabc")返回 0；请把程序补充完整。

```
public int func(_______)
{   int i=0,j=0;
    while (s[j])
    {
    __________
    }
    for(j--; i<j  && s[i]==s[j]; i++,j--);
    return(_______)
}
```

5

多维数组和广义表

本章学习目标：

数组和广义表也是一种常用的数据结构，是线性表的推广。大多数的程序设计语言都定义了数组这种数据类型，数据结构中元素的顺序存储结构多是以数组形式来描述。广义表在文本处理、人工智能、计算机图形学等领域中都得到广泛应用。

通过本章的学习，要求掌握的内容主要有：多维数组的定义及在计算机中的存储表示；对称矩阵、三角矩阵、对角矩阵等特殊矩阵在计算机中的压缩存储表示及地址计算公式；稀疏矩阵的三元组表示及转置算法实现；稀疏矩阵的十字链表表示；广义表存储结构表示及基本运算。

5.1 多维数组的概念

数组是数据类型相同的数据元素的集合，数组中的数据元素在计算机中存放的位置一个紧挨着一个，比邻而居。位置之间的关系可以看成一种有序的线性关系，因此可以说数组是有限个相同类型数据元素组成的有序序列，如图 5-1 和图 5-2 所示。

图 5-1 数组表示一

图 5-2　数组表示二

数组是线性表的推广，它的逻辑结构实际是一种线性结构。

数组的定义：在早期的高级语言中，数组是唯一可供使用的数据类型。由于数组中各元素具有统一的类型，并且数组元素的下标一般具有固定的上界和下界，因此，数组的处理比其它复杂的结构更为简单。多维数组是向量的推广。

以二维数组为例，二维数组由 m×n 个元素组成，元素之间是有规则的排列，每个元素由值及一对能确定元素位置的下标组成。例如，设 A 是一个有 m 行 n 列的二维数组，则 A 可以表示为图 5-3 所示。

$$A_{mn}=\begin{bmatrix} a_{11} & a_{12} & \cdots & a_{1n} \\ a_{21} & a_{22} & \cdots & a_{2n} \\ & \cdots & & \\ a_{m1} & a_{m2} & \cdots & a_{mn} \end{bmatrix}$$

图 5-3　二维数组 A

那么对于多维数组来说，每个元素由数组名（固定值）及 n 个能确定元素位置的下标组成，按数组的 n 个下标变化次序关系的描述，可以确定数组元素的前驱和后继关系并写出对应的线性表。多维数组的元素可有多个直接前驱和多个直接后继，故多维数组是一种非线性结构。

对于数组，通常执行两种操作：

1）给定一组下标，存取相应的数据元素。

2）给定一组下标，修改相应数据元素中的某一个或某几个数据项的值。

5.2　多维数组的存储结构

通常，计算机内用一维内存存放多维数组需要进行一维化的操作，多维数组的元素应排成线性序列后存入存储器。又由于数组一般不作插入或删除操作，即它们的逻辑结构就固定下来了，不再发生变化。因此，存储数组结构采用的是顺序存储结构。

多维数组的顺序存储有两种形式：行优先顺序存储和列优先顺序存储。

5.2.1 行优先顺序存储

1. 存放规则

将数组元素按行排列，第 i+1 个行向量紧接在第 i 个行向量后面。以二维数组为例，按行优先顺序存储的线性序列为： $a_{11},a_{12},\cdots,a_{1n},a_{21},a_{22},\cdots a_{2n},\cdots\cdots,a_{m1},a_{m2},\cdots,a_{mn}$ 。PASCAL、C/C++语言中，数组是按行优先顺序存储的。

因此，可以得出多维数组按行优先存放到内存的规律：最左边下标变化最慢，最右边下标变化最快，右边下标变化一遍，与之相邻的左边下标才变化一次。因此，在算法中，最左边下标可以看成是外循环，最右边下标可以看成是最内循环。

2. 地址计算

二维数组 A(c1:d1,c2:d2)(ci<=di，两个都是整数)，按“行优先顺序”存储在内存中，假设每个元素占用 d 个存储单元。

元素 a_{ij} 的存储地址应是数组的基地址加上排在 a_{ij} 前面的元素所占用的单元数。因此，a_{ij} 的地址计算函数为：

$$LOC（a_{ij})=LOC(a_{c1,c2})+(i-c1)*(d2-c2+1)*d+(j-c2)*d$$

$$= LOC(a_{c1,c2})+i*(d2-c2+1)*d-c1(d2-c2+1)*d+j*d-c2*d$$

令：M1=(d2-c2+1)*d,　　M2=d,

则有：

$$LOC(a_{ij})=v0+i*M1+j*M2$$

其中：$v0=LOC(a_{c1,c2})-c1*M1-c2*M2$

以上规则可以推广到多维数组的情况：优先顺序可规定为先排最右的下标，从右到左，最后排最左下标。列优先顺序与此相反，先排最左下标，从左向右，最后排最右下标。按上述两种方式顺序存储的序组，只要知道开始结点的存放地址（即基地址），维数和每维的上、下界，以及每个数组元素所占用的单元数，就可以将数组元素的存放地址表示为其下标的线性函数。因此，数组中的任一元素可以在相同的时间内存取，即顺序存储的数组是一个随机存取结构。

5.2.2 列优先顺序存储

1. 存放规则

将数组元素按列向量排列，第 j+1 个列向量紧接在第 j 个列向量之后，A 的 m*n 个元素按列优先顺序存储的线性序列为：$a_{11},a_{21},\ldots,a_{m1},a_{12},a_{22},\ldots a_{m2},\ldots\ldots,a_{n1},a_{n2},\ldots,a_{nm}$。FORTRAN 语言中，数组是按列优先顺序存储的。因此，可以得出多维数组按列优先存放到内存的规律：最右边下标变化最慢，最左边下标变化最快，左边下标变化一遍，与之相邻的右边下标才变化一次。因此，在算法中，最右边下标可以看成是外循环，最左边下标可以看成是最内循环。

2. 地址计算

同样与行优先存放类似，若知道第一个元素的内存地址，则同样可以求得按列优先顺序存放的某一元素 a_{ij} 的地址。

对二维数组有：$LOC(a_{ij})=LOC(a_{00})+(j\times m+i)\times L$

对三维数组有：$LOC(a_{ijk})=LOC(a_{000})+(k\times m\times n+j\times m+i)\times L$

推广到一般：A(c1:d1,c2:d2,…cn:dn)，每个元素占 d 个字节，以行为主存储，则有 LOC(ai1,i2,…,in)=V0+i1*M1+i2*M2+…+in*Mn

其中：

$$\begin{cases} M_j = d \times \prod_{k=j+1}^{n} (d_k - c_k + 1) \\ M_n = d \end{cases}$$

$$V_0 = LOC(ac1, c2, ..., cn) - \sum_{j=1}^{n} M_j \times C_j$$

5.3 特殊矩阵及其压缩存储

在科学与工程计算问题中，矩阵是一种常用的数学对象，在高级语言编制程序时，简单而又自然的方法，就是将一个矩阵描述为一个二维数组。矩阵在这种存储表示之下，可以对其元素进行随机存取，各种矩阵运算也非常简单。但是在矩阵中非零元素呈某种规律分布或者矩阵中出现大量的零元素的情况下，占用了许多空间去存储重复的非零元素或零元素，对高阶矩阵会造成极大的浪费，为了节省存储空间，可以对这类矩阵进行压缩存储，即只为非零元素分配存储空间，对零元素不分配空间等技术来处理。

5.3.1 特殊矩阵

所谓特殊矩阵是指非零元素或零元素的分布有一定规律的矩阵。

1. 对称矩阵

在一个 n 阶矩阵 A 中，若元素满足下列性质：

$$a_{ij}=a_{ji}，其中\ 0 \leqslant i, j \leqslant n-1$$

则称 A 为对称矩阵。

对称矩阵中的元素关于主对角线对称，故只要存储矩阵中上三角或下三角中的元素，这样，能节约近一半的存储空间。不失一般性，我们按“行优先顺序”存储主对角线（包括对角线）以下的元素。

如图 5-4 所示为一个 5*5 的对称矩阵：$a_{01}=a_{10}=5$，$a_{02}=a_{20}=1$……

$$A=\begin{bmatrix}1&5&1&3&7\\5&0&8&0&0\\1&8&9&2&6\\3&0&2&5&1\\7&0&6&1&3\end{bmatrix}$$

图 5-4　5 阶对称矩阵

2. 三角矩阵

以主对角线划分，三角矩阵分为上三角矩阵和下三角矩阵两种。

（1）下三角矩阵

如图 5-5（a）所示，它的上三角（不包括主角线）中的元素均为常数 C，而下三角部分元素是随机的。

（2）上三角矩阵

如图 5-5（b）所示，与上三角矩阵相反，它的主对角线下方均为常数 C，而上三角部分的元素是随机的。

多数情况下，三角矩阵的常数 C 为零。

$$\begin{bmatrix}3&c&c&c&c\\6&2&c&c&c\\4&8&1&c&c\\7&4&6&0&c\\8&2&9&5&7\end{bmatrix}$$

（a）下三角矩阵

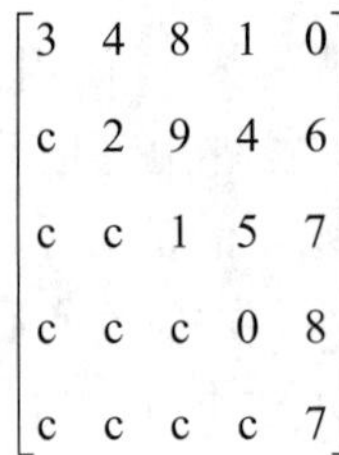

$$\begin{bmatrix}3&4&8&1&0\\c&2&9&4&6\\c&c&1&5&7\\c&c&c&0&8\\c&c&c&c&7\end{bmatrix}$$

（b）上三角矩阵

图 5-5　三角矩阵

3. 对角矩阵

对角矩阵中，所有的非零元素集中在以主对角线为了中心的带状区域中，即除了主对角线和主对角线相邻两侧的若干条对角线上的元素之外，其余元素皆为零。图 5-6 给出了一个 n 阶三对角矩阵。

非零元素仅出现在主对角上（a_{ii}，0≤i≤n-1），紧邻主对角线上面的那条对角线上（$a_{i,\ i+1}$，0≤i≤n-2）和紧邻主对角线下面的那条对角线上（$a_{i+1,\ i}$，0≤i≤n-2）。当|i-j|>1 时，元素 a_{ij}=0。

由此可知，一个 k 对角线矩阵（k 为奇数）A 是满足下述条件的矩阵：

若|i-j|>(k-1)/2，则元素 a_{ij}=0。

$$
\begin{bmatrix}
a_{11} & a_{12} & & & & & \\
a_{21} & a_{22} & a_{23} & & & & \\
 & a_{32} & a_{33} & a_{34} & & & \\
 & & \cdots & \cdots & \cdots & & \\
 & & & a_{n-1,n-2} & a_{n-1,n-1} & a_{n-1,n} \\
 & & & & a_{n,n-1} & a_{n,n}
\end{bmatrix}
$$

图 5-6 n 阶三对角矩阵

5.3.2 压缩存储

压缩方法是按以行或列为主序，顺序的存储其非零元素，利用一维数组进行存储。

1. 对称矩阵

对称矩阵中的元素关于主对角线对称，故只要存储矩阵中的上三角或下三角中的元素，让每两个对称的元素共享一个存储空间。这样，能节约近一半的存储空间，这就是压缩存储的好处。但是，将 n 阶对称方阵存放到一个向量空间 s[0]到 s[$\frac{n(n+1)}{2}$-1]中，我们怎样找到 s[k]与 a_{ij} 的一一对称应关系，使我们在 s[k]中能直接找到 a_{ij} 呢？

以对称矩阵中存储下三角中元素为例，首先按"行优先顺序"存储主对角线（包括对角线）以下的元素。这时，即按 a_{00},a_{10},a_{11},……，$a_{n-1,0}$,$a_{n-1,1}$…，$a_{n-1,n-1}$ 次序存放在一个向量 s[0..n(n+1)/2-1]中（下三角矩阵中，元素总数为 n(n+1) / 2）。如图 5-7 所示。

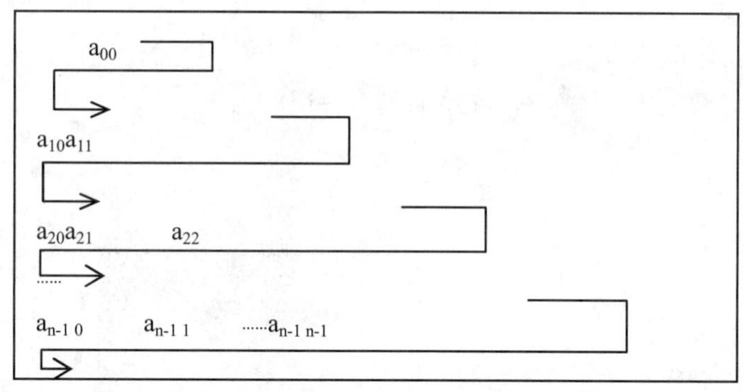

图 5-7 对称矩阵中下三角元素行优先

其中：

s[0]=a_{00}，

s[1]=a_{10}，

……

s[n(n+1)/2-1]=a_{n-1n-1}

对于元素 a_{ij} 前有 i 行（下标从 0 到 i-1），一共有 1+2+……+i=i*(i+1)/2 个元素。

在第 i 行上，a_{ij} 之前恰有 j 个元素(即 a_{i0}，a_{i1}，…，$a_{i,j-1}$)，因此有：

$$s[i\times(i+1)/2+j]=a_{ij}$$

所以，a_{ij} 与 s[k]之间的对应关系为：

若 i≥j，k=i×(i+1) / 2+j　0≤k<n(n+1) / 2

若 i<j，k=j×(j+1) / 2+i　0≤n(n+1) / 2

如果，对称矩阵中存储上三角元素，按照上述方式可推出 a_{ij} 与 s[k]之间的对应关系为：

若 i≤j，k=i×n-i×(i-1)/2+j-i

若 i>j，k=j×n-j×(j-1)/2+i-j

对称矩阵的地址计算公式为：

$LOC(a_{ij})=LOC(s[k])=LOC(s[0])+k\times L$

通过下标变换公式，能立即找到矩阵元素 a_{ij} 在其压缩存储表示 s 中的对应位置 k。因此是随机存取结构。

2. 三角矩阵

三角矩阵中的重复元素 c 可共享一个存储空间，其余的元素正好有 n×(n+1)/2 个，因此，三角矩阵可压缩存储到向量 s[0.. n(n+1)/2]中，其中 c 存放在向量的最后一个分量。

（1）上三角矩阵中 a_{ij} 和 s[k]之间的对应关系

上三角矩阵中，主对角线之上的第 p 行（0≤p<n）恰有 n-p 个元素，按行优先顺序存放上三角矩阵中的元素 a_{ij} 时：

a_{ij} 元素前有 i 行（从第 0 行到第 i-1 行），一共有：

(n-0)+(n-1)+(n-2)+…+(n-i)=i×(2n-i+1) / 2 个元素；

在第 i 行上，a_{ij} 之前恰有 j-i 个元素（即 a_{ij}，$a_{i,j+1}$，…，$a_{i,j-1}$），因此有：

$$s[i\times(2n-i+1)/2+j-i]=a_{ij}$$

所以：

$$k=\begin{cases} i\times(2n-i+1)/2+j-i & i\leq j \\ n\times(n+1)/2 & i>j \end{cases}$$

（2）下三角矩阵中 a_{ij} 和 s[k]之间的对应关系

$$k=\begin{cases} i\times(i+1)/2+j & i\geq j \\ n\times(n+1)/2 & i<j \end{cases}$$

3. 对角矩阵

在一个 n×n 的三对角矩阵中，只有 n+n-1+n-1 个非零元素，故只需 3n-2 个存储单元即可，零元素已不占用存储单元。故可将 n×n 三对角矩阵 A 压缩存放到只有 3n-2 个存储单元的 s 向量中，假设仍按行优先顺序存放，s[k]与 a[i][j]的对应关系为：

$$k=\begin{cases}3i-1 \text{ 或 } 3j+2 & i=j+1\\ 3i \text{ 或 } 3j & i=j\\ 3i+1 \text{ 或 } 3j-2 & i=j-1\end{cases}$$

对角矩阵可按行优先顺序或对角线的顺序，将其压缩存储到一个向量中，并且也能找到每个非零元素和向量下标的对应关系。

5.4　稀疏矩阵

在上节提到的特殊矩阵中，元素的分布呈现某种规律，故一定能找到一种合适的方法，将它们进行压缩存放。但是，在实际应用中，我们还经常会遇到一类矩阵：其矩阵阶数很大，非零元素个数较少，零元素很多，但非零元素的排列没有一定规律，如矩阵 Amn 中有 s 个非零元素，若 s 远远小于矩阵元素的总数（即 s<<m×n），我们称之为稀疏矩阵。

按照压缩存储的思想，为了节省存储单元，可只存储非零元素。由于非零元素的分布一般是没有规律的，因此在存储非零元素的同时，还必须存储非零元素所在的行号、列号，才能迅速确定一个非零元素是矩阵中的哪一个元素。稀疏矩阵的压缩存储会失去随机存取功能。其中每一个非零元素所在的行号、列号和值组成一个三元组（i，j，a[i][j]），并由此三元组唯一确定。本节将具体讨论稀疏矩阵的存储方法和一些算法。

5.4.1　稀疏矩阵的存储

1. 三元组表

将表示稀疏矩阵的非零元素的三元组按行优先（或列优先）的顺序排列（跳过零元素），并依次存放在向量中，这种稀疏矩阵的顺序存储结构称为三元组表。

三元组抽象结构 Java 类定义代码如下：

【算法 5.1　三元组抽象结构 Java 类定义代码】

```
package lib.algorithm.chapter5.n01;

public class TripleNode {
    private int row;
    private int column;
    private double value;
    public TripleNode(int row, int column, double value) {
        super();
        this.row = row;
        this.column = column;
        this.value = value;
    }
```

```
    public TripleNode() {
        this(0, 0, 0);
    }

    public int getRow() {
        return row;
    }

    public void setRow(int row) {
        this.row = row;
    }

    public int getColumn() {
        return column;
    }

    public void setColumn(int column) {
        this.column = column;
    }

    public double getValue() {
        return value;
    }

    public void setValue(double value) {
        this.value = value;
    }

    @Override
    public String toString() {
        return "[ (" + row + "," + column + "), "    + value + " ]";
    }

}
```

三元组的顺序存储及其还原过程代码如下：

```
package lib.algorithm.chapter5.n01;

public class SparseArray {
    private TripleNode [] data;
    private int rows;
    private int cols;
    private int nums;
```

```
    public TripleNode[] getData() {
        return data;
    }

    public void setData(TripleNode[] data) {
        this.data = data;
        this.nums = data.length;
    }

    public int getRows() {
        return rows;
    }

    public void setRows(int rows) {
        this.rows = rows;
    }

    public int getCols() {
        return cols;
    }

    public void setCols(int cols) {
        this.cols = cols;
    }

    public int getNums() {
        return nums;
    }

    public void setNums(int nums) {
        this.nums = nums;
    }

    public SparseArray() {
        super();
    }

    public SparseArray(int maxSize) {
        data = new TripleNode[maxSize];
        for (int i = 0; i < data.length; i++) {
            data[i] = new TripleNode();
        }
```

```
        rows = 0;
        cols = 0;
        nums = 0;
    }

    public SparseArray(double [][] arr) {
        this.rows = arr.length;
        this.cols = arr[0].length;
        // 统计有多少非零元素，以便于下面空间的申请
        for (int i = 0; i < arr.length; i++) {
            for (int j = 0; j < arr[0].length; j++) {
                if (arr[i][j] != 0) {
                    nums++;
                }
            }
        }
        // 根据上面统计的非零数据的个数，将每一个非零元素的信息进行保存
        data = new TripleNode[nums];
        for (int i = 0, k = 0; i < arr.length; i++) {
            for (int j = 0; j < arr[0].length; j++) {
                if (arr[i][j] != 0) {
                    data[k] = new TripleNode(i, j, arr[i][j]);
                    k++;
                }
            }
        }
    }

    public void printArrayOfRC() {
        System.out.println("稀疏矩阵的三元组储存结构为：   ");
        System.out.println("行数" + rows + ", 列数为：" + cols + " ,非零元素个数为：      " + nums);
        System.out.println("行下标                    列下标                  元素值         ");
        for (int i = 0; i < nums; i++) {
            System.out.println(" " + data[i].getRow() + "            "
                    + data[i].getColumn() + "          " + data[i].getValue());
        }
    }

    public void printArr() {
        System.out.println("稀疏矩阵的多维数组存结构为：   ");
        System.out.println("行数" + rows + ", 列数为：" + cols + " ,非零元素个数为：    "   + nums);
        double [][] origArr = reBackToArr();
```

```
        for(int i = 0; i < origArr.length; i++){
          for(int j = 0; j < origArr[0].length; j++){
                System.out.print(origArr[i][j] + "\t");
          }
          System.out.println("\n");
        }
        System.out.println("\n");
    }

    public double[][] reBackToArr() {
        double [][]    arr= new double[rows][cols];
        for (int i = 0; i < nums; i++) {
            arr[data[i].getRow()][data[i].getColumn()] = data[i].getValue();
        }
        return arr;
    }

    public SparseArray transpose() {
        SparseArray tm = new SparseArray(nums);// 创建一个转置后的矩阵对象
        tm.cols = rows;// 行列变化，非零个数不变
        tm.rows = cols;
        tm.nums = nums;
        int q = 0;
        // 从小到大扫描列号，然后进行变化
        for (int col = 0; col < cols; col++) {
            for (int p = 0; p < nums; p++) {
                if (data[p].getColumn() == col) {
                    tm.data[q].setColumn(data[p].getRow());
                    tm.data[q].setRow(data[p].getColumn());
                    tm.data[q].setValue(data[p].getValue());
                    q++;
                }
            }
        }
        return tm;
    }

    public SparseArray fastTranspose() {
        /*
         * 首先将位置进行预留，然后再“填空”。 num [cols];每一个“空”的大小 。
         copt[cols];每一个“空”的起始位置
         */
```

```
        SparseArray tm = new SparseArray(nums);// 创建一个转置后的对象
        tm.cols = rows;// 行列变化，非零元素个数不变
        tm.rows = cols;
        tm.nums = nums;
        int tCol = 0, indexOfC = 0;
        if (nums > 0) {
            int[] num = new int[cols];// 原始矩阵中第 Col 列的非零元素的个数
            int[] copt = new int[cols];// 初始值为 N 中的第 col 列的第一个非零元素在 TM 中的位置
            // 初始化 num 和 copt 数组
            for (int i = 0; i < nums; i++) {
                tCol = data[i].getColumn();
                num[tCol]++;
            }
            copt[0] = 0;
            for (int i = 1; i < cols; i++) {
                copt[i] = copt[i - 1] + num[i - 1];
            }
            // 找到每一个元素在转置后的三元组中的位置
            for (int i = 0; i < nums; i++) {
                tCol = data[i].getColumn();// 取得扫描 TN 中的第 i 个元素的列值 tCol
                indexOfC = copt[tCol];// 取得该 tCol 列的下一个元素应该存储的位置
                tm.data[indexOfC].setRow(data[i].getColumn());
                tm.data[indexOfC].setColumn(data[i].getRow());
                tm.data[indexOfC].setValue(data[i].getValue());
                copt[tCol]++;// 此时的 copt[col]表示的是下一个该 col 列元素会存储的位置
            }
        }
        return tm;
    }

}
```

测试程序如下：

```
package lib.algorithm.chapter5.n01;

public class ManClass {
    public static void main(String[] args) {
        SparseArray sparseArray;
        SparseArray sparseArray2;

        //二维数组转三元组
        sparseArray = new SparseArray(new double[][]{
                {0,0,2,0,1},
```

```
                {0,5,0,0,0},
                {1,0,0,0,2},
                {0,0,90,0,0},
                {0,1,0,0,0}});


        sparseArray.printArr();
        sparseArray.printArrayOfRC();

        //三元组转二维数组
        System.out.println("------------------------------------------");
        sparseArray = new SparseArray(3);
        sparseArray.setRows(8);
        sparseArray.setCols(7);
        sparseArray.setNums(3);

        sparseArray.getData()[0].setRow(2);
        sparseArray.getData()[0].setColumn(1);
        sparseArray.getData()[0].setValue(10);

        sparseArray.getData()[1].setRow(5);
        sparseArray.getData()[1].setColumn(5);
        sparseArray.getData()[1].setValue(2.3);

        sparseArray.getData()[2].setRow(7);
        sparseArray.getData()[2].setColumn(2);
        sparseArray.getData()[2].setValue(8);

        sparseArray.printArrayOfRC();
        sparseArray.printArr();
    }
}
```

以下是测试程序的运行结果：

```
稀疏矩阵的多维数组存结构为：
行数 5, 列数为：5 ,非零元素个数为：    7
0.0    0.0    2.0    0.0    1.0

0.0    5.0    0.0    0.0    0.0

1.0    0.0    0.0    0.0    2.0

0.0    0.0    90.0   0.0    0.0
```

```
0.0   1.0   0.0   0.0   0.0
稀疏矩阵的三元组储存结构为：
行数 5，列数为：5,非零元素个数为：    7
行下标              列下标              元素值
 0        2        2.0
 0        4        1.0
 1        1        5.0
 2        0        1.0
 2        4        2.0
 3        2        90.0
 4        1        1.0
-----------------------------------------
稀疏矩阵的三元组储存结构为：
行数 8，列数为：7 ,非零元素个数为：    3
行下标              列下标              元素值
 2        1        10.0
 5        5        2.3
 7        2        8.0
稀疏矩阵的多维数组存结构为：
行数 8，列数为：7 ,非零元素个数为：    3
0.0   0.0   0.0   0.0   0.0   0.0   0.0

0.0   0.0   0.0   0.0   0.0   0.0   0.0

0.0   10.0  0.0   0.0   0.0   0.0   0.0

0.0   0.0   0.0   0.0   0.0   0.0   0.0

0.0   0.0   0.0   0.0   0.0   0.0   0.0

0.0   0.0   0.0   0.0   0.0   2.3   0.0

0.0   0.0   0.0   0.0   0.0   0.0   0.0

0.0   0.0   8.0   0.0   0.0   0.0   0.0
```

如图 5-8（a）为一个稀疏矩阵 A，图 5-8（b）为稀疏矩阵 A 的三元组表。在转换为三元组表时，行号和列号都是从 0 开始。

2. 带行引用的链表

把具有相同行号的非零元素用一个单链表连接起来，稀疏矩阵中的若干行组成若干个单链表，合起来称为带行引用的链表。例如，图 5-8（a）的稀疏矩阵 A 的带行指针的链表描述形式如图 5-9 所示。

$$A=\begin{bmatrix} 0 & 5 & 0 & 0 & 8 \\ 0 & 0 & 3 & 0 & 0 \\ 0 & -2 & 0 & 0 & 0 \\ 6 & 0 & 0 & 0 & 0 \end{bmatrix}$$

（a）稀疏矩阵 A

i（行号）	j（列号）	v（元素值）
0	1	5
0	4	8
1	2	3
2	1	-2
3	0	6

（b）稀疏矩阵 A 的三元组表

图 5-8　稀疏矩阵

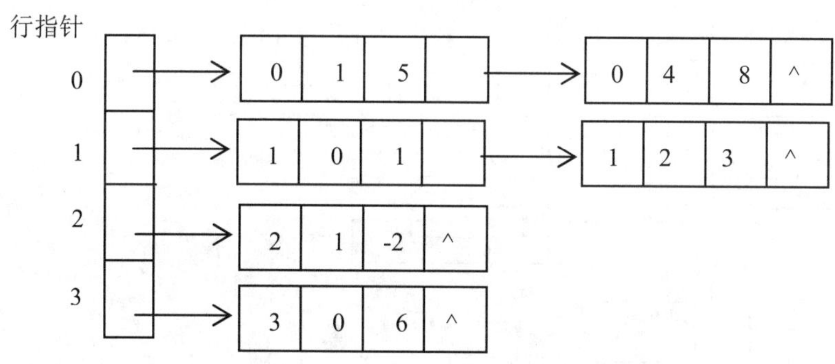

图 5-9　稀疏矩阵 A 带行指针的链表

3. 十字链表

十字链表为稀疏矩阵中的链接存储中的一种较好的存储方法。在该方法中，每一个非零元素用一个结点表示，结点中除了表示非零元素所在的行、列和值的三元组（i,j,v）外，还需增加两个链域：行引用域（rptr），用来指向本行中下一个非零元素；列引用域（cptr），用来指向本列中下一个非零元素。稀疏矩阵中同一行的非零元通过向右的 rptr 引用链接成一个带表头结点的循环链表。同一列的非零元也通过 cptr 指针链接成一个带表头结点的循环链表。因此，每个非素零元既是第 i 行循环链表中的一个结点，又是第 j 列循环链表中的一个结点，相当于处在一个十字交叉路口，故称链表为十字链表。

另外，为了运算方便，我们规定行、列循环链表的表头结点和表示非零元素的结点一样，也定为五个域，且规定行、列域值为 0（因此，为了使表头结点和表示非零元的表结点不发生混淆，三元组中，输入行和列的下标不能从 0 开始，而必须从 1 开始），并且将所有的行、列链表和头结点一起链成一个循环链表。

在行（列）表头结点中，行、列域的值都为 0，故两组表头结点可以共用，即第 i 行链表和第 i 列链表共用一个表头结点，这些表头结点本身又可以通过 V 域（非零元素值域，但在表头结点中为 next，指向下一个表头结点）相链接。另外，再增加一个附加结点（由引用 hm 指示，行、列域分别为稀疏矩阵的行、列数目），附加结点指向第一个表头结点，则整个十字链表可由 hm 引用唯一确定。例如，图 5-8（a）的稀疏矩阵 A 的十字链表描述形式如图 5-10 所示。

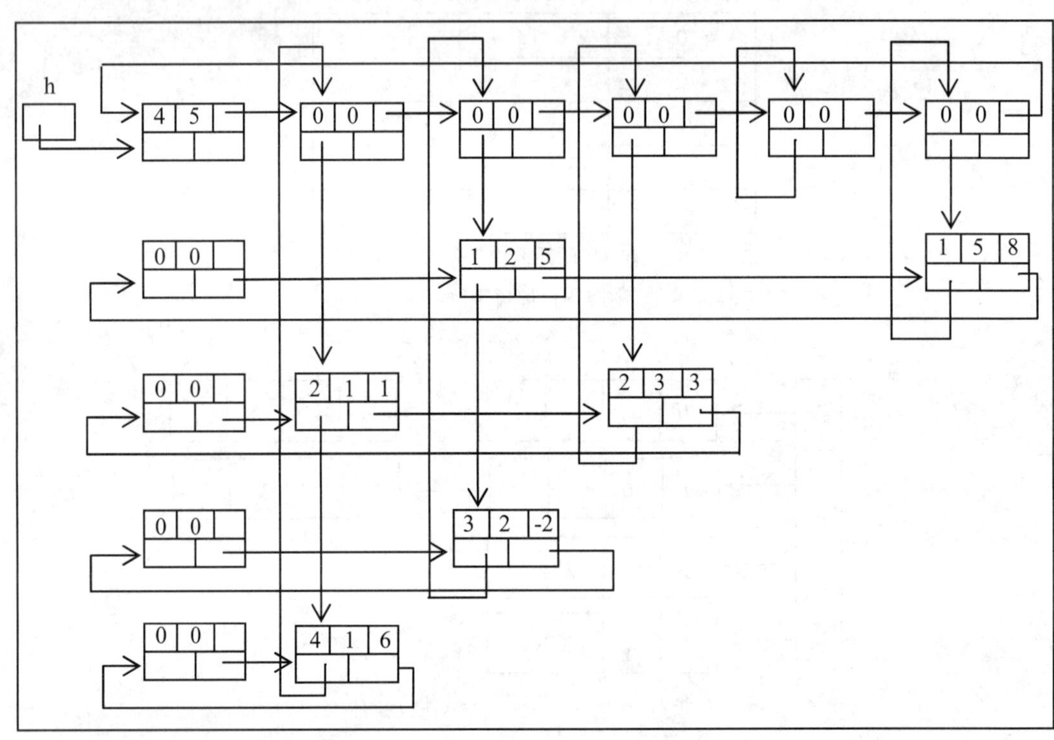

图 5-10　稀疏矩阵 A 的十字链表

稀疏矩阵的十字链表存储的结点结构代码描述如下：

【算法 5.2　稀疏矩阵的十字链表存储的结点结构代码】

```
package lib.algorithm.chapter5.n02;

import lib.algorithm.chapter5.n01.TripleNode;

public class OLNode {
```

```
    private TripleNode data;// 三元组存储的数据包括该元素所在的行列和数值
    private OLNode Right;// 行链表指针
    private OLNode down;// 列链表指针

    public OLNode() {
        this(null, null, null);
    }

    public OLNode(TripleNode data) {
        this(data, null, null);
    }

    public OLNode(TripleNode data, OLNode right, OLNode down) {
        super();
        this.data = data;
        Right = right;
        this.down = down;
    }

    public TripleNode getData() {
        return data;
    }

    public OLNode getRight() {
        return Right;
    }

    public void setRight(OLNode right) {
        Right = right;
    }

    public OLNode getDown() {
        return down;
    }

    public void setDown(OLNode down) {
        this.down = down;
    }

    public void setData(TripleNode data) {
        this.data = data;
```

```
    }

}

package lib.algorithm.chapter5.n02;

import lib.algorithm.chapter5.n01.TripleNode;

public class CrossList {

    private int cols;
    private int rows;
    private int nums=0;
    private OLNode[] rhead;
    private OLNode[] chead;

    public CrossList(int cols, int rows) {
        inintHeader(cols, rows);
    }

    public CrossList(double[][] datas) {
        inintHeader(datas[0].length, datas.length);
        for (int row = 0; row < datas.length; row++) {
            for (int col = 0; col < datas[0].length; col++) {
                if (datas[row][col] != 0) {
                    insert(row, col, datas[row][col]);
                }
            }
        }
    }

    public void insert(int row, int col, double data) {
        this.nums++;
        // 创建一个十字链表结点，并将数据存储进去
         TripleNode da=new TripleNode(row, col, data);
        OLNode newNode =new OLNode(da);
        // 通过行列头指针，确定指向该新结点的指针
        OLNode t = rhead[row];// 找到该行的头指针
        while (t.getRight() != null) {// 找到该行的末尾
            t = t.getRight();
        }
        t.setRight(newNode);// 让该行的末尾指向该新结点
```

```
        //
        t = chead[col];
        while (t.getDown() != null) {
            t = t.getDown();
        }
        t.setDown(newNode);
    }

    public void inintHeader(int cols, int rows) {
        this.cols = cols;
        this.rows = rows;
        rhead = new OLNode[cols];
        chead = new OLNode[rows];
        // 初始化行的头指针
        for (int i = 0; i < rhead.length; i++) {
            rhead[i] = new OLNode();
        }
        // 设置列的头指针
        for (int i = 0; i < chead.length; i++) {
            chead[i] = new OLNode();
        }
    }

    public double[][] reBackToArr() {
        double [][] arr = new double[rows][cols];
        for (int i = 0; i < rhead.length; i++) {
            OLNode t = rhead[i];
            while (t != null) {
                if (t.getData() != null) {// 头指针数据为空
                    arr[t.getData().getRow()][t.getData().getColumn()] = t
                            .getData().getValue();
                }
                t = t.getRight();
            }
        }

        return arr;
    }

    public void printfArrOfRC() {
        System.out.println("原始矩阵 共" + rows + "行, " + cols + "列，  " + this.nums
                + "个非零元素");
```

```
        System.out.println("--------------------------------------");
        System.out.println("从行上来看");
        System.out.println("行号");
        for (int i = 0; i < rhead.length; i++) {
            System.out.print(i + "    ");
            OLNode t = rhead[i];
            while (t != null) {
                if (t.getData() != null) {// 头指针数据为空
                    System.out.print(t.getData().getValue() + "->");
                }
                t = t.getRight();
            }
            System.out.println();
        }
        System.out.println("--------------------------------------");
        System.out.println("从列上来看");
        System.out.println("列号");
        for (int i = 0; i < chead.length; i++) {
            System.out.print(i + "    ");
            OLNode t = chead[i];
            while (t != null) {
                if (t.getData() != null) {
                    System.out.print(t.getData().getValue() + "->");
                }
                t = t.getDown();
            }
            System.out.println();
        }
    }

    public void printfArr() {
        System.out.println("稀疏矩阵的多维数组储存结构为：   ");
        System.out.println("行数" + rows + "，列数为：" + cols + " ,非零元素个数为：   "
                + nums);
        double arr[][] = reBackToArr();
        for(int i = 0; i < arr.length; i++){
          for(int j = 0; j < arr[0].length; j++){
                System.out.print(arr[i][j] + "\t");
          }
          System.out.println("\n");
        }
        System.out.println("\n");
```

```
    }

    public CrossList() {
        super();
    }

    public CrossList(int cols, int rows, int nums, OLNode[] rhead, OLNode[] chead) {
        super();
        this.cols = cols;
        this.rows = rows;
        this.nums = nums;
        this.rhead = rhead;
        this.chead = chead;
    }

    public int getCols() {
        return cols;
    }

    public void setCols(int cols) {
        this.cols = cols;
    }

    public int getRows() {
        return rows;
    }

    public void setRows(int rows) {
        this.rows = rows;
    }

    public int getNums() {
        return nums;
    }

    public void setNums(int nums) {
        this.nums = nums;
    }

    public OLNode[] getRhead() {
        return rhead;
    }
```

```
    public void setRhead(OLNode[] rhead) {
        this.rhead = rhead;
    }

    public OLNode[] getChead() {
        return chead;
    }

    public void setChead(OLNode[] chead) {
        this.chead = chead;
    }

    public static void main(String[] args) {
        double[][] arr = { { 0, 0, 1, 0 }, { 1, 0, 0, 4 }, { 0, 0, 3, 0 },
                { 1, 2, 0, 4 } };
        CrossList cList = new CrossList(arr);
        cList.printfArrOfRC();

    }

}
```

测试程序如下:

```
package lib.algorithm.chapter5.n02;

import lib.algorithm.chapter5.n01.TripleNode;


public class MainClass {
    public static void main(String[] args) {
        CrossList crossList;
        OLNode[] olNodes;

        //二维数组转十字链表
        crossList = new CrossList(new double[][]{
                {0,0,2,0,1},
                {0,5,0,0,0},
                {1,0,0,0,2},
                {0,0,90,0,0},
                {0,1,0,0,0}});

        crossList.printfArr();
```

```
        crossList.printfArrOfRC();

        //十字链表转二维数组
        crossList = new CrossList(7,8);
        crossList.setNums(3);

        olNodes = new OLNode[3];
        olNodes[0] = new OLNode(new TripleNode(1, 3, 4));
        olNodes[1] = new OLNode(new TripleNode(7, 3, 2));
        olNodes[2] = new OLNode(new TripleNode(1, 6, 9));

        olNodes[0].setRight(olNodes[2]);
        olNodes[0].setDown(olNodes[1]);

        crossList.setRhead(new OLNode[]{olNodes[0],olNodes[1]});
        crossList.setChead(new OLNode[]{olNodes[0],olNodes[2]});

        crossList.printfArrOfRC();
        crossList.printfArr();

    }
}
```

运行结果如下：

```
稀疏矩阵的多维数组储存结构为:
行数 5，列数为：5 ,非零元素个数为：    7
0.0    0.0    2.0    0.0    1.0

0.0    5.0    0.0    0.0    0.0

1.0    0.0    0.0    0.0    2.0

0.0    0.0    90.0  0.0    0.0

0.0    1.0    0.0    0.0    0.0

原始矩阵  共 5 行, 5 列，  7 个非零元素
--------------------------------------
从行上来看
行号
0   2.0->1.0->
1   5.0->
2   1.0->2.0->
```

```
3   90.0->
4   1.0->
---------------------------------------
从列上来看
列号
0   1.0->
1   5.0->1.0->
2   2.0->90.0->
3
4   1.0->2.0->
原始矩阵 共 8 行, 7 列， 3 个非零元素
---------------------------------------
从行上来看
行号
0   4.0->9.0->
1   2.0->
---------------------------------------
从列上来看
列号
0   4.0->2.0->
1   9.0->
稀疏矩阵的多维数组储存结构为：
行数 8, 列数为：7 ,非零元素个数为：   3
0.0   0.0   0.0   0.0   0.0   0.0   0.0

0.0   0.0   0.0   4.0   0.0   0.0   9.0

0.0   0.0   0.0   0.0   0.0   0.0   0.0

0.0   0.0   0.0   0.0   0.0   0.0   0.0

0.0   0.0   0.0   0.0   0.0   0.0   0.0

0.0   0.0   0.0   0.0   0.0   0.0   0.0

0.0   0.0   0.0   0.0   0.0   0.0   0.0

0.0   0.0   0.0   2.0   0.0   0.0   0.0
```

5.4.2 稀疏矩阵的运算

1. 稀疏矩阵的转置运算

下面将讨论三元组表上如何实现稀疏矩阵的转置运算。

转置是矩阵中最简单的一种运算。对于一个 m×n 的矩阵 A，它的转置矩阵 B 是一个 n×m 的，且 B[i][j]=A[j][i]，0≤i<n,0≤j<m。例如，图 5-8（a）稀疏矩阵 A 的转置矩阵 B 如图 5-11（a）所示，图 5-11（b）则显示了转置矩阵 B 的三元组表。

$$B=\begin{bmatrix} 0 & 1 & 0 & 6 \\ 5 & 0 & -2 & 0 \\ 0 & 3 & 0 & 0 \\ 0 & 0 & 0 & 0 \\ 8 & 0 & 0 & 0 \end{bmatrix}$$

（a）稀疏矩阵 A（4*5）的转置矩阵 B（5*4）

i(行号)	j(列号)	v(元素值)
0	1	1
0	3	6
1	0	5
1	2	-2
2	1	3
4	0	8

（b）稀疏矩阵 B 的三元组表

图 5-11　稀疏矩阵的转置

在三元组表表示的稀疏矩阵中，怎样求得它的转置呢？从转置的性质知道，将 A 转置为 B，就是将 A 的三元组表 a.data 变为 B 的三元组表 b.data，这时可以将 a.data 中 i 和 j 的值互换，则得到的 b.data 是一个按列优先顺序排列的三元组表，再将它的顺序适当调整，变成行优先排列，即得到转置矩阵 B。下面将用两种方法处理：

（1）按照 A 的列序进行转置

由于 A 的列即为 B 的行，在 a.data 中按列扫描，则得到的 b.data 必按行优先存放。但为了找到 A 的每一列中所有的非零的元素，每次都必须从头到尾扫描 A 的三元组表（有多少列，则扫描多少遍），这时算法描述如下：

```
public SparseArray transpose() {
    SparseArray tm = new SparseArray(nums);// 创建一个转置后的矩阵对象
    tm.cols = rows;// 行列变化，非零个数不变
    tm.rows = cols;
    tm.nums = nums;
    int q = 0;
    // 从小到大扫描列号，然后进行变化
```

```
        for (int col = 0; col < cols; col++) {
            for (int p = 0; p < nums; p++) {
                if (data[p].getColumn() == col) {
                    tm.data[q].setColumn(data[p].getRow());
                    tm.data[q].setRow(data[p].getColumn());
                    tm.data[q].setValue(data[p].getValue());
                    q++;
                }
            }
        }
        return tm;
}
```

测试程序如下：

```
package lib.algorithm.chapter5.n01;

public class ManClass {
    public static void main(String[] args) {
        SparseArray sparseArray;
        SparseArray sparseArray2;

        sparseArray = new SparseArray(new double[][]{
                {0,0,2,0,1},
                {0,5,0,0,0},
                {1,0,0,0,2},
                {0,0,90,0,0},
                {0,1,0,0,0}});


        //按照矩阵的列序进行转置
        System.out.println("----------------------------------------");
        System.out.println("转置前:");
        sparseArray.printArr();
        sparseArray.printArrayOfRC();
        System.out.println("转置后:");
        sparseArray2 = sparseArray.transpose();
        sparseArray2.printArr();
        sparseArray2.printArrayOfRC();

    }
}
```

运行结果如下：

```
转置前:
```

稀疏矩阵的多维数组存结构为：
行数 8，列数为：7，非零元素个数为：　3

```
0.0   0.0   0.0   0.0   0.0   0.0   0.0

0.0   0.0   0.0   0.0   0.0   0.0   0.0

0.0   10.0  0.0   0.0   0.0   0.0   0.0

0.0   0.0   0.0   0.0   0.0   0.0   0.0

0.0   0.0   0.0   0.0   0.0   0.0   0.0

0.0   0.0   0.0   0.0   0.0   2.3   0.0

0.0   0.0   0.0   0.0   0.0   0.0   0.0

0.0   0.0   8.0   0.0   0.0   0.0   0.0
```

稀疏矩阵的三元组储存结构为：
行数 8，列数为：7，非零元素个数为：3

行下标	列下标	元素值
2	1	10.0
5	5	2.3
7	2	8.0

转置后：
稀疏矩阵的多维数组存结构为：
行数 7，列数为：8，非零元素个数为：　3

```
0.0   0.0   0.0   0.0   0.0   0.0   0.0   0.0

0.0   0.0   10.0  0.0   0.0   0.0   0.0   0.0

0.0   0.0   0.0   0.0   0.0   0.0   0.0   8.0

0.0   0.0   0.0   0.0   0.0   0.0   0.0   0.0

0.0   0.0   0.0   0.0   0.0   0.0   0.0   0.0

0.0   0.0   0.0   0.0   0.0   2.3   0.0   0.0

0.0   0.0   0.0   0.0   0.0   0.0   0.0   0.0
```

```
稀疏矩阵的三元组储存结构为：
行数 7, 列数为：8 ,非零元素个数为：   3
行下标      列下标      元素值
  1           2          10.0
  2           7          8.0
  5           5          2.3
```

它的时间复杂度为 O(m×n)。而一般的稀疏矩阵中非零元素个数 a.terms 远大于行数 m，故压缩存储时，进行转置运算，虽然节省了存储单元，但增大了时间复杂度，故此算法仅适应于 a.terns<<a.rows× a.cols 的情形。

（2）按照 A 的行序进行转置

即按 a.data 中三元组的次序进行转置，并将转置后的三元组放入 b 中恰当的位置。若能在转置前求出矩阵 A 的每一列 col（即 B 中每一行）的第一个非零元素转置后在 b.data 中的正确位置 pot[col]（0≤col<a.cols），那么在对 a.data 的三元组依次作转置时，只要将三元组按列号 col 放置到 b.data[pot[col]]中，之后将 pot[col]内容加 1，以指示第 col 列的下一个非零元素的正确位置。为了求得位置向量 pot，只要先求出 A 的每一列中非零元素个数 num[col]，然后利用下面公式：

$$\begin{cases} pot[0]=0 \\ pot[col]=pot[col-1]+num[col-1] & \text{当 } 1\leqslant col<a.cols \end{cases}$$

为了节省存储单元，记录每一列非零元素个数的向量 num 可直接放入 pot 中，即上面的式子可以改为：pot[col]=pot[col-1]+pot[col]，其中 1≤col<acols 。

于是可用上面公式进行迭代，依次求出其他列的第一个非零元素转置后在 b.data 中的位置 pot[col]。

则 A 稀疏矩阵的转置矩阵 B 的三元组表很容易写出（如图 5-11（b）所示），算法描述如下：

```
public SparseArray fastTranspose() {
    /*
     * 首先将位置进行预留，然后再“填空”。 num [cols];每一个“空”的大小 。
     copt[cols];每一个“空”的起始位置
     */
    SparseArray tm = new SparseArray(nums);// 创建一个转置后的对象
    tm.cols = rows;// 行列变化，非零元素个数不变
    tm.rows = cols;
    tm.nums = nums;
    int tCol = 0, indexOfC = 0;
    if (nums > 0) {
        int[] num = new int[cols];// 原始矩阵中第 Col 列的非零元素的个数
        int[] copt = new int[cols];// 初始值为 N 中的第 col 列的第一个非零元素在 TM 中的位置
        // 初始化 num 和 copt 数组
```

5 Chapter

```
            for (int i = 0; i < nums; i++) {
                tCol = data[i].getColumn();
                num[tCol]++;
            }
            copt[0] = 0;
            for (int i = 1; i < cols; i++) {
                copt[i] = copt[i - 1] + num[i - 1];
            }
            // 找到每一个元素在转置后的三元组中的位置
            for (int i = 0; i < nums; i++) {
                tCol = data[i].getColumn();// 取得扫描 TN 中的第 i 个元素的列值 tCol
                indexOfC = copt[tCol];// 取得该 tCol 列的下一个元素应该存储的位置
                tm.data[indexOfC].setRow(data[i].getColumn());
                tm.data[indexOfC].setColumn(data[i].getRow());
                tm.data[indexOfC].setValue(data[i].getValue());
                copt[tCol]++;// 此时的 copt[col]表示的是下一个该 col 列元素会存储的位置
            }
        }
        return tm;
    }
```

测试程序如下：

```
package lib.algorithm.chapter5.n01;

public class ManClass {
    public static void main(String[] args) {
        SparseArray sparseArray;
        SparseArray sparseArray2;

        sparseArray = new SparseArray(new double[][]{
                {0,0,2,0,1},
                {0,5,0,0,0},
                {1,0,0,0,2},
                {0,0,90,0,0},
                {0,1,0,0,0}});


        sparseArray.printArr();
        sparseArray.printArrayOfRC();


        //按照矩阵的行序进行转置
        System.out.println("------------------------------------------");
```

```
        System.out.println("转置前:");
        sparseArray.printArr();
        sparseArray.printArrayOfRC();
        System.out.println("转置后:");
        sparseArray2 = sparseArray.fastTranspose();
        sparseArray2.printArr();
        sparseArray2.printArrayOfRC();
    }
}
```

程序运行结果如下：

```
转置前：
稀疏矩阵的多维数组存结构为：
行数 8, 列数为：7 ,非零元素个数为：    3
0.0   0.0   0.0   0.0   0.0   0.0   0.0

0.0   0.0   0.0   0.0   0.0   0.0   0.0

0.0   10.0  0.0   0.0   0.0   0.0   0.0

0.0   0.0   0.0   0.0   0.0   0.0   0.0

0.0   0.0   0.0   0.0   0.0   0.0   0.0

0.0   0.0   0.0   0.0   0.0   2.3   0.0

0.0   0.0   0.0   0.0   0.0   0.0   0.0

0.0   0.0   8.0   0.0   0.0   0.0   0.0



稀疏矩阵的三元组储存结构为：
行数 8, 列数为：7 ,非零元素个数为：    3
行下标        列下标        元素值
  2             1            10.0
  5             5             2.3
  7             2             8.0
转置后：
稀疏矩阵的多维数组存结构为：
行数 7, 列数为：8 ,非零元素个数为：    3
0.0   0.0   0.0   0.0   0.0   0.0   0.0   0.0
```

5 Chapter

```
0.0  0.0  10.0 0.0  0.0  0.0  0.0  0.0

0.0  0.0  0.0  0.0  0.0  0.0  0.0  8.0

0.0  0.0  0.0  0.0  0.0  0.0  0.0  0.0

0.0  0.0  0.0  0.0  0.0  0.0  0.0  0.0

0.0  0.0  0.0  0.0  0.0  2.3  0.0  0.0

0.0  0.0  0.0  0.0  0.0  0.0  0.0  0.0


稀疏矩阵的三元组储存结构为：
行数 7, 列数为：8 ,非零元素个数为：   3
行下标              列下标            元素值
 1       2       10.0
 2       7       8.0
 5       5       2.3
```

5.5 广义表

5.5.1 广义表的定义和性质

广义表是对线性表的扩展——线性表存储的所有的数据都是原子的（一个数或者不可分割的结构），且所有的数据类型相同。而广义表是允许线性表容纳自身结构的数据结构。

广义表定义：广义表是由 n 个元素组成的序列：LS =（a1，a2, ... an)；其中 ai 是一个原子项或者是一个广义表，n 是广义表的长度。若 ai 是广义表，则称为 LS 的子表。

广义表表头和表尾：若广义表 LS 不空，则 a1 称为 LS 的表头，其余元素组成的子表称为表尾。

广义表的长度：若广义表不空，则广义表所包含的元素的个数，叫广义表的长度。

广义表的深度：广义表中括号的最大层数叫广义表的深度。

例如：

对广义表 LS=((),a,b,(a,b,c),(a,(a,b),c))

表头为子表 LSH = ()

表尾为子表 LST = (a,b,(a,b,c),(a,(a,b),c))

广义表 LS 的长度：5

广义表 LS 的深度：3

5.5.2 广义表的存储结构

广义表有多重存储结构，以下只讲代码中使用的存储结构，代码中采用以下存储结构：

tag	data	pH	pT

tag　data　pH　pT

tag：tag == 0；表示该节点为原子节点。tag == 1；表示该节点为表节点。

data：data 是原子节点的数据，为表节点时该值域无效。

pH：广义表的表头——是一个表节点或原子节点。

pT：广义表的表尾——必定是一个表节点或者 null。

表节点存储结构选择好了，那么如何来构造广义表呢？构造出来的广义表如下：

header 表示表头，对于一个广义表总有一个 header 节点指向该表的表节点，一个 node 表示当前正在操作的节点。

mStartSymb 表示广义表的 '表起始指示符'，symbStack.push(ts.charAt(i))；将 '表起始指示符压栈'，接下来判断 symbStack 栈的大小，代码：

```
nodeStck.push(tableNode);
tableNode.mPh = tmpNode;
tableNode = tableNode.mPh;
```

将当前的表节点压栈，接着表头指向新的 node，当前节点向前滑动一个位置。

当遇到原子节点符号(如：'a')时，则创建一个原子节点，并且让表头指向该节点，其代码如下：

```
else {
        itemNode = new Node(null, null, TAG_ITEM, ts.charAt(i));
        tableNode.mPh = itemNode;
    }
```

当遇到符号','时构造一个表节点，让当前节点的表尾指向新的节点，其代码如下：

```
else if (ts.charAt(i) == ',') {
                    tableNode.mPt = new Node(null, null, TAG_TABLE, null);
                    tableNode = tableNode.mPt;
                }
```

如果 symbStack 的长度>1，表明此时并没有回到表的最外层，肯定存在一个 nodeStack 中的节点需要出栈，接着让与之对应的'('符号出栈，其代码如下：

```
else if (ts.charAt(i) == mEndSymb) {
                if (symbStack.isEmpty()) {
                    throw new IllegalArgumentException(
                "IllegalArgumentException in constructor GeneralizedTable!...");
                }
                if (symbStack.size() > 1) {
                    tableNode = nodeStck.pop();
```

```
            }
            symbStack.pop();
        }
```

当表字符串结束，且 symStack 的长度为 0 时，表明是一个格式正确的表字符串，否则说明该表字符串的格式错误，不予处理。

至此，一个广义表就构造好了。根据上述原理，构造一个广义表的完整代码如下：

```
public GeneralizedTable(String genTable) {
        if (genTable == null) {
            throw new NullPointerException(
                    "genTable is null in constructor GeneralizedTable!...");
        }
        initTable(genTable);
    }

    private void initTable(String genTable) {
        String ts = genTable.replaceAll("\\s", "");
        int len = ts.length();
        Stack<character> symbStack = new Stack<character>();
        Stack<node> nodeStck = new Stack<node>();
        initSymbolicCharactor(ts);
        mGenTable = new Node(null, null, TAG_TABLE, null);
        Node itemNode, tableNode = mGenTable, tmpNode;
        for (int i = 0; i < len; i++) {
            if (ts.charAt(i) == mStartSymb) {
                tmpNode = new Node(null, null, TAG_TABLE, null);
                // tableNode = tableNode.mPt;
                symbStack.push(ts.charAt(i));
                if (symbStack.size() > 1) {
                    nodeStck.push(tableNode);
                    tableNode.mPh = tmpNode;
                    tableNode = tableNode.mPh;
                } else {
                    tableNode.mPt = tmpNode;
                    tableNode = tableNode.mPt;
                }
            } else if (ts.charAt(i) == mEndSymb) {
                if (symbStack.isEmpty()) {
                    throw new IllegalArgumentException(
                            "IllegalArgumentException in constructor GeneralizedTable!...");
                }
                if (symbStack.size() > 1) {
```

```
                    tableNode = nodeStck.pop();
                }
                symbStack.pop();
            } else if (ts.charAt(i) == ',') {
                tableNode.mPt = new Node(null, null, TAG_TABLE, null);
                tableNode = tableNode.mPt;
            } else {
                itemNode = new Node(null, null, TAG_ITEM, ts.charAt(i));
                tableNode.mPh = itemNode;
            }
        }

        if (!symbStack.isEmpty()) {
            throw new IllegalArgumentException(
                    "IllegalArgumentException in constructor GeneralizedTable!...");
        }
    }

    private void initSymbolicCharactor(String ts) {
        mStartSymb = ts.charAt(0);
        switch (mStartSymb) {
            case '(':
                mEndSymb = ')';
                break;
            case '{':
                mEndSymb = '}';
                break;
            case '[':
                mEndSymb = ']';
                break;
            default:
                throw new IllegalArgumentException(
                        "IllegalArgumentException ---> initSymbolicCharactor");
        }
    }
```

注释：本代码中支持（,）,{,},[,] 为"广义表标示符"的广义表字符串（默认是()）。

5.5.3 广义表的基本运算

广义表有许多运算，常用运算有以下几种。

1. 求广义表的深度

广义表的深度：因为广义表由表头和表尾组成，所以，广义表的深度是表头、表尾中的最大深度。由此定义，算法描述下代码：

```
public int depth() { // 广义表的深度
        if (mGenTable == null) {
            throw new NullPointerException("Generalized Table is null !.. ---> method depth");
        }
        return depth(mGenTable);
    }

    private int depth(Node node) {
        if (node == null || node.mTag == TAG_ITEM) {
            return 0;
        }
        int depHeader = 0, depTear = 0;
        depHeader = 1 + depth(node.mPh);
        depTear = depth(node.mPt);
        return depHeader > depTear ? depHeader : depTear;
    }
```

该算法的时间复杂度为 O(n)。

测试程序如下：

【算法 5.3　广义表的深度】

```
package com.yw.wuruan.test;

package lib.algorithm.chapter5.n03;

public class MainClass {
    public static void main(String[] args) {
        String tStr = "((),(a,b,c),a,d,((d,g,(c))),(k,g),c)";
        String p = "((),a,b,(a,b,c),(a,(a,b),c))";
        String p2 = "((()),2)";
        String space = "()";
        String big = "{{a,b},{{a,g},{h},{a,n,f,{a,b,c}}},c}";
        String middle = "[[p],[[d,f,[g]]],[h],[2]]";

        GeneralizedTable gTab;
        GeneralizedTable header, tear;

        System.out.println("---------------------------------");

        gTab = new GeneralizedTable(p);
        System.out.println("depth: " + gTab.depth());
```

```
            gTab = new GeneralizedTable(p2);
            System.out.println("depth: " + gTab.depth());

            gTab = new GeneralizedTable(big);
            System.out.println("depth: " + gTab.depth());

            gTab = new GeneralizedTable(middle);
            System.out.println("depth: " + gTab.depth());

    }
}
```

运行结果如下：

```
----------------------------------
depth: 3
depth: 3
depth: 4
depth: 4
```

2. 广义表的建立

假设广义表以单链表的形式存储，广义表由键盘输入，假定全部为字母，输入格式为：元素之间用逗号分隔，表元素的起止符号分别为左、右圆括号，最后使用一个分号作为整个广义表的结束。

广义表的表头：广义表的第一项称为表头，表头可能是一个原子项和广义表。但是不管如何，他都是第一个的 pH 指向的内容。其代码如下：

```
public GeneralizedTable getHeader() {
        if (isEmpty())
            return null;
        Node node = mGenTable.mPt;
        GeneralizedTable gt = new GeneralizedTable();
        gt.mGenTable.mPt = node.mPh;
        return gt;
    }
```

测试程序如下：

```
package lib.algorithm.chapter5.n03;

public class MainClass {
    public static void main(String[] args) {
        String tStr = "((),(a,b,c),a,d,((d,g,(c))),(k,g),c)";
        String p = "((),a,b,(a,b,c),(a,(a,b),c))";
        String p2 = "((()),2)";
        String space = "()";
```

```
            String big = "{{a,b},{{a,g},{h},{a,n,f,{a,b,c}}},c}";
            String middle = "[[p],[[d,f,[g]]],[h],[2]]";

            GeneralizedTable gTab;
            GeneralizedTable header, tear;

            System.out.println("---------------------------------");
            gTab = new GeneralizedTable(middle);
            gTab.getHeader().print();

    }
}
```

运行结果如下：

```
---------------------------------
p
```

广义表的表尾：广义表的表尾必定是一个广义表，但不管由什么子表组成，都是广义表的 pT 所指向的内容。求解广义表表尾的代码如下：

```
public GeneralizedTable getTear() {
        if (isEmpty())
            return null;
        Node node = mGenTable.mPt;
        GeneralizedTable gt = new GeneralizedTable();
        gt.mGenTable.mPt = node.mPt;
        return gt;
    }
```

测试程序如下：

```
package lib.algorithm.chapter5.n03;

public class MainClass {
    public static void main(String[] args) {
        String tStr = "((),(a,b,c),a,d,((d,g,(c))),(k,g),c)";
        String p = "((),a,b,(a,b,c),(a,(a,b),c))";
        String p2 = "(((),2)";
        String space = "()";
        String big = "{{a,b},{{a,g},{h},{a,n,f,{a,b,c}}},c}";
        String middle = "[[p],[[d,f,[g]]],[h],[2]]";

        GeneralizedTable gTab;
        GeneralizedTable header, tear;

        System.out.println("---------------------------------");
```

```
        gTab = new GeneralizedTable(middle);
        gTab.getTear().print();




    }
}
```

运行结果如下：

```
d    f    g    h    2
```

广义表的长度：根据广义表长度的定义，该表的长度，等于原子节点或表节点的个数，即 header.pT != null 的个数，其代码如下：

```
public int length() { // 广义表的长度
        if (mGenTable == null || mGenTable.mPt == null) {
            return -1;
        }
        int tLen = 0;
        Node node = mGenTable;
        while (node.mPt != null) {
            node = node.mPt;
            if (node.mPh == null && node.mPt == null) {
                break;
            }
            tLen++;
        }
        return tLen;
    }
```

测试程序如下：

```
package lib.algorithm.chapter5.n03;

public class MainClass {
    public static void main(String[] args) {
        String tStr = "((),(a,b,c),a,d,((d,g,(c))),(k,g),c)";
        String p = "((),a,b,(a,b,c),(a,(a,b),c))";
        String p2 = "((()),2)";
        String space = "()";
        String big = "{{a,b},{{a,g},{h},{a,n,f,{a,b,c}}},c}";
        String middle = "[[p],[[d,f,[g]]],[h],[2]]";

        GeneralizedTable gTab;
        GeneralizedTable header, tear;
```

```
            System.out.println("----------------------------------");
            gTab = new GeneralizedTable(middle);
            System.out.println(gTab.length());


    }
}
```

运行结果如下：

```
----------------------------------
4
```

3. 输出广义表

打印输出广义表的内容：这里打印广义表内容是指，打印所有原子项中的数据，一个深度优先打印的代码如下：

```
public void print() {
        print(mGenTable);
    }

    private void print(Node node) {
        if (node == null) {
            return;
        }
        if (node.mTag == 0) {
            System.out.print(node.mData.toString() + " \t");
        }
        print(node.mPh);
        print(node.mPt);

    }
```

4. 取表头运算 head

若广义表 LS=(a_1，a_2，…，a_n)，则 head(LS)=a_1。

取表头运算得到的结果可以是原子，也可以是一个子表。

例如，head((a_1,a_2,a_3,a_4))=a_1，head(((a_1,a_2),(a_3,a_4),a_5))=(a_1,a_2)。

5. 取表尾运算 tail

若广义表 LS=(a_1，a_2，…，a_n)，则 tail(LS)=(a_2，a_3，…，a_n)。

即取表尾运算得到的结果是除表头以外的所有元素构成的子表，取表尾运算得到的结果一定是一个子表。

例如，tail((a_1,a_2,a_3,a_4))=(a_2,a_3,a_4)，tail(((a_1,a_2),(a_3,a_4),a_5))=((a_3,a_4),a_5)。

值得注意的是广义表( )和(())是不同的，前者为空表，长度为 0，后者的长度为 1，可得到表头、表尾均为空表，即 head((( )))=( )，tail((( )))=( )。

下面是整个广义表操作的代码：

```
package lib.algorithm.chapter5.n03;

import java.util.Stack;

public class GeneralizedTable {

    public static final int TAG_ITEM = 0; // 原子节点
    public static final int TAG_TABLE = 1; // 表节点
    /*
     * 广义表支持的符号包括'(' , ')' , '{' , '}' , '[' , ']'
     * 广义表表示符号,使用字符串构造广义表时第一个字符必须是'(', '{' , '[' 之一 并以')' , '}' , ']' 之一
结束，
     * 并且各符号相对应
     */
    private char mStartSymb = '(';
    private char mEndSymb = ')';
    private Node mGenTable;

    public GeneralizedTable() {
        mGenTable = new Node(null, null, TAG_TABLE, null);
    }

    // 使用广义表 src 构造一个新的广义表
    public GeneralizedTable(GeneralizedTable src) {
        if (src != null) {
            mGenTable = src.mGenTable;
        }

    }

    public GeneralizedTable(String genTable) {
        if (genTable == null) {
            throw new NullPointerException(
                    "genTable is null in constructor GeneralizedTable!...");
        }
        initTable(genTable);
    }

    private void initTable(String genTable) {
        String ts = genTable.replaceAll("\\s", "");
```

```
        int len = ts.length();
        Stack<Character> symbStack = new Stack<Character>();
        Stack<Node> nodeStck = new Stack<Node>();
        initSymbolicCharactor(ts);
        mGenTable = new Node(null, null, TAG_TABLE, null);
        Node itemNode, tableNode = mGenTable, tmpNode;
        for (int i = 0; i < len; i++) {
            if (ts.charAt(i) == mStartSymb) {
                tmpNode = new Node(null, null, TAG_TABLE, null);
                // tableNode = tableNode.mPt;
                symbStack.push(ts.charAt(i));
                if (symbStack.size() > 1) {
                    nodeStck.push(tableNode);
                    tableNode.mPh = tmpNode;
                    tableNode = tableNode.mPh;
                } else {
                    tableNode.mPt = tmpNode;
                    tableNode = tableNode.mPt;
                }
            } else if (ts.charAt(i) == mEndSymb) {
                if (symbStack.isEmpty()) {
                    throw new IllegalArgumentException(
                            "IllegalArgumentException in constructor GeneralizedTable!...");
                }
                if (symbStack.size() > 1) {
                    tableNode = nodeStck.pop();
                }
                symbStack.pop();
            } else if (ts.charAt(i) == ',') {
                tableNode.mPt = new Node(null, null, TAG_TABLE, null);
                tableNode = tableNode.mPt;
            } else {
                itemNode = new Node(null, null, TAG_ITEM, ts.charAt(i));
                tableNode.mPh = itemNode;
            }
        }

        if (!symbStack.isEmpty()) {
            throw new IllegalArgumentException(
                    "IllegalArgumentException in constructor GeneralizedTable!...");
        }
    }
```

```
private void initSymbolicCharactor(String ts) {
    mStartSymb = ts.charAt(0);
    switch (mStartSymb) {
        case '(':
            mEndSymb = ')';
            break;
        case '{':
            mEndSymb = '}';
            break;
        case '[':
            mEndSymb = ']';
            break;
        default:
            throw new IllegalArgumentException(
                    "IllegalArgumentException ---> initSymbolicCharactor");
    }
}

public void print() {
    print(mGenTable);
}

private void print(Node node) {
    if (node == null) {
        return;
    }
    if (node.mTag == 0) {
        System.out.print(node.mData.toString() + " \t");
    }
    print(node.mPh);
    print(node.mPt);

}

public int depth() { // 广义表的深度
    if (mGenTable == null) {
        throw new NullPointerException("Generalized Table is null !.. ---> method depth");
    }
    return depth(mGenTable);
}
```

```
private int depth(Node node) {
    if (node == null || node.mTag == TAG_ITEM) {
        return 0;
    }
    int depHeader = 0, depTear = 0;
    depHeader = 1 + depth(node.mPh);
    depTear = depth(node.mPt);
    return depHeader > depTear ? depHeader : depTear;
}

public int length() { // 广义表的长度
    if (mGenTable == null || mGenTable.mPt == null) {
        return -1;
    }
    int tLen = 0;
    Node node = mGenTable;
    while (node.mPt != null) {
        node = node.mPt;
        if (node.mPh == null && node.mPt == null) {
            break;
        }
        tLen++;
    }
    return tLen;
}

public GeneralizedTable getHeader() {
    if (isEmpty())
        return null;
    Node node = mGenTable.mPt;
    GeneralizedTable gt = new GeneralizedTable();
    gt.mGenTable.mPt = node.mPh;
    return gt;
}

public GeneralizedTable getTear() {
    if (isEmpty())
        return null;
    Node node = mGenTable.mPt;
    GeneralizedTable gt = new GeneralizedTable();
    gt.mGenTable.mPt = node.mPt;
    return gt;
```

```
    }

    public boolean isEmpty() {
        if (mGenTable == null) {
            return true;
        }
        Node node = mGenTable.mPt;
        return node == null || node.mPh == null;
    }

    public class Node {// 广义表节点
        Node mPh; // 广义表的表节点
        Node mPt; // 广义表表尾节点
        int mTag; // mTag == 0，院子节点 ；mTag == 1，表节点 。
        Object mData; // 广义表的数据值

        public Node(Node ph, Node pt, int tag, Object data) {
            mPh = ph;
            mPt = pt;
            mTag = tag;
            mData = data;
        }
    }
}
```

本章小结

本章主要介绍了多维数组和广义表的概念。数组是数据类型相同的数据元素的集合，数组中的数据元素从位置关系上构成了一个线性序列，数组是线性表的推广，本章重点介绍了多维数组。多维数组的顺序存储有两种形式：行优先顺序存储和列优先顺序存储。行优先顺序存储按行号从小到大的顺序，先将第一行中元素全部存放好，再存放第二行元素，第三行元素，依次类推至数组中最后一行元素。列优先顺序存储按列号从小到大的顺序，先将第一列中元素全部存放好，再存放第二列元素，第三列元素，依次类推至数组中最后一列元素。

矩阵是数学上的重要概念之一，在计算机中使用二位数组来存放矩阵。本章讨论了常用特殊矩阵，比如对称矩阵，三角矩阵，对角矩阵的元素分布，并根据其元素分布规律给出对应的压缩存储方法。稀疏矩阵是一种非零元素个数较少，零元素很多，但非零元素的排列没有一定规律的高阶矩阵，我们分别讲解了采用三元组表，带行引用的链表和十字链表的方式存储稀疏矩阵。转置和相加是矩阵常用的运算，本章讨论了用三元组存储的稀疏矩阵的转置运算运算。

广义表也是线性表的推广，即广义表放松对表元素的原子性的限制，允许有自身的结构。

广义表存储的时候一般采用链表的方式存储，本章分别讲述了单链表和双链表来存储广义表。广义表的运算常用的有创建广义表、求广义表的长度、取表头和表尾元素、输出广义表等。

上机实训

1．请编写完整的程序。如果矩阵 A 中存在这样的一个元素 A[i,j]满足条件：A[i,j]是第 i 行中值最小的元素，且又是第 j 列中值最大的元素，则称之为该矩阵的一个马鞍点。请编程计算出 m*n 的矩阵 A 的所有马鞍点。

2．给定一个整数数组 b[0..N-1]，b 中连续的相等元素构成的子序列称为平台。试设计算法，求出 b 中最长平台的长度。

3．给定 nxm 矩阵 A[a..b,c..d]，并设 A[i,j]≤A[i,j+1](a≤i≤b,c≤j≤d-1)和 A[i,j]≤A[i+1,j](a≤i≤b-1,c≤j≤d)。设计一算法判定 X 的值是否在 A 中，要求时间复杂度为 O(m+n)。

4．设二维数组 a[1..m, 1..n] 含有 m*n 个整数。

（1）写出算法(pascal 过程或 c 函数)：判断 a 中所有元素是否互不相同？输出相关信息(yes/no)；

（2）试分析算法的时间复杂度。

5．设任意 n 个整数存放于数组 A(1:n)中，试编写程序，将所有正数排在所有负数前面（要求算法复杂性为 0(n)）。

6．若 S 是 n 个元素的集合，则 S 的幂集 P(S)定义为 S 所有子集的集合。例如，S=(a,b,c),P(S)={() ,(a),(b),(c),(a,b),(a,c),(b,c),(a,b,c)}给定 S，写一递归算法求 P(S)。

7．试编写建立广义表存储结构的算法，要求在输入广义表的同时实现判断、建立。设广义表按如下形式输入（$a_1,a_2,a_3,\cdots,a_n$）n>=0，其中 a_i 或为单字母表示的原子或为广义表，n=0 时为只含空格字符的空表。

习题

1．数组 A[1..8，-2..6，0..6]以行为主序存储，设第一个元素的首地址是 78，每个元素的长度为 4，试求元素 A[4,2,3]的存储首地址。

2．假设按低下标优先存储整型数组 A（-3:8,3:5,-4:0,0:7）时，第一个元素的字节存储地址是 100，每个整数占 4 个字节，问 A（0，4，-2，5）的存储地址是什么？

3．设有三维数组 A[-2:4,0:3,-5:1]按列序存放，数组的起始地址为 1210，试求 A(1,3,-2)所在的地址。

4．数组 A[0..8, 1..10]的元素是 6 个字符组成的串，则存放 A 至少需要多少个字节？A 的第 8 列和第 5 行共占多少个字节？若 A 按行优先方式存储，元素 A[8,5]的起始地址与当 A 按列优先方式存储时的哪个元素的起始地址一致？

5．若按照压缩存储的思想将 n×n 阶的对称矩阵 A 的下三角部分（包括主对角线元素）以行序为主序方式存放于一维数组 B[1..n(n+1)/2]中，那么，A 中任一个下三角元素 a_{ij}(i≥j),在数组 B 中的下标位置 k 是什么？

6．设 m×n 阶稀疏矩阵 A 有 t 个非零元素，其三元组表表示为 LTMA[1..（t+1）,1..3]，试问：非零元素的个数 t 达到什么程度时用 LTMA 表示 A 才有意义？

7．利用三元组存储任意稀疏数组时，在什么条件下才能节省存储空间。

8．有一个二维数组 A[0:8,1:5],每个数组元素用相邻的 4 个字节存储,存储器按字节编址,假设存储数组元素 A[0,1]的第一个字节的地址是 0，那么存储数组的最后一个元素的第一个字节的地址是多少？若按行存储，则 A[3,5]和 A[5,3]的第一个字节的地址是多少？若按列存储,则 A[7,1]和 A[2,4]的第一个字节的地址是多少?

9．设有三对角矩阵(ai,j)m╳n,将其三条对角线上的元素逐行的存于数组 B(1:3n-2)中，使得 B[k]=ai,j，求：

（1）用 i,j 表示 k 的下标变换公式。

（2）若 n=103，每个元素占用 L 个单元，则用 B[K]方式比常规存储节省多少单元。

10．特殊矩阵和稀疏矩阵哪一种压缩存储后失去随机存取的功能？为什么？

6 树

本章学习目标：

树结构是数据元素之间具有层次关系的非线性结构，它反映了现实世界中的一种层次关系，这种关系类似现实世界中一棵倒立的树。本章讨论了树形结构的相关内容，读者学习本章后应能掌握树的概念、二叉树的概念、存储结构和遍历运算等相关操作，树和森林与二叉树的转换、以及二叉排序树、哈夫曼树等典型树型结构的应用。

6.1 树的结构定义与基本操作

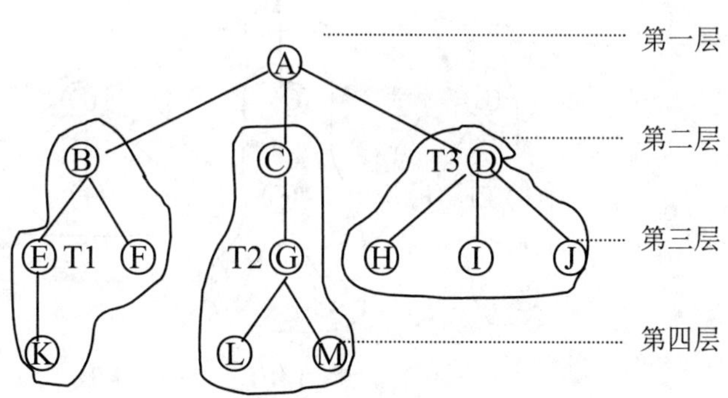

图 6-1 树结构示意图

6.1.1 树的定义

树（Tree）是由 n (n ≥ 0)个结点组成的有限集合，如果 n = 0，称为空树；当 n=1 时，称为只有一个结点的树；当 n>1 时，称为由根节点和多棵子树构成的树。

图 6-2（a）是一个空树，没有任何结点。

图 6-2（b）是只有一个结点的树，这个结点也是根结点。

图 6-2（c）由根结点 A 和三个子树构成，分别为 T1={B，F }，T2={C，G}，T3={D，H，I，J}。T1、T2、T3 是 A 的子树，本身也是一棵树。以 T3 为例，其根为 D，其余结点又分为三个子树：T31={H},T32={I},T33={J}。

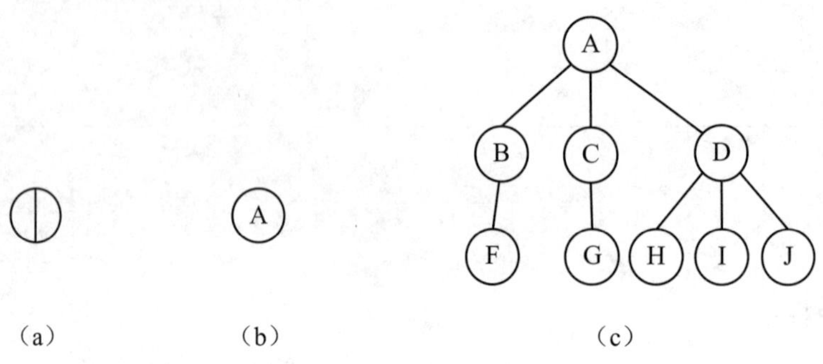

图 6-2　树结构举例

6.1.2　树的存储结构

树的定义是一个递归的定义，即树由根结点和若干子树构成。

结点（Node）：由树中的元素及指向其子树的地址构成，图 6-3 中是一棵 13 个结点的树木。

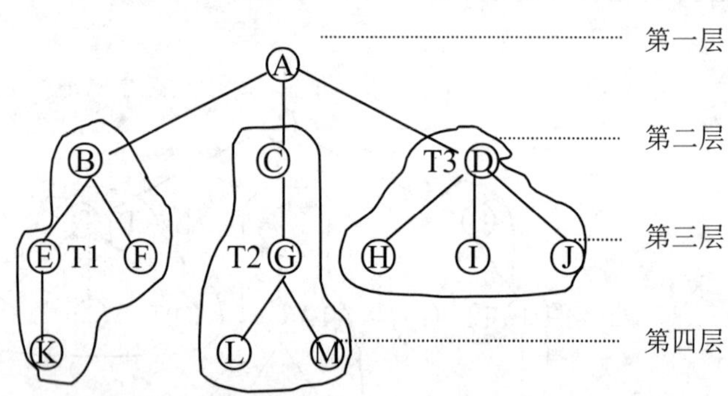

图 6-3　一棵含有 13 个结点的树

孩子（Child）：结点的子树的根称为该结点的孩子。

双亲（Parents）：对应上述称为孩子结点的上层结点即为这些结点的双亲。例如图 6-3 中，B 是 A 的孩子，A 是 B、C、D 的双亲。

兄弟（Sibling）：同一双亲的孩子之间互为兄弟。图 6-3 中 B、C、D 之间互为兄弟。

结点的子孙：以某结点为根的子树中的任一结点都称为该结点的子孙。图 6-3 中，C 的子孙为 G、L、M。

结点的度（Degree）：结点拥有的子树数量。在图 6-3 中，结点 A 的度为 3，B 的度为 2，C 的度为 1。

树的度：树中各结点度的最大值，图 6-3 中树的度即为 3。

叶子（Leaf）：树中度为 0 的结点，又称终端结点，图 6-3 中的结点 K、F、L、M、H、I、J 都是树的叶子。

分支结点：树中度不为 0 的结点，又称非终端结点。

结点的层次（Level）：从根开始定义，根为第一层，根的孩子为第二层；若某结点在 i 层，则该结点的子树的根在 i+1 层。如图 6-3 所示，该树被分为 4 层。

树的深度（Depth）：树中结点的最大层次数，图 6-3 中树的深度即为 4。

森林（Forest）：若干棵互不相交的树的集合。

有序树和无序树：如果树的各个子树依次从左到右排列，不可对换，则称该树为有序树，且把各子树分别称为第一子树，第二子树……；反之，称为无序树。

6.1.3 树的广义表表示

树可以用直观的图形表示，也可以用广义表的形式表示。

例如，图 6-2（c）所示的树可以用广义表表示为：A(B(F),C(G),D(H,I,J))

同理，图 6-3 所示的树可以用广义表表示为：A(B(E(K),F),C(G(L,M)),D(H,I,J))

6.2 二叉树

6.2.1 二叉树的定义

二叉树（Binary Tree）是树型结构的一个特例，它的特点是每个结点至多只有二棵子树，且二叉树的子树有左右之分，其次序不能任意颠倒。即二叉树是度≤2 的有序树。

参照树的递归定义，二叉树的递归定义如下：二叉树是 n（n≥0）个结点的有限集，n=0 时称为空二叉树；n>0 时，二叉树由一个根结点和两棵互不相交的、分别称为左子树和右子树的子二叉树所构成。

二叉树可以有五种基本形态，如图 6-4 所示。

1）n=0，二叉树为空。

2）n=1，二叉树只有一个结点作为根结点。

3）n>1，二叉树由根结点、非空的左子树和空的右子树组成。

4）n>1，二叉树由根结点、空的左子树和非空的右子树组成。

5）n>1，二叉树由根结点、非空的左子树和非空的右子树组成。

（a）空二叉树　（b）只有根结点的二叉树　（c）右子树为空的二叉树　（d）左子树为空的二叉树　（e）左、右子树均非空的二叉树

图 6-4　二叉树的基本形态

注意：二叉树是有序树，其左、右子树是严格区分，不能颠倒的，图 6-4 中（c）和（d）就是两棵不同的二叉树。某结点的分支上即使只有一个孩子，也一定要区分是左孩子还是右孩子。

6.2.2　二叉树的性质

性质 1　二叉树的第 i 层上至多有 2^{i-1}（i≥1）个结点。

证明：用归纳法证。

i=1 时，只有一个根结点。显然，结点数为 $2^{i-1}=2^0=1$ 成立。

现在假定对所有的 j（1≤j<i），命题成立，即第 j 层上至多有 2^{j-1} 个结点。那么可以证明 j=i 时命题也成立。

由归纳假设，第 i-1 层上结点数至多有 $2^{(i-1)-1}=2^{i-2}$ 个结点，由于二叉树每个结点度至多为 2，因此第 i 层上结点数至多为第 i-1 层上结点数的 2 倍。

即　$$2*2^{i-2}=2^{i-1}$$

证毕。

性质 2　深度为 h 的二叉树中至多含有 2^h-1 个结点。

证明：由性质 1 可得，在深度为 h 的二叉树中至多含有结点数为

$$\sum_{i=1}^{h}(\text{第 } i \text{ 层上的最大结点数})\ \sum_{i=1}^{h}2^{i-1}=2^{h-1}$$

证毕。

性质 3　若在任意一棵二叉树中，有 n_0 个叶子结点，有 n_2 个度为 2 的结点，则必有 $n_0=n_2+1$。

证明：设 n_1 为度为 1 的结点数，则总结点数 n 为：

$$n=n_0+n_1+n_2 \qquad (1)$$

二叉树中除根结点外其他结点都有一个指针与其双亲相连，若指针数为 b，满足：

$$n=b+1 \qquad (2)$$

而这些指针又可以看作由度为 1 和度为 2 的结点与它们孩子之间的联系，于是 b 和 n_1、n_2 之间的关系为：

$$b=n_1+2*n_2 \qquad (3)$$

由（2）、（3）可得：

$$n=n_1+2*n_2+1 \tag{4}$$

比较（1）、（4）式可得：

$$n_0=n_2+1$$

证毕。

性质4　满二叉树和完全二叉树

如果一个深度为h的二叉树含有 2^h-1 个结点，则称该二叉树为满二叉树。如图6-5所示为一棵深度为4的满二叉树。结点的编号方法为自上而下，自左而右。

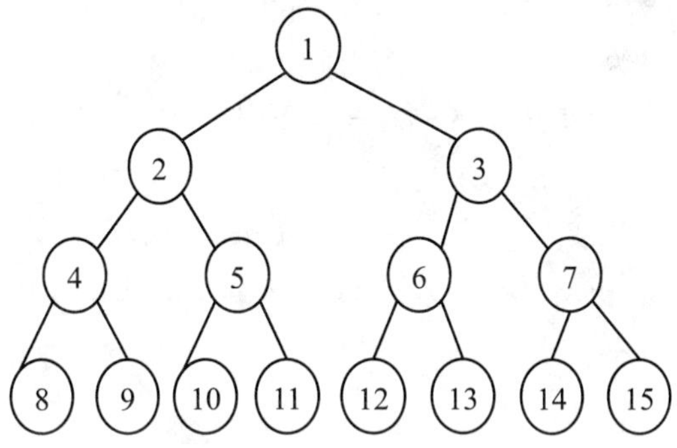

图6-5　深度为4的满二叉树

对一棵有n个结点的二叉树按满二叉树方式自上而下，自左而右对它进行编号，若树中所有结点和满二叉树1~n编号完全一致，则称该树为完全二叉树。如图6-6所示，（a）为完全二叉树，而（b）则不是完全二叉树。

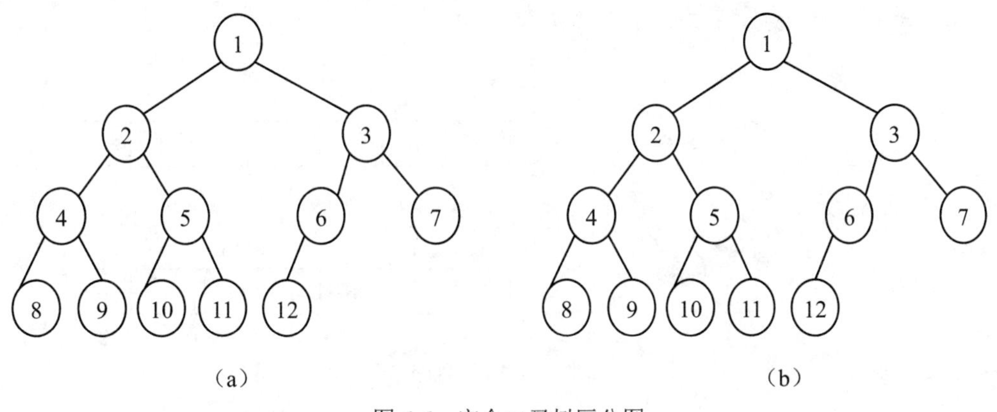

图6-6　完全二叉树区分图

性质5　具有n个结点的完全二叉树深为 $\lfloor \log_2 n \rfloor+1$（其中 $\lfloor x \rfloor$ 表示不大于x的最大整数）。

证明：假设尝试为 h，则根据性质 2 和完全二叉树的定义有

$$2^{h-1}-1<n\leqslant 2^h-1 \quad 或 \quad 2^{h-1}\leqslant n<2^h$$

于是 $h-1\leqslant \log_2 n<h$

$\because h$ 是整数

$\therefore h=\lfloor \log_2 n \rfloor+1$

性质 6 若对一棵有 n 个结点的完全二叉树进行顺序编号（1≤i≤n），那么，对于编号为 i（i≥1）的结点：

1）当 i=1 时，该结点为根，它无双亲结点。

2）当 i>1 时，该结点的双亲结点的编号为「i/2」。

3）若 2i≤n，则有编号为 2i 的左孩子，否则没有左孩子。

4）若 2i+1≤n，则有编号为 2i+1 的右孩子，否则没有右孩子。

（证明略）

对一棵具有 n 个结点的完全二叉树，从 1 开始按层序编号，则结点 i 的双亲结点为 i/2，结点 i 的左孩子为 2i，结点 i 的右孩子为 2i＋1。性质 6 表明，在完全二叉树中，结点的层序编号反映了结点之间的逻辑关系。

6.2.3 二叉树的存储结构

二叉树的存储结构有两种：顺序存储结构和链式存储结构。

1. 二叉树的顺序存储结构

二叉树的顺序存储结构适用于完全二叉树，就是用一维数组存储二叉树中的结点。在存储的时候，先对完全二叉树顺序编号，将编号为 i 的结点存放在数组下标为 i-1 的位置上，如图 6-7（b）所示。为了让编号与下标统一起来，我们还可以空出下标为 0 的数组地址，即从下标 1 开始存放第一个元素（根结点），如图 6-7（c）所示。

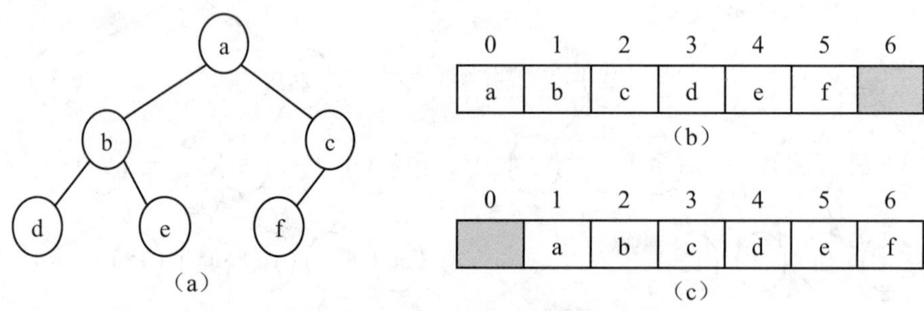

图 6-7 完全二叉树的顺序存储结构

顺序存储完全二叉树时，根据二叉树的性质 6，通过计算可以直接得到结点的双亲结点、左孩子结点和右孩子结点的位置。

2. 二叉树的链式存储结构

一般情况下，二叉树存储采用链式存储结构。每个结点有三个域：存放结点信息的数据域 data，指向该结点左孩子结点的 left，指向该结点右孩子的 right。

root 指向二叉树的根结点。若二叉树为空，则 root=null。若结点的左子树或右子树为空，则 left=null 或 right=null。如图 6-8 所示。

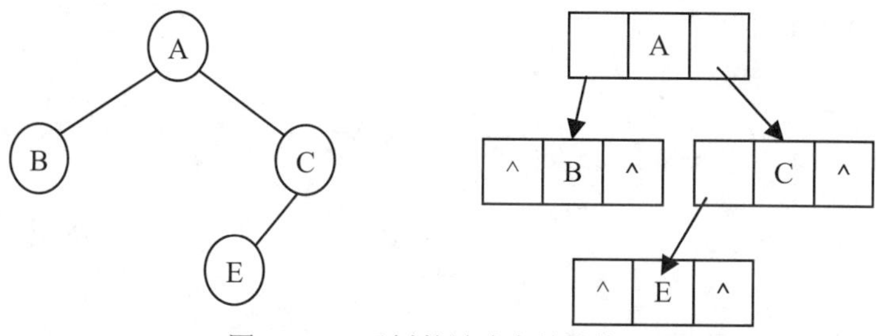

图 6-8　二叉树的链式存储结构

6.2.4　二叉树类定义

二叉树的结点类

```
package lib.algorithm.chapter6.n01;

public class BiTreeNode {
    private Object data;
    private BiTreeNode lChild,rChild;

    public BiTreeNode() {
        this(null);
    }

    public BiTreeNode(Object data) {
        this(data,null,null);
    }

    public BiTreeNode (Object data, BiTreeNode lChild,BiTreeNode rChild){
        this.data=data;
        this.lChild = lChild;
        this.rChild = rChild;
    }

   public Object getData() {
       return data;
```

```
    }

    public void setData(Object data) {
        this.data = data;
    }

    public BiTreeNode getLchild() {
        return lChild;
    }

    public void setLchild(BiTreeNode lchild) {
        this.lChild = lchild;
    }

    public BiTreeNode getRchild() {
        return rChild;
    }

    public void setRchild(BiTreeNode rchild) {
        this.rChild = rchild;
    }
}
```

6.2.5　树与二叉树的相互转换

树和二叉树是两种不同的数据结构。树是无序的，多分支的；二叉树是有序的，最多有两个分支。树实现起来比较麻烦，而二叉树实现起来相对比较容易。我们可以找到相应的对应关系，使得对于给定的一棵树，可以找到唯一的一棵二叉树与之对应。这样就可以将有关树的问题转化为相对简单的二叉树问题进行研究。

这里，我们先介绍树转换成二叉树的一般方法，如图 6-9（a）所示。

第一步 加线：在各兄弟结点之间加一条虚连线。

第二步 抹线：保留双亲与第一孩子连线，抹去与其他孩子的连线。

第三步 旋转：新加上的虚线改为实线，顺时针转动约 45 度，使之层次分明。

这样转换成的二叉树有两个特点：

1）根结点没有右子树。

2）转换生成的二叉树中各结点的右孩子是原来树中该结点的兄弟，而该结点的左孩子还是原来树中该结点的左孩子。

如何将二叉树还原成一般的树呢？将一棵二叉树还原成树的过程也分为三步，如图 6-9（b）所示。

第一步 加线：若某结点 i 是其双亲结点的左孩子，则将该结点 i 的右孩子、右孩子的右孩子分别与结点 i 的双亲结点用虚线连接。

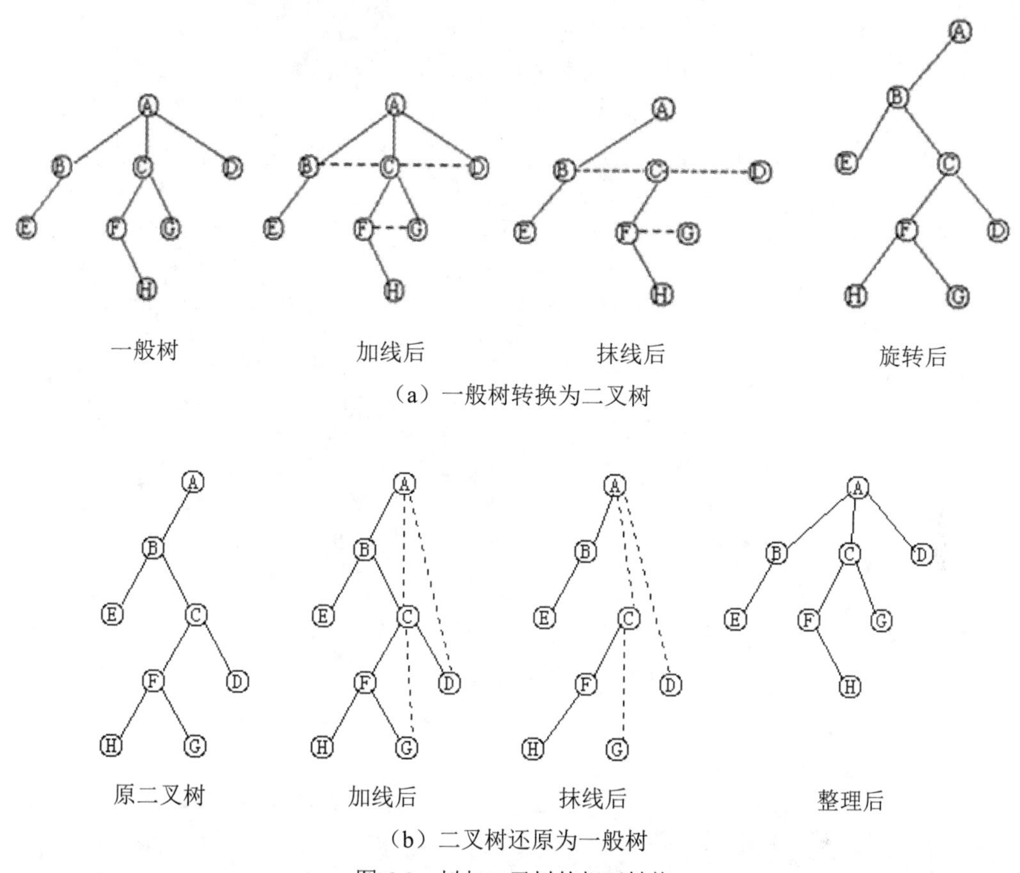

（a）一般树转换为二叉树

（b）二叉树还原为一般树

图 6-9　树与二叉树的相互转换

第二步　抹线：将原二叉树中所有双亲结点与其右孩子的连线抹去。

第三步　整理：把虚线改为实线，将结点按层次排列。

6.3　二叉树的遍历

二叉树是一种非线性的数据结构，在对它进行操作时，总是需要逐一对每个数据元素实施操作，这样就存在一个操作顺序问题，由此提出了二叉树的遍历操作。

所谓二叉树的遍历，就是按某种次序访问二叉树中的结点，要求每个结点访问一次且仅访问一次。遍历的结果将产生一个二叉树所有结点的线性序列。遍历的主要目的是将层次结构的二叉树通过遍历过程线性化，即获得一个线性序列。

考虑到一棵非空二叉树是由根结点、左子树和右子树三个基本部分组成，遍历二叉树实是依次访问上述三个部分。若规定对子树的访问按照“先左后右”的次序进行，则可以得到三种遍历次序：

先序（根）遍历：访问根节点，遍历左子树，遍历右子树。

中序（根）遍历：遍历左子树，访问根节点，遍历右子树。

后序（根）遍历：遍历左子树，遍历右子树，访问根节点。

以下图两个二叉树的遍历为例，分别介绍这三种形式的遍历规则。

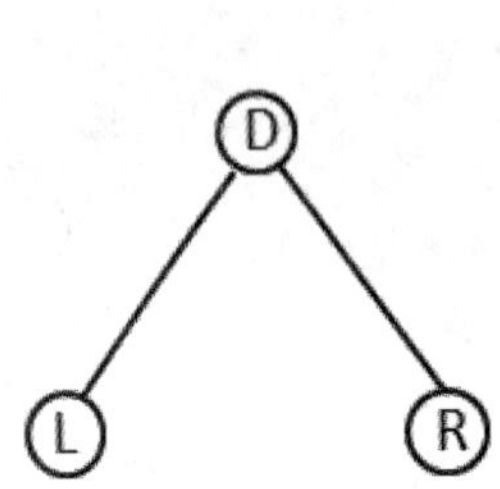

图 6-10　基本二叉树

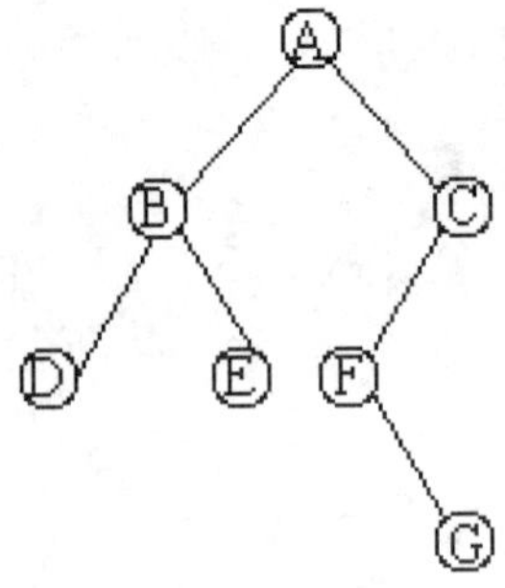

图 6-11　常见二叉树

6.3.1　先序（根）遍历

当二叉树非空时按以下顺序遍历，否则结束操作：

1）访问根结点。

2）按先序遍历规则遍历左子树。

3）按先序遍历规则遍历右子树。

对图 6-10 而言，先序遍历的结果为：D，L，R。

对图 6-11 而言，先序遍历的步骤可以用广义表表示为：A，B（D,E），C（F，（G）），也就是说，得到线性序列为：A，B，D，E，C，F，G。

对于前面的二叉树的节点类 TreeNode1，先序（根）遍历的递归算法如下：

```
// 先序遍历二叉树基本操作的递归算法
public void preRootTraverse(BiTreeNode T) {
    if (T != null) {
        System.out.print(T.getData()); // 访问根结点
        preRootTraverse(T.getLchild());// 访问左子树
        preRootTraverse(T.getRchild());// 访问右子树
    }
}
```

6.3.2　中序（根）遍历

当二叉树非空时按以下顺序遍历，否则结束操作：

1）按中序遍历规则遍历左子树。

2）访问根结点。

3）按中序遍历规则遍历右子树。

对图 6-10 而言，中序遍历的结果为：L，D，R。

对图 6-11 而言，中序遍历的结果为：D，B，E，A，F，G，C

对于前面的二叉树的节点类 TreeNode1，中序（根）遍历的递归算法如下：

```
// 中序遍历二叉树基本操作的递归算法
public void inRootTraverse(BiTreeNode T) {
    if (T != null) {
        inRootTraverse(T.getLchild());// 访问左子树
        System.out.print(T.getData()); // 访问根结点
        inRootTraverse(T.getRchild());// 访问右子树
    }
}
```

6.3.3 后序（根）遍历

当二叉树非空时按以下顺序遍历，否则结束操作：

1）按后序遍历规则遍历左子树。

2）按后序遍历规则遍历右子树。

3）访问根结点。

对图 6-10 而言，后序遍历的结果为：L，R，D。

对图 6-11 而言，后序遍历的结果为：D，E，B，G，F，C，A。

对于前面的二叉树的节点类 TreeNode1，后序（根）遍历的递归算法如下：

```
// 后序遍历二叉树基本操作的递归算法
    public void postRootTraverse(BiTreeNode T) {
        if (T != null) {
            postRootTraverse(T.getLchild());// 访问左子树
            postRootTraverse(T.getRchild());// 访问右子树
            System.out.print(T.getData()); // 访问根结点
        }
    }
```

6.3.4 层次遍历

我们也可按二叉树的层次对其进行遍历。采用层次遍历的时候，按照“从上到下”，“从左到右”的顺序对二叉树中节点逐层逐个访问。

对图 6-10 而言，层次遍历的结果为：D，L，R,。

对图 6-11 而言，层次遍历的结果为：A，B，C，D，E，F，G。

二叉树的遍历是指按某条搜索路径周游二叉树，对树中每个结点访问且仅访问一次。

由于二叉树是一种递归定义，所以，要根据二叉树的某种遍历序列来实现建立一棵二叉树的二叉链表存储结构，则可以模仿对二叉树遍历的方法来加以实现。如：输入的是一棵二叉树的标明了空子树的完整先序遍历序列，则可利用先序遍历方法先生成根结点，再用递归函数调用来实现左子树和右子树的建立。所谓标明了空子树的完整先序遍历序列就是在先序遍历序列中加入空子树信息。

核心算法描述源程序代码参考：

```
package lib.algorithm.chapter6.n01;

public class BiTreeNode {
    private Object data;
    private BiTreeNode lChild,rChild;

    public BiTreeNode() {
        this(null);
    }

    public BiTreeNode(Object data) {
        this(data,null,null);
    }

    public BiTreeNode (Object data, BiTreeNode lChild,BiTreeNode rChild){
        this.data=data;
        this.lChild = lChild;
        this.rChild = rChild;
    }

    public Object getData() {
        return data;
    }

    public void setData(Object data) {
        this.data = data;
    }

    public BiTreeNode getLchild() {
        return lChild;
    }

    public void setLchild(BiTreeNode lchild) {
        this.lChild = lchild;
    }
```

```
    public BiTreeNode getRchild() {
        return rChild;
    }

    public void setRchild(BiTreeNode rchild) {
        this.rChild = rchild;
    }
}


//二叉链式存储结构下的二叉树类
package lib.algorithm.chapter6.n01;

public class BiTree {
    private BiTreeNode root;// 树的根结点

    public BiTree() {// 构造一棵空树
        this.root = null;
    }

    public BiTree(BiTreeNode root) {// 构造一棵树
        this.root = root;
    }

    // 由标明空子树的先序遍历序列建立一棵二叉树
    private static int index = 0;// 用于记录 preStr 的索引值

    public BiTree(String preStr) {
        char c = preStr.charAt(index++);// 取出字符串索引为 index 的字符，且 index 增 1
        if (c != '#') {// 字符不为#
            root = new BiTreeNode(c);// 建立树的根结点
            root.setLchild(new BiTree(preStr).root);// 建立树的左子树
            root.setRchild(new BiTree(preStr).root);// 建立树的右子树
        } else
            root = null;
    }

    // 先序遍历二叉树基本操作的递归算法
    public void preRootTraverse(BiTreeNode T) {
        if (T != null) {
            System.out.print(T.getData()); // 访问根结点
```

```
            preRootTraverse(T.getLchild());// 访问左子树
            preRootTraverse(T.getRchild());// 访问右子树
        }
    }

    // 中序遍历二叉树基本操作的递归算法
    public void inRootTraverse(BiTreeNode T) {
        if (T != null) {
            inRootTraverse(T.getLchild());// 访问左子树
            System.out.print(T.getData()); // 访问根结点
            inRootTraverse(T.getRchild());// 访问右子树
        }
    }

    // 后序遍历二叉树基本操作的递归算法
    public void postRootTraverse(BiTreeNode T) {
        if (T != null) {
            postRootTraverse(T.getLchild());// 访问左子树
            postRootTraverse(T.getRchild());// 访问右子树
            System.out.print(T.getData()); // 访问根结点
        }
    }

    public BiTreeNode getRoot() {
        return root;
    }

    public void setRoot(BiTreeNode root) {
        this.root = root;
    }

}
//测试类
```

【算法 6.1　树的先序、中序、后序遍历算法实现】

```
package lib.algorithm.chapter6.n01;

import java.util.Scanner;

public class MainClass {
    public static void main(String[] args) {
        String preStr = "abc##d##e#f##";// 标明空子树的先序遍历序列
```

```
        BiTree T = new BiTree(preStr);
        Scanner sc=new Scanner(System.in);

        while(true){
            System.out.println(" 1--先序遍历      2--中序遍历      3--后序遍历      4--退出  ");
            System.out.print("请输入选择(1-4):");
            int i=sc.nextInt();
            switch(i){
                case 1:System.out.print("先序遍历为：   ");
                        T.preRootTraverse(T.getRoot());
                        System.out.println();break;
                case 2:System.out.print("中序遍历为：   ");
                        T.inRootTraverse(T.getRoot());
                        System.out.println();break;
                case 3:System.out.print("后序遍历为：   ");
                        T.postRootTraverse(T.getRoot());
                        System.out.println();break;
                case 4: System.out.println("程序已退出");
                    return;
            }
        }

    }
}
```

程序运行结果如下：

```
1--先序遍历      2--中序遍历      3--后序遍历      4--退出
请输入选择(1-4):1
先序遍历为：   abcdef
 1--先序遍历      2--中序遍历      3--后序遍历      4--退出
请输入选择(1-4):2
中序遍历为：   cbdaef
 1--先序遍历      2--中序遍历      3--后序遍历      4--退出
请输入选择(1-4):3
后序遍历为：   cdbfea
 1--先序遍历      2--中序遍历      3--后序遍历      4--退出
请输入选择(1-4):4
程序已退出
```

6.4　线索二叉树

按照一定规则遍历二叉树得到的是二叉树结点的一种线性次序，每个结点（除第一个和最后一个外）在这些线性序列中有且只有一个前驱结点和一个后继结点。

在链式存储结构的二叉树中，每个结点很容易到达其左、右孩子结点，而不能直接到达该结点在任意一个序列下的前驱或后继结点。当需要得到结点在一种线性序列中的前驱和后继结点信息时，解决的办法有以下两种：

1）再进行一次遍历，这需要花费很多执行时间，效率很低。

2）采用多重链表结构，即每个结点设立 5 个域，除原有的数据元素、指向左右孩子结点的链以外，再增加 2 个分别指向前驱结点和后继结点的链。当需要到达某结点的前驱或后继结点时，只要沿着结点的前驱链或者后继链前进即可。这种办法的缺点是存储密度太低，浪费空间太多。

实际应用中上述两种方法都不太好，而采用下面介绍的线索树结构，能够很好的解决直接访问前驱结点和后继结点的问题。

6.4.1 线索二叉树的定义

1. 定义线索二叉树

在链式存储结构的二叉树中，若结点的子树为空，则指向孩子的链就为空值。因此，具有 n 个结点的二叉树，在总共 2n 个链中，只需要 n-1 个链来指明各结点间的关系，其余 n+1 个链均为空值。如果利用这些空链来指明结点在某种遍历次序下的前驱和后继结点，就构成线索二叉树。指向前驱或者后继结点的链称为线索。对二叉树以某种次序进行遍历并加上线索的过程称为线索化。按先（中、后）序次序进行线索化的二叉树称为先（中、后）线序二叉树。

线索二叉树中，原非空的链保持不变，仍然指向该结点的左、右孩子结点。使用原先空的 left 链指向该结点的前驱结点，原先空的 right 链指向后继结点。为了区别每条链到底是指向孩子结点还是线索，需要在每个结点增加设置两个状态位 ltag 和 rtag，用来标记链的状态。ltag 与 rtag 定义如下：

ltag=0　left 指向左孩子

ltag=1　left 为线索，指向前驱结点

rtag=0　right 指向右孩子

rtag=1　right 为线索，指向后继结点

因此，每个结点就由 5 个域构成：date，left，right，ltag 和 rtag。

图 6-12 是中序线索二叉树，图 6-13 给出中序线索二叉树及其链式结构，图中的虚线表现线索。G 的前驱是 B，后继是 E。D 没有前驱，C 没有后继，相应的链为空，此时约定 ltag=1 或 rtag=1。因此，在线索二叉树中可以直接找到结点的前驱或后继结点。

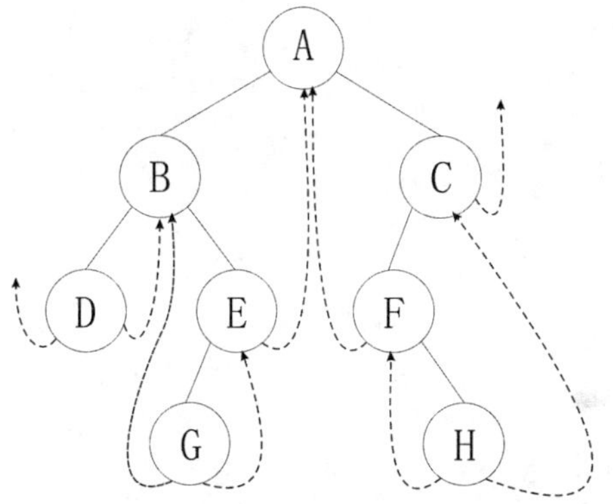

图 6-12　中序线索二叉树

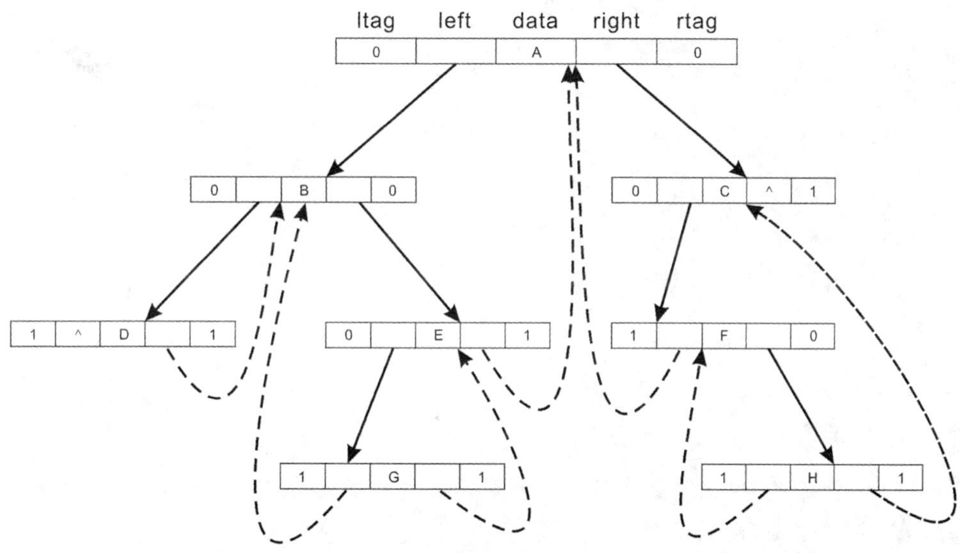

图 6-13　中序线索二叉树的链式结构

2. 声明线索二叉树的结点类

下面声明的 ThreadTreeNode 类表示线索二叉树结点结构，它也是自引用的类，比二叉树结点结构 TreeNode 类多了两个标记：ltag 和 rtag。

```
package lib.algorithm.chapter6.n02;

public class ThreadTreeNode //线索二叉树的结点类
{
    private String data;
    private ThreadTreeNode lChild;
    private ThreadTreeNode rChild;
    private int ltag;           //左线索标志
```

```
private int rtag;              //右线索标志
private ThreadTreeNode front = null;      //中序下的前驱结点的引用
private String inStr;

public ThreadTreeNode()                //构造空结点
{
    this("");
}

public ThreadTreeNode(String d)    //构造有值结点
{
    this.data = d;
    this.lChild = null;
    this.rChild = null;
    this.ltag = 0;
    this.rtag = 0;
}

public String getData() {
    return data;
}

public void setData(String data) {
    this.data = data;
}

public ThreadTreeNode getlChild() {
    return lChild;
}

public void setlChild(ThreadTreeNode lChild) {
    this.lChild = lChild;
}

public ThreadTreeNode getrChild() {
    return rChild;
}

public void setrChild(ThreadTreeNode rChild) {
    this.rChild = rChild;
}
```

```
public int getLtag() {
    return ltag;
}

public void setLtag(int ltag) {
    this.ltag = ltag;
}

public int getRtag() {
    return rtag;
}

public void setRtag(int rtag) {
    this.rtag = rtag;
}

public ThreadTreeNode getFront() {
    return front;
}

public void setFront(ThreadTreeNode front) {
    this.front = front;
}

public void inThreadTreeNode(ThreadTreeNode p)
{                       //中序线索化以 p 结点为根的子树
    if(p!=null)
    {
        inThreadTreeNode(p.lChild);     //中序线索化 p 的左子树
        if(p.lChild == null)         //p 的左子树为空时
        {                   //设置 p.left 为指向 front 的线索
            p.ltag = 1;
            p.lChild = front;
        }
        if(p.rChild == null)         //p 的右子树为空时
            p.rtag = 1;          //设置 p.right 为线索的标志
        if(front != null && front.rtag == 1)
            front.rChild = p;            //设置 front.right 为指向 p 的线索

        if(front != null)                //显示中间结果
            inStr = inStr+"front=" + front.data + "\t";
        else
```

```
            inStr = inStr + "front=null";
        inStr = inStr+ "p=" + p.data + "\r\n";
        front = p;
        inThreadTreeNode(p.rChild);    //中序线索化 p 的右子树
    }
}

public ThreadTreeNode inNext(ThreadTreeNode p){//返回中根次序下的后继结点
    if(p.rtag == 1){                //右子树为空时
        p = p.rChild;               //right 就是指向后继结点的线索
    }else{                          //右子树非空时
        p = p.rChild;               //进入右子树
        while(p.ltag == 0){         //找到最左边的子孙结点
            p = p.lChild;
        }
    }

    return p;
}
}
```

虽然 ThreadTreeNode 类和 TreeNode 类很相似，都有 data、left 和 right 成员变量，都是自引用的类。但 ThreadTreeNode 类不能继承 TreeNode 类，否则，继承来的成员变量 left 和 right 指向的是超类，而不是引用自己的类，将引起混淆。

3．声明线索二叉树类

下面声明的 Thread 类表示线索二叉树。

```
package com.yw.wuruan.tree;

package lib.algorithm.chapter6.n02;

public class ThreadTree    //中序线索二叉树
{
    protected ThreadTreeNode root;
    public ThreadTree()    //构造空二叉树
    {
        root = null;
    }

    public ThreadTreeNode getRoot() {
        return root;
    }
```

```
    public void setRoot(ThreadTreeNode root) {
        this.root = root;
    }

    //以标明空子树的先根次序构造二叉树，略
    public ThreadTree(String preStr)
    {
        int index = 0;
        char c = preStr.charAt(index++);// 取出字符串索引为 index 的字符，且 index 增 1
        if (c != '#') {// 字符不为#
            root = new ThreadTreeNode(c + "");// 建立树的根结点
            root.setlChild(new ThreadTree(preStr).getRoot());// 建立树的左子树
            root.setrChild(new ThreadTree(preStr).getRoot());// 建立树的右子树
        } else
            root = null;
    }

    public void inOrderThread()              //中序线索化二叉树
    {
        root.setFront(null);
        root.inThreadTreeNode(root);
    }
}
```

6.4.2　中序线索二叉树

1. 二叉树的中序线索化

对二叉树进行中线序索化的递归算法描述如下：

设 root 指向一棵二叉树的根结点，p 指向某个结点，front 指向 p 的前驱结点。front 的初值为空（null）。p 从根 root 开始，当 p 非空时，执行以下操作：

（1）中序线索化 p 结点的左子树

如果 p 的左子树为空，设置 p 的 left 链为指向前驱结点 front 的线索，p.ltag 标记为 1。

如果 p 的右子树为空，设置前驱结点 front 的 right 链为指向 p 的线索，p.rtag 标记为 1。使 front 指向结点 p。

（2）中序线索化 p 结点的右子树

中序线索化二叉树的过程如图 6-14 所示。

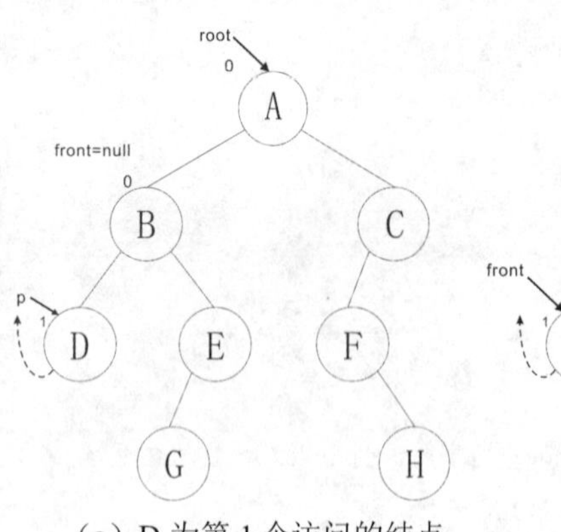

（a）D 为第 1 个访问的结点

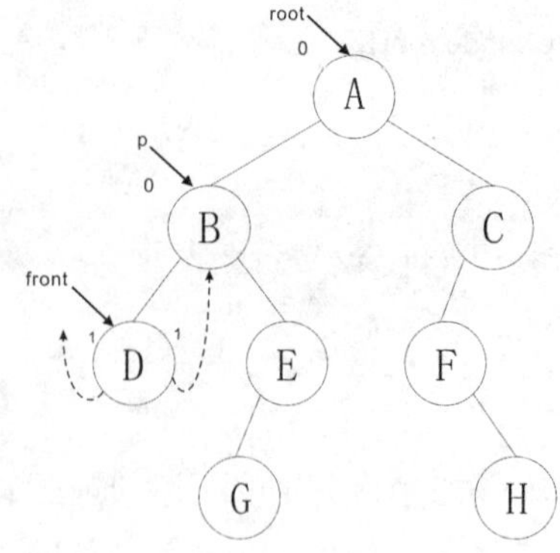

（b）B 为第 2 个访问的结点

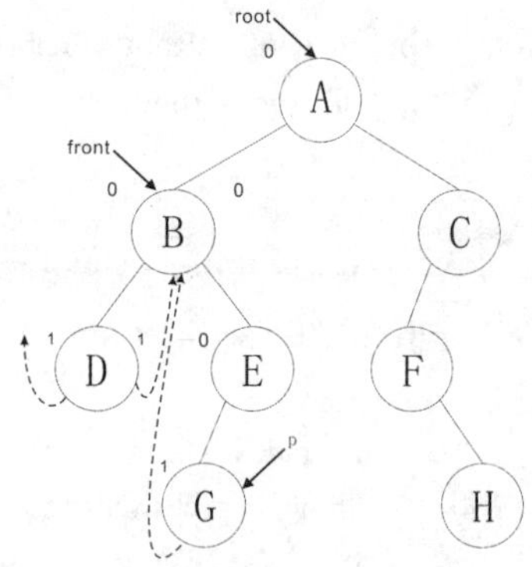

（c）G 为第 3 个访问的结点

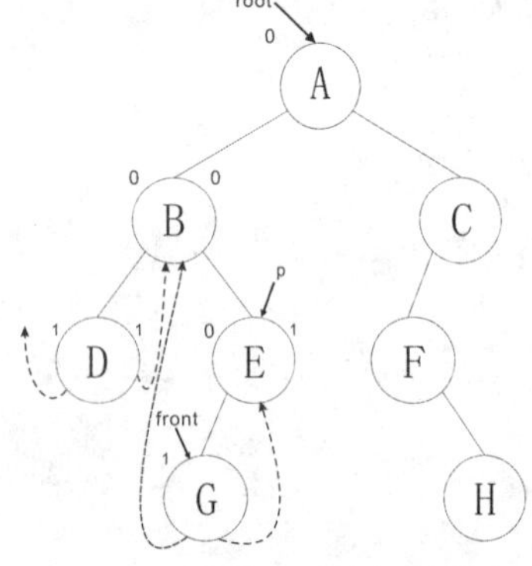

（d）E 为第 4 个访问的结点

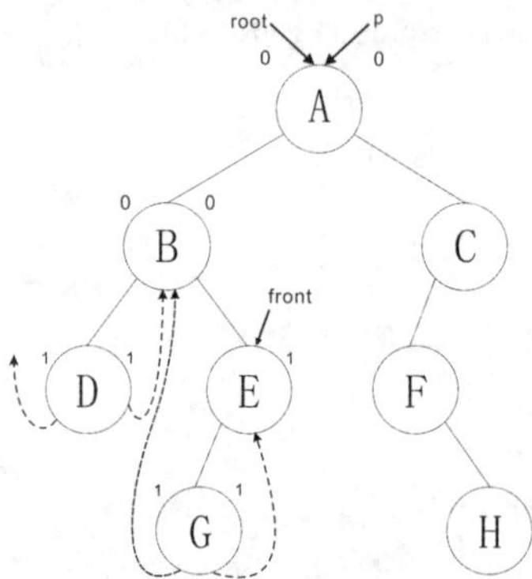

（e）A 为第 5 个访问的结点

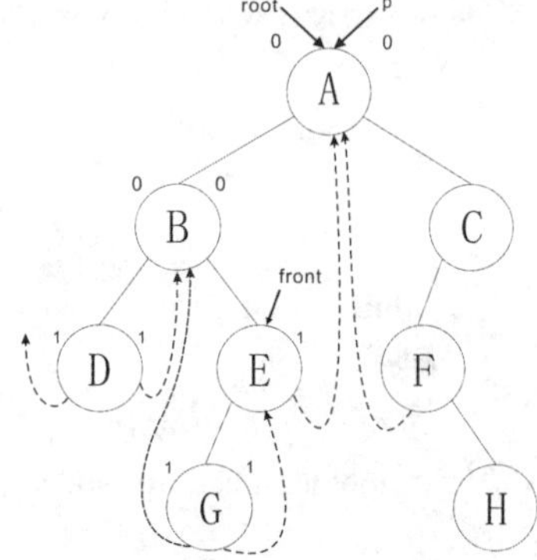

（f）F 为第 6 个访问的结点

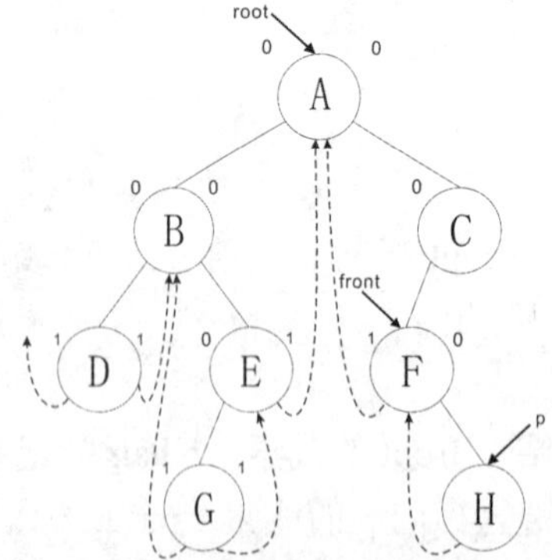

（g）H 为第 7 个访问的结点

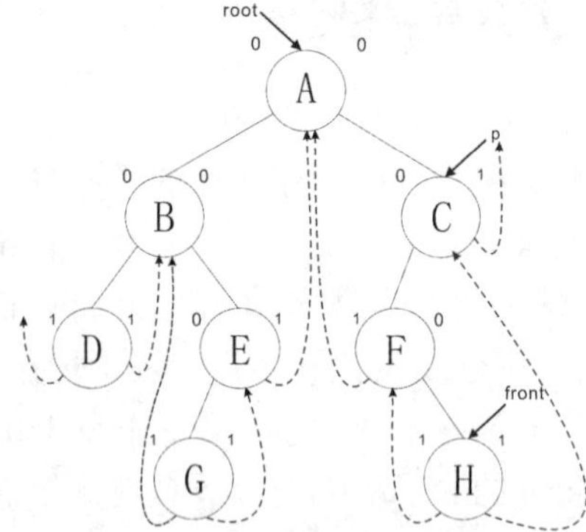

（h）C 为第 8 个访问的结点

图 6-14　中序线索化二叉树的过程

在线索二叉树 TreadTreeNode 类中，增加以下方法对二叉树进行中序线索化。

```
protected ThreadTreeNode front = null;      //中序下的前驱结点的引用
```

```
public void inThreadTreeNode(ThreadTreeNode p){    //中序线索化以 p 结点为根的子树
        if(p != null){
            inThreadTreeNode(p.lChild);      //中序线索化 p 的左子树
            if(p.lChild == null){            //p 的左子树为空时
                //设置 p.left 为指向 front 的线索
                p.ltag = 1;
                p.lChild = front;
            }
            if(p.rChild == null){            //p 的右子树为空时
                p.rtag = 1;                  //设置 p.right 为线索的标志
            }
            if(front != null && front.rtag == 1){
                front.rChild = p;            //设置 front.right 为指向 p 的线索
            }

            if(front != null){               //显示中间结果
                inStr = inStr + "front=" + front.data + "\t";
            }else{
                inStr = inStr + "front=null";
            }

            inStr = inStr + " p=" + p.data + "\r\n";
            front=p;
            inThreadTreeNode(p.rChild);      //中序线索化 p 的右子树
        }
    }

    public void inOrderThread()              //中序线索化二叉树
    {
        front=null;
        inThreadTreeNode(this);
    }
```

2. 中序次序遍历中序线索二叉树

在中序线索二叉树中，容易查到某结点在中序次序下的前驱或者后继结点，而不必遍历整棵二叉树。

（1）查找中序次序下的前驱或者后继结点

已知按中序次序遍历二叉树的规则：遍历左子树，访问根结点，遍历右子树。

下面以图 6-14 的中序线索二叉树为例，说明查找中序次序下的前驱或者后继结点的过程。

查找前驱结点的过程描述如下：

如果结点的左子树为空（如 G），则 G 的 left 链指向其前驱结点（B）。

如果结点的左子树为非空（如 A），则 A 的前驱结点是 A 左子树上最后一个中序访问的结点（E）。或者说，E 是 A 左孩子 B 的最右边的子孙结点。

查找后继结点的过程描述如下：

如果结点的右子树为空（如 G），则 G 的 right 链指向 G 的后继结点（B）。

如果结点的右子树为非空（如 A），则 A 的前驱结点是 A 左子树上最后一个中序访问的结点（F）。或者说，F 是 A 右孩子 C 的最左边的子孙结点。

在线索二叉树 ThreadTreeNode 类中，增加 inNext（）方法，以查找结点 p 在中序次序下的后继结点。

```
public ThreadTreeNode inNext(ThreadTreeNode p)
{                               //返回中根次序下的后继结点
    if(p.rtag==1)               //右子树为空时
        p=p.right;              //right 就是指向后继结点的线索
    else                        //右子树非空时
    {
        p=p.right;              //进入右子树
        while(p.ltag==0)        //找到最左边的子孙结点
            p=p.left;
    }
    return p;
}
```

（2）中序次序遍历

以中序次序遍历中序线索二叉树的非递归算法描述如下：

寻找第一个访问结点，它是跟（A）的左子树上（B）最左边的子孙结点（D），由 p 指向 D。

访问 p 结点，之后再找到 p 的后继结点。

重复执行上一步，就可以遍历整棵二叉树。

在线索二叉树 ThreadTreeNode 类中，增加 inOrderTraverse（）方法，调用 inNext（）方法在中序线索二叉树中实现中序次序遍历。

```
public void inOrderTraverse()          //中序次序遍历中序线索二叉树
{
    ThreadTreeNode p = root;
    if(p!=null)
    {
        System.out.print("中序次序：    ");
        while(p.ltag==0)
            p=p.left;    //找到根的最左边子孙结点
        do
        {
            System.out.print(p.data+" ");
            p=inNext(p);    //返回 p 的后继结点
```

```
        } while(p!=null);
        System.out.println();
    }
}
```

【算法 6.2　中序线索二叉树的线索化与中序遍历】

```
package lib.algorithm.chapter6.n02;

public class MainClass {
    public static void main(String[] args) {
        ThreadTree threadTree = new ThreadTree("124#7###35##67###");
        System.out.println(threadTree.inOrderThread());
    }
}
```

程序运行结果如下：

```
front=null   p=4
front=4      p=7
front=7      p=2
front=2      p=1
front=1      p=5
front=5      p=3
front=3      p=7
front=7      p=6
```

本算法将建立一棵中序线索二叉树的功能分两步进行：先建一棵链式存储的二叉树，再线索化。请事先用另一种建立中序线索二叉树的方法，在建立链式二叉树的同时进行线索化。

在中序线索二叉树中，不但可以很方便地查找中序次序下的前驱和后继结点，还可以查找先序、后序次序下的前驱和后继结点。因此，以先序和后序次序能够遍历中序线索二叉树。

6.5　二叉排序树

所谓排序是指把一组无序的数据元素按指定的关键字值重新组织起来，形成一个有序的线性序列。二叉排序树是一种特殊结构的二叉树，它利用二叉树的结构特点实现排序。

6.5.1　二叉排序树的定义

二叉排序树或者是空树，或者是具有下述性质的二叉树：

1）若其左子树非空，则其左子树上的所有结点的数据值均小于根结点的数据值；若其右子树非空，则其右子树上所有结点的数据值均大于或等于根结点的数据值。

2）左子树和右子树又各是一棵二叉排序树。

如图 6-15 所示就是一棵二叉排序树。对上图中的二叉排序树进行中序遍历，会发现{3，5，5，8，9，10，12，14，15，17，20}是一个递增的有序序列。为使一个任意序列变成一个有序序列，可以通过将这些序列构成一棵二叉排序树来实现。

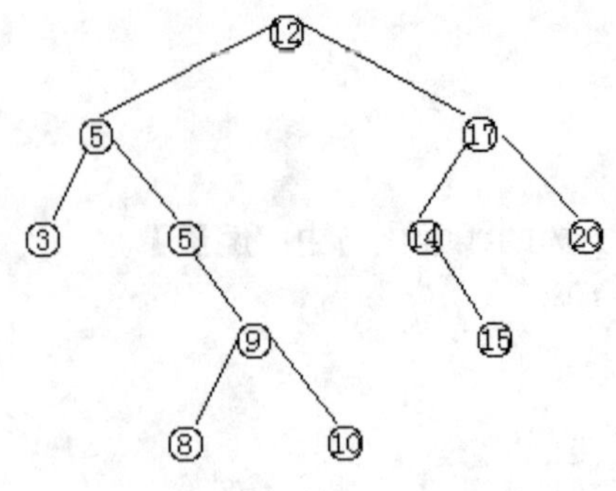

图 6-15　二叉排序树

6.5.2　二叉排序树的生成

生成二叉排序树的过程是将一系列结点连续插入的过程。对任意一组数据元素序列{R1, R2 ,⋯, Rn}，生成一棵二叉排序树的过程为：

1）令 R1 为二叉树的根。

2）若 R2<R1，令 R2 为 R1 左子树的根结点，否则 R2 为 R1 的右子树的根结点。

3）R3，⋯，Rn 结点的插入方法同上。

图 6-16 所示为将序列{12，5，17，3，5，14，20，9，15，8，10}构成一棵二叉排序树的过程。

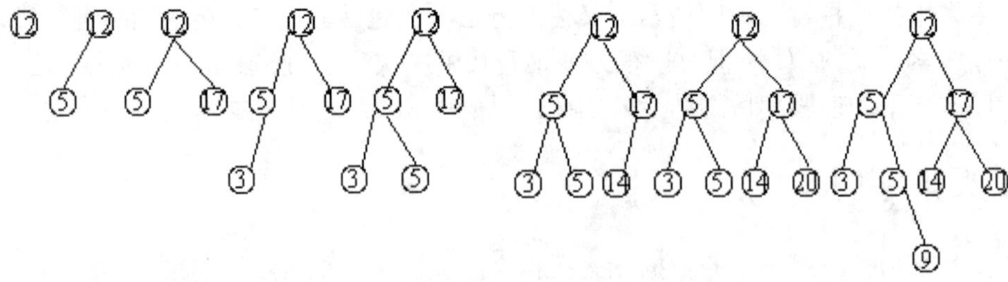

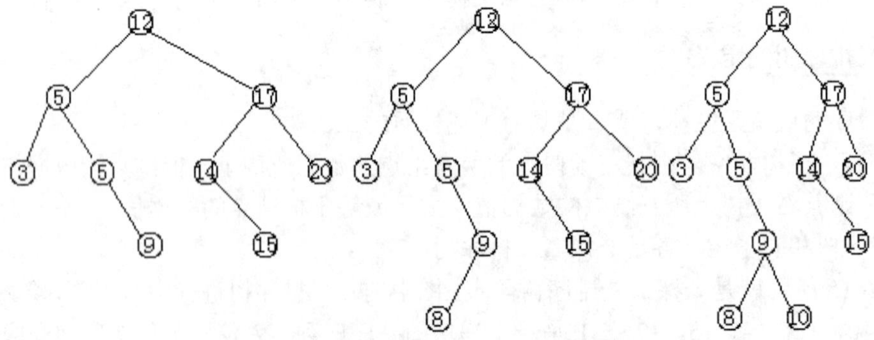

图 6-16　将序列构成一棵二叉排序树的过程

由以上插入过程可以看出，每次插入的新结点都是二叉排序树的叶子结点，在插入操作中不必移动其他结点。这一特性可以用于需要经常插入和删除的有序表的场合。

6.5.3 删除二叉排序树上的结点

从二叉排序树上删除一个结点，要求还能保持二叉排序树的特征，即删除一个结点后的二叉排序树仍是一棵二叉排序树。

算法思想：

根据被删除结点在二叉排序树中的位置，删除操作应按以下四种不同情况分别处理：

1）被删除结点是叶子结点，只需修改其双亲结点的指针，令其 lch 或 rch 域为 NULL。

2）被删除结点 P 有一个儿子，即只有左子树或右子树时，应将其左子树或右子树直接成为其双亲结点 F 的左子树或右子树即可。如图 6-17（a）所示。

3）若被删除结点 P 的左、右子树均非空，这时要循 P 结点左子树根结点 C 的右子树分支找到结点 S，S 结点的右子树为空。然后将 S 的左子树成为 Q 结点的右子树，将 S 结点取代被删除的 P 结点。图 6-17（b）所示为删除前的情况，图 6-17（c）所示为删除 P 后的情况。

4）若被删除结点为二叉排序树的根结点，则 S 结点成为根结点。

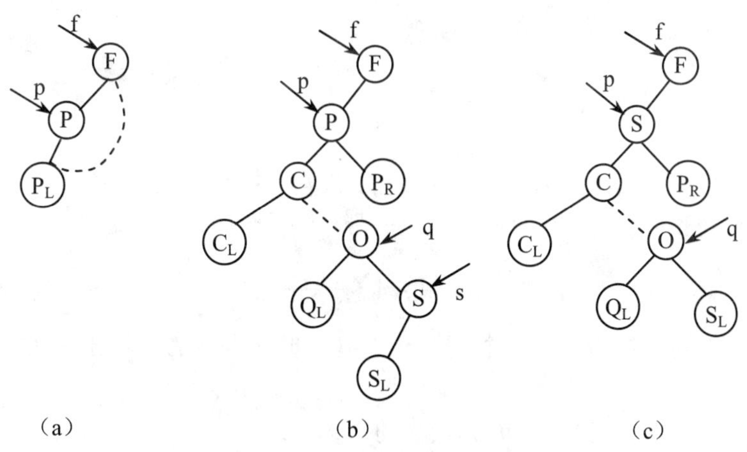

图 6-17　删除排序二叉树结点示意图

6.6 哈夫曼树和哈夫曼算法

哈夫曼树（Huffman）又称最优树，是一类带权路径最短的树，这种树有着广泛的应用。

6.6.1 哈夫曼树的定义

首先介绍与哈夫曼树有关的一些术语。

路径长度：树中一个结点到另一个结点之间分支构成这两个结点之间的路径，路径上的分支数目称为这对结点之间的路径长度。

树的路径长度：树的根结点到树中每一结点的路径长度之和。如果用 PL 表示路径长度，则图 6-18 所示的（a）、（b）两棵二叉树的路径长度分别为：

图 6-18（a）：PL=0+1+2+2+3+4+5=17。

图 6-18（b）：PL=0+1+1+2+2+2+2+3=13。

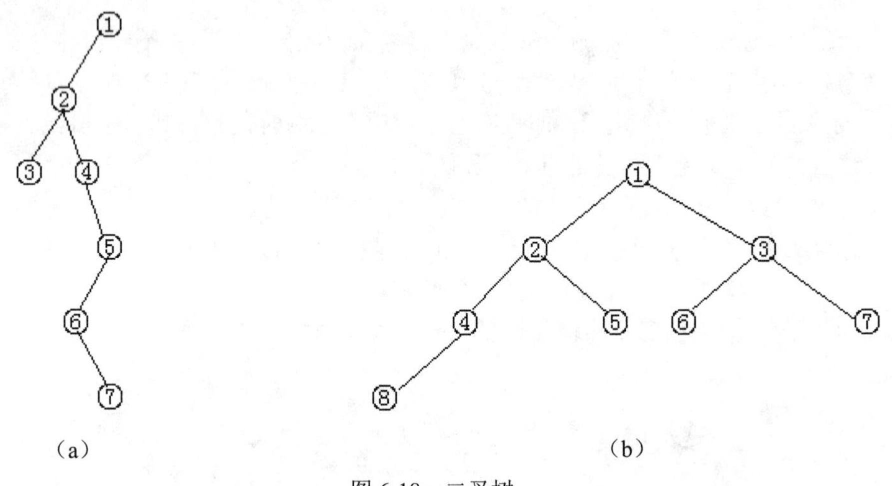

图 6-18　二叉树

带权路径长度：从根结点到某结点的路径长度与该结点上权的乘积。

树的带权路径长度：树中所有叶子结点的带权路径长度之和，记作：

$$WPL=\sum_{k=1}^{n} W_K L_K$$

其中 n 为二叉树中叶子结点的个数，W_k 为树中叶结点 k 的权，L_k 为从树结点到叶结点 k 路径长度。

哈夫曼树（最优二叉树）：WPL 为最小的二叉树。

如图 6-19 所示，三棵二叉树，都有 4 个叶子结点 a、b、c、d，分别带权 9，5，2，3，它们的带权路径长度分别为：

图 6-19（a）：WPL=9*2+5*2+2*2+3*2=38

图 6-19（b）：WPL=3*2+9*3+5*3+2*1=50

图 6-19（c）：WPL=9*1+5*2+2*3+3*3=34

其中（c）最小。路径长度最短的二叉树，其带权路径长度不一定最短；结点权值越大离根越近的二叉树是带权路径最短的二叉树。

可以验证，（c）为哈夫曼树。

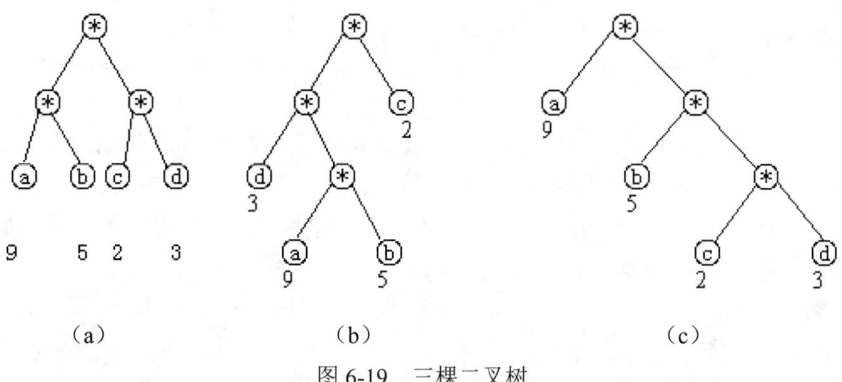

图 6-19　三棵二叉树

6.6.2　构造哈夫曼树——哈夫曼算法

如何由已知的 n 个带权叶子结点构造出哈夫曼树呢？哈夫曼最早给出了一个带有一般规律的算法，俗称哈夫曼算法，现介绍如下：

1）初始化。根据给定的 n 个权值{W1，W2，…，Wn}构成 n 棵二叉树的集合 F={T1,T2,… ,Tn}，其中每棵二叉树中只有一个带权为 Wi 的根结点，如图 6-20（a）所示。

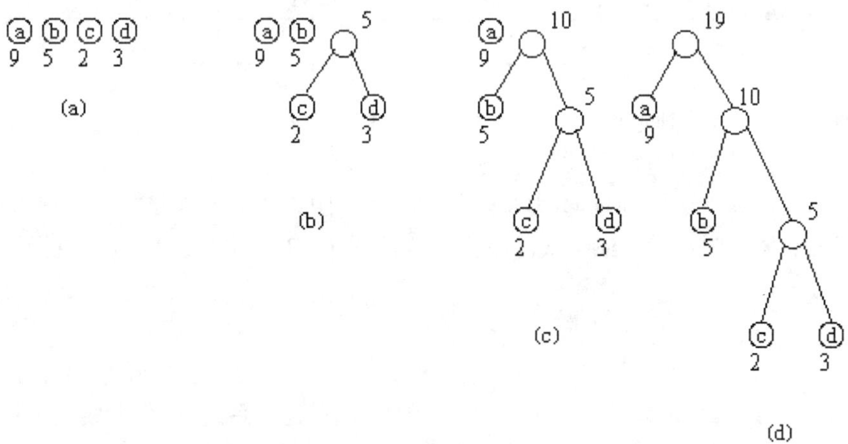

图 6-20　构造哈夫曼树

2）选取与合并。在 F 中选择两棵根结点最小的树作为左、右子树构造一棵新的二叉树，且置新的二叉树的根结点的权值为其左、右子树上根结点的权值之和，如图 6-20（b）所示。

3）删除与加入。将新的二叉树加入 F 中，去除原来两棵根结点权值最小的树。

4）重复 2）和 3）步直到 F 中只含有一棵树为止，这棵树就是哈夫曼树。如图 6-20（d）所示。

6.6.3 哈夫曼树的应用

1. 判定问题

在解决某些判定问题时，利用哈夫曼树可以得到最佳判定算法。例如，要编制一个将学生百分成绩按分数段转换成五分制的程序，其中 90 分以上为‘A’，80 至 89 分为‘B’，70 至 79 分为‘C’，60 至 69 分为‘D’，0 至 59 分为‘E’。假定理想状况为学生各分数段成绩分布均匀，利用条件语句可以简单地实现算法，例如：

```
if (a<60) level="E";
    else if (a<70) level ="D"
        else if (a<80) level ="C"
            else if (a<90) level =" B"
                else level =" A";
```

这个判定过程可以用图 6-21（a）中所示的判定树来表示。如果需要转换在数据量很大，程序需要多次反复执行，则需要考虑上述程序执行的效率问题。因为实际情况中，学生各分数段成绩分布是不均匀的。假设其分布关系如表 6-1 所示。

表 6-1　学生分数段表

分数段	0-59	60-69	70-79	80-89	90-100
比例（%）	5	15	40	30	10

图 6-21（b）所示的判定过程，它使得大部分数据经过较少的比较次数就能得到结果。由于该方法的每个判定框都有两次比较，将这两次比较分开，可得到如图 6-21（c）所示的判定树。按此判定树可写出最优判定的程序。假设现在有 10,000 个输入数据，若按图 6-21（a）进行判定过程，总共要进行 31,500 次比较，而若按图 6-19（c）所示的过程进行计算，则仅需 22,000 次比较。

2. 哈夫曼编码

电报是远距离快速通讯的有效手段，它的通讯原理是：将需要传送的文字转换成二进制编码 0、1 组成的字符串，即编码，并传送出去；接收方收到一系列 0、1 组成的字符串后，把它还原成文字，即为译码。

例如，需传送的电文为“ACDACAB”，其间只用到了四个字符，则只需两个字符的串便足以分辨。令“A，B，C，D”的编码分别为 00，01，10，11，则电文的二进制代码串为：00101100100001，总码长 14 位。接收方按两位一组进行分割，便可译码。

但是，在传送电文时，总希望总码长尽可能的短。如果对每个字符设计长度不等的编码，且让电文中出现频率较高的字符采用尽可能短的编码，则传送电文的总长便可减少。上例电文中 A 和 C 出现的次数较多，我们可以再设计一套编码方案，即 A，B，C，D 的编码分别为 0，01，1，11，此时电文“ACDACAB”的二进制代码串为：011101001，总码长为 9 位，显然是缩短了。

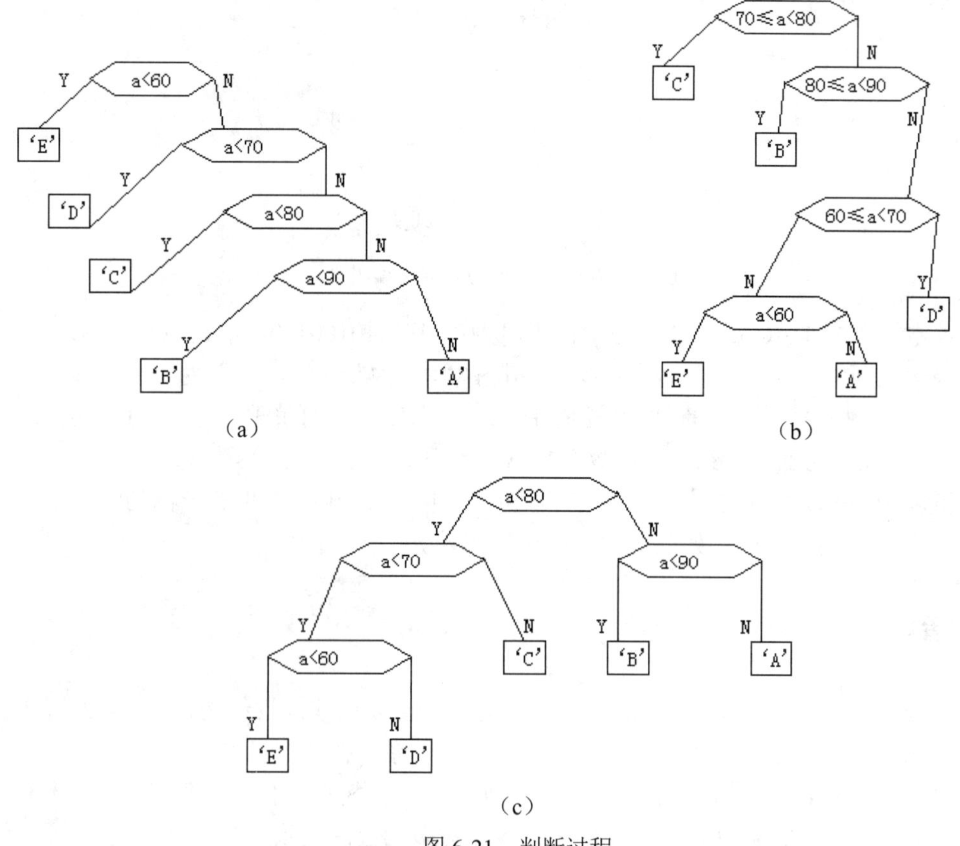

图 6-21 判断过程

然而这样的编码传输给对方以后，接收方将无法进行译码。比如代码串中的“01”是代表B还是代表AC呢？因此，若要设计长度不等的编码，必须是任一个字符的编码都不是另一个字符的编码的前缀，这种编码称为**前缀编码**。电话号码就是前缀码，例如110是报警电话的号码，其他的电话号码就不能以110开头了。

利用哈夫曼树，不仅能构造出前缀码，而且还能使电文编码的总长度最短。方法如下：假定电文中共使用了n种字符，每种字符在电文中出现的次数为Wi（i=1～n）。以Wi作为哈夫曼树叶子结点的权值，用我们前面所介绍的哈夫曼算法构造出哈夫曼树，然后将每个结点的左分支标上“0”，右分支标上“1”，则从根结点到代表该字符的叶子结点之间，沿途路径上的分支号组成的代码串就是该字符的编码。

例如，在电文“ACDACAB”中，A，B，C，D四个字符出现的次数分别为3，1，2，1，我们构造一棵以A，B，C，D为叶子结点，且其权值分别为3，1，2，1的哈夫曼树，按上述方法对分支进行标号，如图6-22所示，则可得到A，B，C，D的前缀码分别为0，110，10，111。

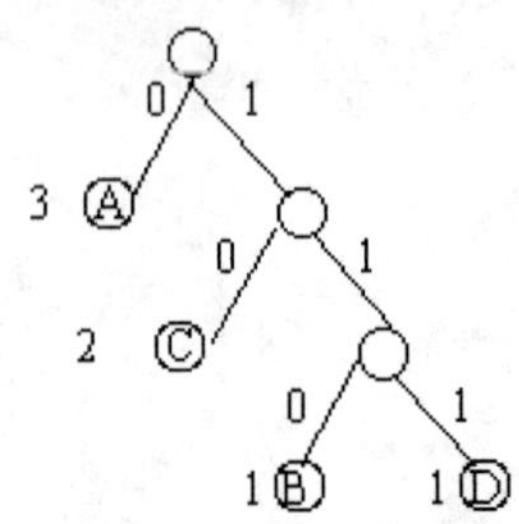

图 6-22　哈夫曼树与哈夫曼编码

此时，电文“ACDACAB”的二进制代码串为：0101110100110。译码也是根据图 6-22 所示的哈夫曼树实现的。从根结点出发，按代码串中“0”为左子树，“1”为右子树的规则，直到叶子结点。路径扫描到的二进制位串就是叶子结点对应的字符的编码。例如对上述二进制代码串译码：0 为左子树的叶子结点 A，故 0 是 A 的编码；接着 1 为右子树，0 为左子树到叶子结点 C，所以 10 是 C 的编码；接着 1 是右子树，1 继续右子树，1 再右子树到叶子结点 D，所以 111 是 D 的编码；……，如此继续，即可正确译码。

本章小结

本章主要介绍了树和二叉树的基本概念。树是一种重要的非线性结构，类似自然界中一棵“倒立”的树，它反映了现实生活中的一种分支层次关系，在计算机科学中有着广泛的应用。

树是由根节点和若干子树组成，这是一个递归定义。在树型结构中，每个元素最多有一个前驱，可以有多个后继；数据元素之间的关系为一对多的层次关系，其中以二叉树最为常用。二叉树的存储结构有顺序存储和链式存储两种结构。二叉树的顺序存储结构用数组来存储二叉树，常用于完全二叉树的存储。二叉树的链式存储用链表来存储二叉树，每个结点有三个域，分别用于存放结点数据元素，结点左孩子的位置，结点右孩子的位置。

二叉树的遍历是按照一定规则和次序访问二叉树的所有结点，并且每个结点仅被访问一次。二叉树遍历的结果得到一个线性序列，遍历把非线性结构转换成线性结构。根据根结点和左右子树访问的次序，可以分为先序遍历、中序遍历、后序遍历和层次遍历。同时，分别讲解了前三种遍历的递归算法。

线索化二叉树，即可方便的访问结点的左右子树，也可以迅速找到结点的前驱和后继。在线索化二叉树创建的过程中，我们对链式存储的二叉树结构进行了调整，增加了两个标记变量。

排序是把一组无序的数据元素按照某个关键字的值排列起来，得到一组有序的序列。通常采取二叉链表作为二叉排序树的存储结构。中序遍历二叉排序树可得到一个关键字的有序序列，一个无序序列可以通过构造一棵二叉排序树变成一个有序序列，构造树的过程即为对无序序列进行排序的过程。

哈夫曼树是带权路径长度最短的树，权值较大的结点离根较近。本章重点讲解了哈夫曼树的构造和哈夫曼树的应用。

上机实训

1．假设一个仅包含二元运算符的算术表达式以链表形式存储在二叉树 BT 中，写出计算该算术表达式值的算法。

2．给出算法将二叉树表示的表达式二叉树按中缀表达式输出，并加上相应的括号。

3．有 n 个结点的完全二叉树存放在一维数组 A[1..n]中，试据此建立一棵用二叉链表表示的二叉树，根由 Tree 指向。

4．已知深度为 h 的二叉树采用顺序存储结构已存放于数组 BT[1:2^h-1]中，请写一非递归算法，产生该二叉树的二叉链表结构。设二叉链表中链结点的构造为(lchild,data,rchild),根结点所在链结点的指针由 T 给出。

5．以孩子兄弟链表为存储结构，请设计递归和非递归算法求树的深度。

6．已知一棵二叉树的中序序列和后序序列，写一个建立该二叉树的二叉链表存储结构的算法。

7. 设 T 是一棵满二叉树，编写一个将 T 的先序遍历序列转换为后序遍历序列的递归算法。

习题

1．若一棵完全二叉树中叶子结点的个数为 n，且最底层结点数≧2，则此二叉树的深度H=？。

2．已知完全二叉树有 30 个结点，则整个二叉树有多少个度为 0 的结点？

3．试求有 n 个叶结点的非满的完全二叉树的高度。

4．有 n 个结点并且其高度为 n 的二叉树的数目是多少?

5．给定 K(K>=1)，对一棵含有 N 个结点的 K 叉树（N＞0），请讨论其可能的最大高度和最小高度。

6．高度为 10 的二叉树，其结点最多可能为多少？

7．设有一棵算术表达式树，用什么方法可以对该树所表示的表达式求值？

8．证明任一结点个数为 n 的二叉树的高度至少为 O(logn)。

9．一棵共有 n 个结点的树，其中所有分支结点的度均为 K，求该树中叶子结点的个数？

10．设二叉树 T 中有 n 个顶点，其编号为 1，2，3，…，n，若编号满足如下性质：

（1）T 中任一顶点 v 的编号等于左子树中最小编号减 1。

（2）对 T 中任一顶点 v,其右子树中最小编号等于其左子树中的最大编号加 1。试说明对二叉树中顶点编号的规则（按何种顺序编号）。

7 图的基本知识

本章学习目标：

图（Graph）是一种较线性表和树更为复杂的非线性结构。在线性结构中，结点之间的关系是线性关系，除开始结点和终端结点外，每个结点只有一个直接前驱和直接后继。在树形结构中，除根结点外，每个结点可以有零个或多个孩子，但只能有一个双亲。然而在图结构中，结点（图中常称为顶点）之间关联的关系没有限定，即结点之间的关系是任意的，图中任意两个结点之间都可以相邻。

本章主要讨论图的类型定义、图的各种存储结构及其构造方法、图的两种遍历算法以及最小生成树和最短路径问题。图的应用极为广泛，而且图的各种应用问题的算法都比较经典。

7.1 图的基本知识

7.1.1 图的定义

在日常生活中，有很多以图的方式来描述信息的，比如交通图（顶点：地点，边：连接地点的公路）、电路图（顶点：元件，边：连接元件之间的线路）、各种流程图如产品的生产流程图（顶点：工序，边：各道工序之间的顺序关系）。图 7-1 所示为一组地铁线路图。

图（Graph）：是由顶点的有穷非空集合和顶点之间边的集合组成。图 G 由两个集合 V（顶点 Vertex）和 E（边 Edge）构成，记作 G=<V,E>，其中，G 表示一个图，V 是图 G 中顶点的集合，E 是图 G 中顶点之间边的集合。一个图 G 记为：

$$G=(V,E)$$

图 7-1　地铁线路图示例

7.1.2　图的相关术语

1．无向图

无向图（Undigraph）：在图 G 中，若所有顶点的关系都是无方向的，则称 G 为无向图。无向图中的边均是顶点的无序对，无序对通常用圆括号括起来。因此，无序对(vi，vj)和(vj，vi)表示同一条边。

例如，图 7-2（a）中的 G_1，G_1=(V，E)，它们的顶点集和边集分别为：

$V(G)=\{V_1,V_2,V_3,V_4,V_5\}$

$E(G)=\{(V_1,V_2),(V_1,V_3),(V_2,V_4),(V_2,V_5),(V_3,V_5),(V_4,V_5)\}$

（a）无向图 G_1　　（b）有向图 G_2

图 7-2　图的示例

2．有向图

有向图（Digraph）：在图 G 中，若所有顶点的关系都是有方向的，则称 G 为有向图。在有向图中，一条有向边是由两个顶点组成的有序对，有序对通常用尖括号表示。因此，<v_i，v_j>表示一条有向边，v_i是边的始点（起点），v_j是边的终点。<v_i，v_j>和<v_j，v_i>是两条不同的有向边。

例如，图 7-2（b）中的 G_2，G_2=(V,E)，它们的顶点集和边集分别为：

$V(G)=\{V_1,V_2,V_3,V_4\}$

$E(G)=\{<V_1,V_2>,<V_1,V_3>,<V_3,V_4>,<V_4,V_1>\}$

3. 无向完全图和有向完全图

1）**无向完全图**：任意两顶点间都有边的图称为无向完全图。在一个含有 n 个顶点的无向完全图中，有 n(n-1)/2 条边。

2）**有向完全图**：任意两顶点之间都有方向互为相反的两条边相连接的有向图称为有向完全图。在一个含有 n 个顶点的有向完全图中，有 n(n-1)条边。

无向完全图 G_3 和有向完全图 G_4 分别如图 7-3（a）和图 7-3（b）所示。

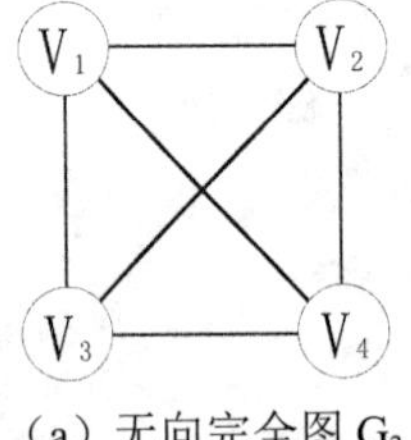

（a）无向完全图 G_3

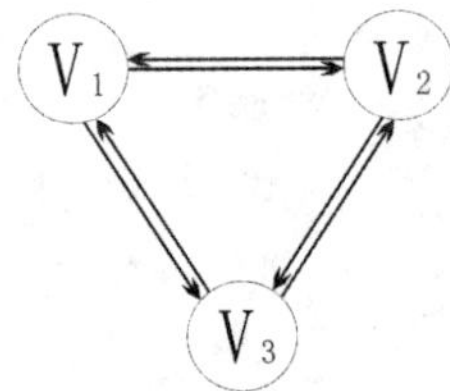

（b）有向完全图 G_4

图 7-3 完全图

4. 结点的度

1）**顶点的度**：在无向图中，顶点 v 的度是指依附于该顶点的边数，通常记为 TD (v)。

2）**顶点的入度**：在有向图中，顶点 v 的入度是指以该顶点为弧头的弧的数目，记为 ID (v)。

3）**顶点的出度**：在有向图中，顶点 v 的出度是指以该顶点为弧尾的弧的数目，记为 OD (v)。

顶点 v 的度则定义为该顶点的入度和出度之和，即 TD(v)=ID(v)+OD(v)。

例如，图 7-2 的图 G_1 中顶点 v_1 的度为 2，图 G_2 中顶点 v_1 的入度为 1，出度为 2，度为 3。

无论是有向图还是无向图，顶点数 n、边数 e 和度数之间有如下关系：

$$e=\sum_{i=1}^{n} D(v_i)/2$$

对于有向图，各顶点的入度之和与出度之和之间还有如下关系：

$$\sum_{i=1}^{n} \mathrm{I}D(v_i)=\sum_{i=1}^{n} \mathrm{O}D(v_i)=e$$

5. 子图

设 G=(V,E)是一个图，若 v′是 v 的子集，E′是 E 的子集，且 E′中的边所关联的顶点均在 v′中，则 G′=(V′,E′)也是一个图，并称其为 G 的**子图**（Subgraph）。例如图 7-4 给出了无向图 G_1

的若干子图，图 7-5 给出了有向图 G_2 的若干子图。

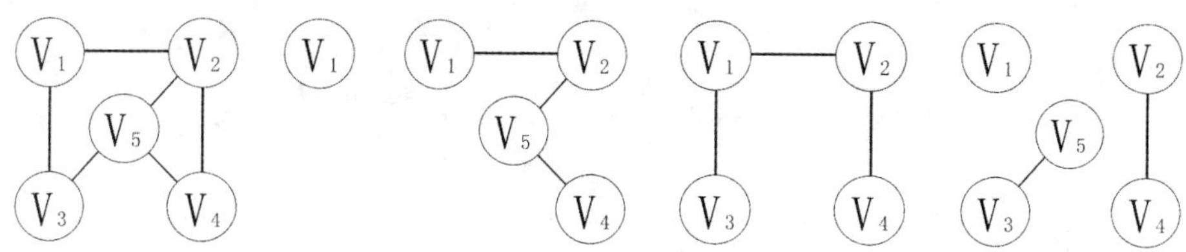

图 7-4　无向图 G_1 的若干子图

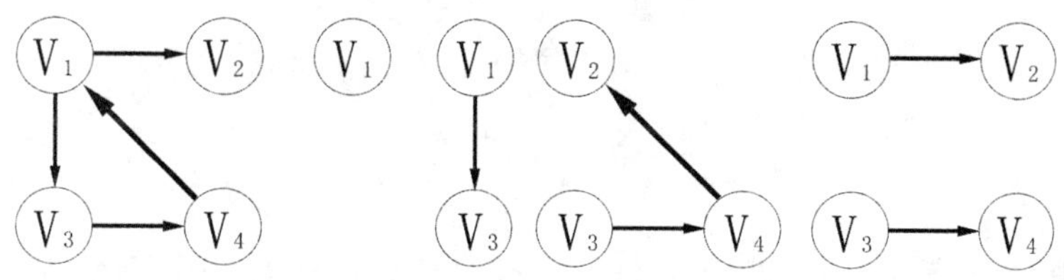

图 7-5　有向图 G_2 的若干子图

6. 边的权、路径、路径长度

在图的边或弧上标识数字，表示与该边相关的数据信息，这个数据信息就称该**边的权（Weight）**。通常权是一个非负实数，权可以表示从一个顶点到另一个顶点的距离、时间或代价等含义。

在无向图 G=(V,E)中，从顶点 v_p 到顶点 v_q 之间的**路径**是一个顶点序列(vp=v_{i0},v_{i1},v_{i2}，…，v_{im}=v_q)，其中，(v_{ij}-1,v_{ij})∈E（1≤j≤m）。若 G 是有向图，则路径也是有方向的，顶点序列满足<v_{ij}-1,v_{ij}>∈E。

V_1 到 V_4 的**路径**：
- $V_1\ V_2\ V_4$
- $V_1\ V_2\ V_5\ V_4$
- $V_1\ V_3\ V_5\ V_4$

一般情况下，图中的路径不唯一。

路径长度：
- 非带权图——路径上边的**个数**
- 带权图——路径上各边的**权之和**

7. 回路、简单路径、简单回路

1）**回路（环）**：第一个顶点和最后一个顶点相同的路径。

2）**简单路径**：序列中顶点不重复出现的路径。

3）**简单回路（简单环）**：除了第一个顶点和最后一个顶点外，其余顶点不重复出现的回路。

8. 联通图、联通分量

1）**连通图**：在无向图中，如果从一个顶点 v_i 到另一个顶点 v_j(i≠j)有路径，则称顶点 v_i 和 v_j 是连通的。如果图中任意两个顶点都是连通的，则称该图是连通图。

2）**连通分量**：非连通图的极大连通子图称为连通分量。

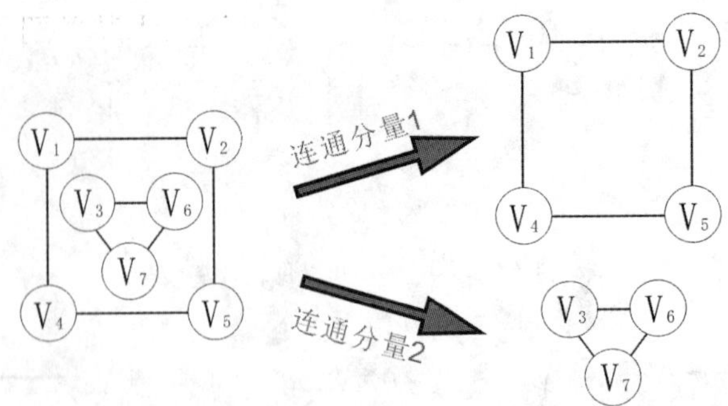

图 7-6　联通图和联通分量

9. 强联通图、强联通分量

1）**强连通图**：在有向图中，对图中任意一对顶点 v_i 和 v_j（$i\neq j$），若从顶点 v_i 到顶点 v_j 和从顶点 v_j 到顶点 v_i 均有路径，则称该有向图是强连通图。

2）**强连通分量**：非强连通图的极大强连通子图。

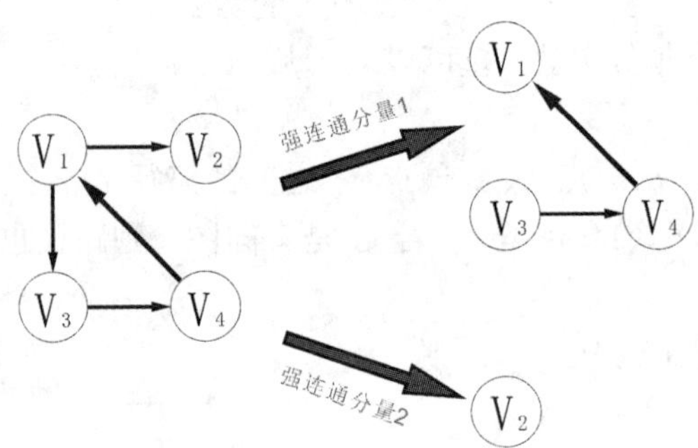

图 7-7　强联通图和强联通分量

10. 网络

若将图的每条边都赋上一个权，则称这种带权图为**网络**（Network）。通常权是具有某种意义的数，比如，它们可以表示两个顶点之间的距离、费用等。图 7-8 就是一个网络例子。

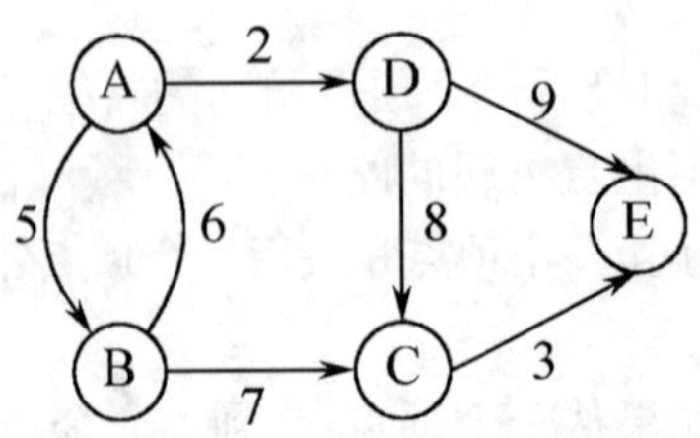

图 7-8　网络示例

7.1.3 图的基本操作

```
ADT Graph{
    数据对象 D：具有相同性质的数据元素的集合
    数据关系 R：R={<u,v>|(u,v∈D)
    基本操作：
} ADT Graph
```

图的基本操作：

```
int getType();//返回图的类型
int getVexNum();//返回图的顶点数
int getEdgeNum();//返回图的边数
Iterator getVertex();//返回图的所有顶点
Iterator getEdge();//返回图的所有边
void remove(Vertex v);//删除一个顶点 v
void remove(Edge e);//删除一条边 e
Node insert(Vertex v);//添加一个顶点 v
Node insert(Edge e);//添加一条边 e
boolean areAdjacent(Vertex u, Vertex v);//判断顶点 u、v 是否邻接，即是否有边从 u 到 v
Edge edgeFromTo(Vertex u, Vertex v);//返回从 u 指向 v 的边，不存在则返回 null
Iterator adjVertexs(Vertex u);//返回从 u 出发可以直接到达的邻接顶点
Iterator DFSTraverse(Vertex v);//对图进行深度优先遍历
Iterator BFSTraverse(Vertex v);//对图进行广度优先遍历
Iterator shortestPath(Vertex v);//求顶点 v 到其他顶点的最短路径
void generateMST() throws UnsupportedOperation;//求无向图的最小生成树，如果是有向图不支持此操作
Iterator toplogicalSort() throws UnsupportedOperation;//求有向图的拓扑序列，无向图不支持此操作
void criticalPath() throws UnsupportedOperation;//求有向无环图的关键路径，无向图不支持此操作
}
```

7.2 图的存储结构

图的存储结构相比线性表和树来说更加复杂。由于图的结构比较复杂，任意两个顶点之间都可能存在联系，因此无法以数据元素在内存中的物理位置来表示元素之间的关系，也就是说，图不可能用简单的顺序存储结构来表示。

线性表的数据元素之间仅有顺序关系，树结构的数据元素之间存在层次关系，而在图结构中，数据元素之间的关系没有限制，任意两个数据元素之间都可以相邻，即每个数据元素都可以有多个前驱数据元素，多个后继数据元素。

在数据结构中，图结构侧重于计算机中如何存储图以及如何实现图的操作和应用等。

7.2.1 邻接矩阵

基本思想：用一个一维数组存储图中顶点的信息，用一个二维数组（称为邻接矩阵）存储

图中各顶点之间的邻接关系。

假设图 G=(V,E)有 n 个顶点，则邻接矩阵是一个 n×n 的方阵，定义为：

$$a_{i,j}=\begin{cases}1\text{: 若}(v_i,v_j)\in E\text{或}<v_i,v_j>\in E\\0\text{: 若}(v_i,v_j)\notin E\text{或}<v_i,v_j>\notin E\end{cases}$$

例如，无向图 G_5 和有向图 G_6 的邻接矩阵分别如图 7-9 所示。

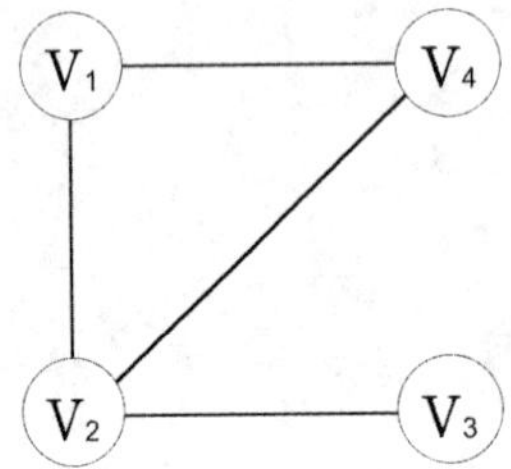

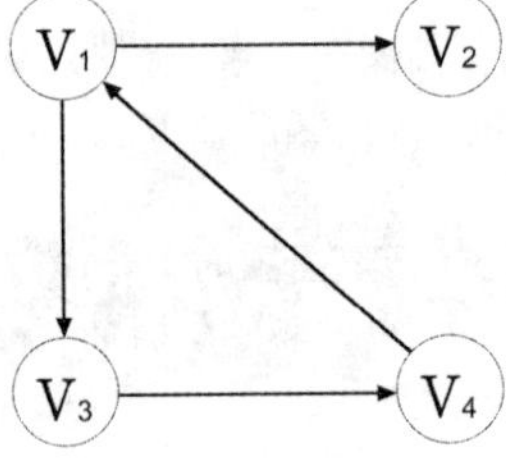

（a）无向图 G_5 和有向图 G_6

$$\begin{matrix} & V_1 & V_2 & V_3 & V_4 & \end{matrix}$$

$$G.Edge=\begin{pmatrix}0&1&0&1\\1&0&1&1\\0&1&0&0\\1&1&0&0\end{pmatrix}\begin{matrix}V_1\\V_2\\V_3\\V_4\end{matrix}$$

（b）G_5 的邻接矩阵

$$\begin{matrix} & V_1 & V_2 & V_3 & V_4 & \end{matrix}$$

$$G.Edge=\begin{pmatrix}0&1&1&0\\0&0&0&0\\0&0&0&1\\1&0&0&0\end{pmatrix}\begin{matrix}V_1\\V_2\\V_3\\V_4\end{matrix}$$

（c）G_6 的邻接矩阵

图 7-9　图的邻接矩阵

若 G 是网络，则邻接矩阵 **A** 可定义为：

$$a_{i,j}=\begin{cases}\mathrm{w_{ij}}; & \text{若}(\mathrm{v_i},\mathrm{v_j})\in \mathrm{E}\text{或}<\mathrm{v_i},\mathrm{v_j}>\in \mathrm{E}\\0\text{或}\infty; & \text{若}(\mathrm{v_i},\mathrm{v_j})\notin \mathrm{E}\text{或}<\mathrm{v_i},\mathrm{v_j}>\notin \mathrm{E}\end{cases}$$

其中，w_{ij} 表示边上的权值；∞表示一个计算机允许的、大于所有边上权值的数。图 7-8 中的带权图的邻接矩阵分别如下图 7-10 所示。

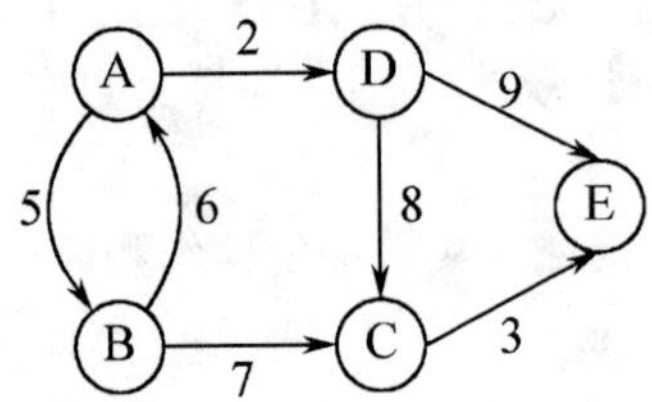

$$\boldsymbol{V}=\begin{bmatrix}A\\B\\C\\D\\E\end{bmatrix}\quad \boldsymbol{A}=\begin{bmatrix}0&5&\infty&2&\infty\\6&0&7&\infty&\infty\\\infty&\infty&0&\infty&3\\\infty&\infty&8&0&9\\\infty&\infty&\infty&\infty&0\end{bmatrix}$$

图 7-10　网的邻接矩阵

用邻接矩阵表示法表示图，除了存储用于表示顶点间相邻关系的邻接矩阵外，通常还需要用一个顺序表来存储顶点信息。其形式说明如下：

```
# define n 6                    /*图的顶点数*/
# define e 8                    /*图的边（弧）数*/
typedef char vextype;           /*顶点的数据类型*/
typedef float adjtype;          /*权值类型*/
typedef struct
{   vextype vexs[n];
    adjtype arcs[n][n];
} graph;
```

7.2.2 邻接表

基本思想：顶点信息用连续空间存储，边（弧）即顶点之间的关系通过单链表表示。

对于图 G 中的每一个顶点 v_i，该方法把所有邻接于 v_i 的顶点 v_j 链成一个单链表，这个单链表就是称为顶点 v_i 的邻接表（Adjacency List）。邻接表中每个表结点均有三个域，一个是邻接点域（Adjvex），用于存放与 v_i 相邻接的顶点 v_j 的序号；二是权域，用于存放与 v_i 相邻接的顶点 v_j 的权值；三是链域（Next），用于将邻接表的所有表结点链在一起，并且为每个顶点 v_i 的链表设置一个具有两个域的表头结点。

1. 无向图的邻接表表示

无向图中，v_i 的邻接表中每个表结点都对应于 v_i 相连的一条边，因此将无向图的邻接表称为边表，将邻接表的表头向量称为顶点表。例如，图 7-11 中的无向图 G_5 的邻接表表示，其中顶点 V_1 与 V_2 和 V_4 相连，在邻接表中，V_2 和 V_4 的序号分别是 1 和 3，它们分别表示关联与 V1 的两条边（V_1,V_2），（V_1,V_4）。

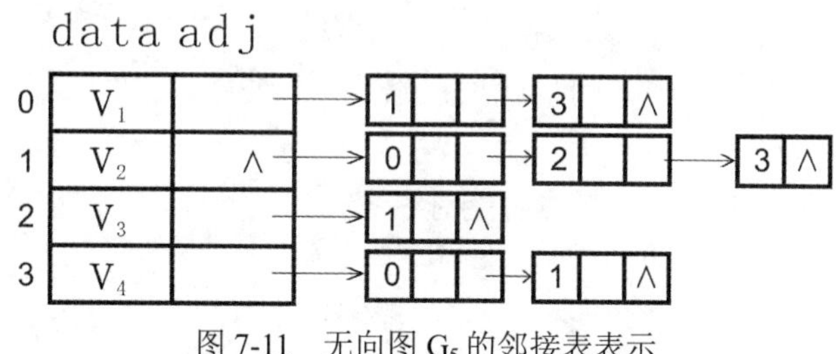

图 7-11　无向图 G_5 的邻接表表示

2. 有向图的邻接表表示

有向图中，v_i 的邻接表中每个表结点都对应于 v_i 为始点射出的一条边，因此有向图邻接表称为出边表。例如，有向图 G_6 的邻接表表示如图 7-12 所示，其中顶点 V_1 的邻接表上两个表结点中的顶点序号分别为 1 和 2，它们分别表示从 V_1 射出的两条边（V_1,V_2）和（V_1,V_3）。

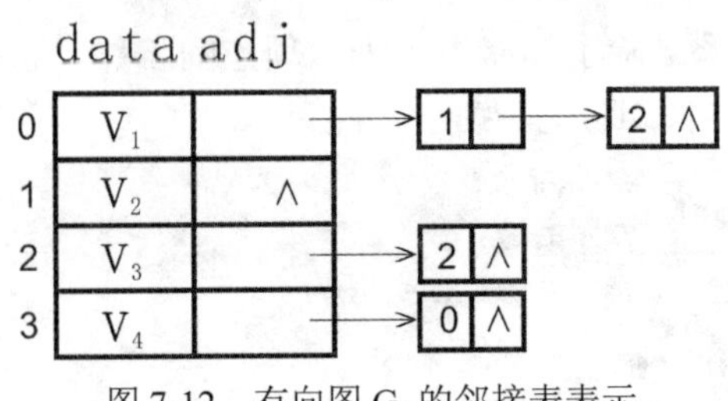

图 7-12　有向图 G_6 的邻接表表示

7.3　图的遍历

前面的章节学习了树的遍历，图的遍历也是从某个顶点出发，沿着某条搜索路径对图中所有顶点各作一次访问。如果图是连通图，那么从图中任一顶点出发，顺着边可以访问到该图的所有顶点。但是，图的遍历比树的遍历来的复杂，原因是图中的任一顶点都可能和其余顶点相连接，所以当访问某个顶点后，可能顺着某条回路又回到了该顶点。为了避免重复访问同一个顶点，有必要记住每个顶点是否被访问过。所以，可以设置一个布尔向量 visited[n]，它的初值为 FALSE，一旦访问了顶点 v_i，便将 visited[i-1]设置为 TRUE。

本节主要介绍两种图的遍历方法：深度优先搜索遍历和广度优先搜索遍历。

7.3.1　深度优先搜索遍历

深度优先搜索（DFS）遍历类似于树的先序遍历，是树的先序遍历的推广。假定图 G 的初始所有顶点都没有访问过：

1）初始状态所有顶点都未被访问，从图中某个顶点 v 出发，访问此顶点。

2）依次从 v 的未被访问的邻接点出发深度优先遍历图，直到图中所有与 v 有相通路径的顶点都被访问到。

3）若图中尚有顶点未被访问，则从此顶点出发，重复 1）和 2)。直到所有结点都被访问为止。

上述的搜索方法是递归的，特点是尽可能对纵深方向进行搜索，所以称为深度优先搜索。

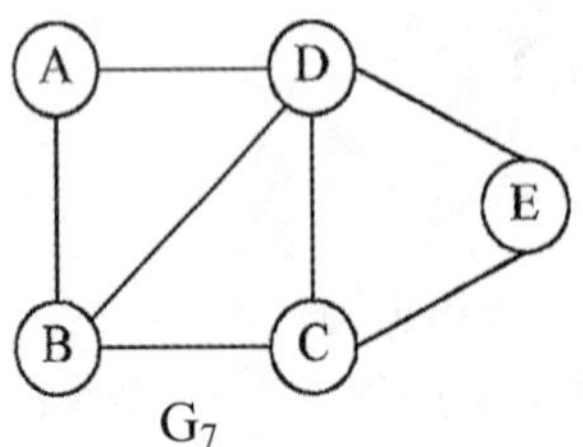

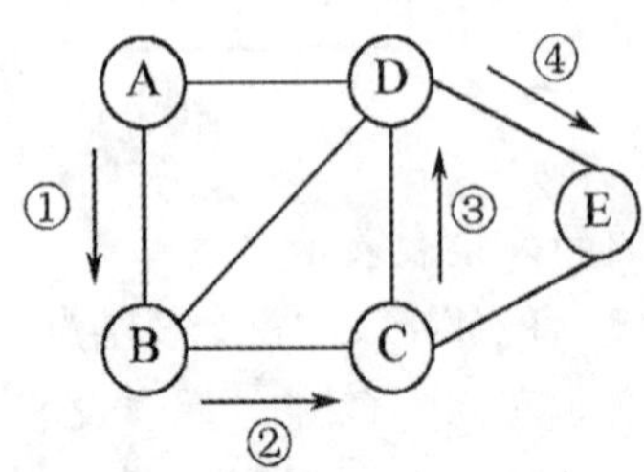

图 7-13　无向图 G_7 深度优先搜索遍历

对无向图 G_7 深度优先搜索遍历，从顶点 A 出发后得到的一个深度优先搜索遍历序列{A，B，C，D，E}。如图 7-13 所示。

对有向图 G_8 深度优先搜索遍历，从顶点 A 出发后得到的一个深度优先搜索遍历序列{A，B，C，E，D}。如图 7-14 中所示。

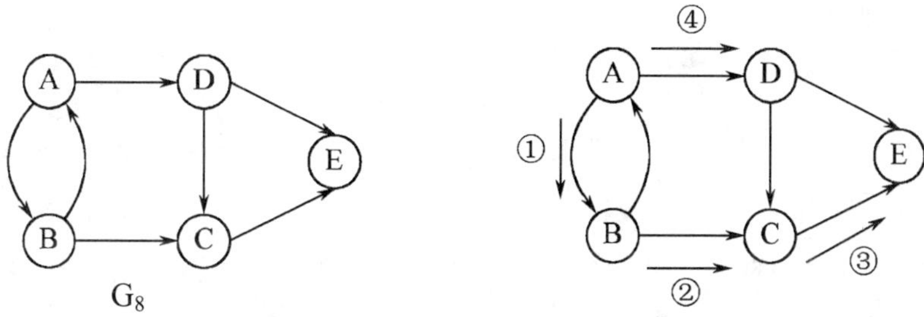

图 7-14 有向图 G_8 深度优先搜索遍历

图的深度优先遍历：

```
Int  First AdjVex (ALGraph G,VertexType v)
{ // 初始条件: 图 G 存在，v 是 G 中某个顶点
   // 操作结果: 返回 v 的第一个邻接顶点的序号。若顶点在 G 中没有邻接顶点，则返回-1
   ArcNode *p;
   int v1;
   v1=LocateVex(G,v); // v1 为顶点 v 在图 G 中的序号
   p=G.vertices[v1].firstarc;
   if(p)
     return p->adjvex;
   else
     return -1;
}

Int NextAdjVex(ALGraph G,VertexType v,VertexType w)
{  // 初始条件: 图 G 存在，v 是 G 中某个顶点，w 是 v 的邻接顶点
   // 操作结果: 返回 v 的(相对于 w 的)下一个邻接顶点的序号
   //              若 w 是 v 的最后一个邻接点，则返回-1
   ArcNode *p;
   int v1,w1;
   v1=LocateVex(G,v);     // v1 为顶点 v 在图 G 中的序号
   w1=LocateVex(G,w);     // w1 为顶点 w 在图 G 中的序号
   p=G.vertices[v1].firstarc;
   while(p&&p->adjvex!=w1)          // 指针 p 不空且所指表结点不是 w
     p=p->nextarc;
   if(!p||!p->nextarc)              // 没找到 w 或 w 是最后一个邻接点
     return -1;
```

```
     else // p->adjvex==w
        return p->nextarc->adjvex;         // 返回 v 的(相对于 w 的)下一个邻接顶点的序号
  }

Boolean visited[MAX_VERTEX_NUM];        // 访问标志数组(全局量)
 void(*VisitFunc)(char* v);             // 函数变量(全局量)
// 从第 v 个顶点出发递归地深度优先遍历图 G。
 void DFS(ALGraph G,int v)
 {
    int w;
    VertexType v1,w1;
    strcpy(v1,GetVex(G,v));
    visited[v]=TRUE;                    // 设置访问标志为 TRUE(已访问)
    VisitFunc(G.vertices[v].data);      // 访问第 v 个顶点
    for(w=FirstAdjVex(G,v1);w>=0;w=NextAdjVex(G,v1,strcpy(w1,GetVex(G,w))))
       if(!visited[w])
          DFS(G,w);                     // 对 v 的尚未访问的邻接点 w 递归调用 DFS
 }

// 对图 G 作深度优先遍历。
 void DFSTraverse(ALGraph G,void(*Visit)(char*))
 {
    int v;
    VisitFunc=Visit;               // 使用全局变量 VisitFunc,使 DFS 不必设函数指针参数
    for(v=0;v<g.vexnum;v++) visited[v]="FALSE;"  访问标志数组初始化=""
          for(v="0;v<G.vexnum;v++)" if(!visited[v])="" dfs(g,v);=""  对尚未访问的顶点调用 dfs
          ="" printf("\n");="" }<="" pre=""><br>
<br>

<br>         </g.vexnum;v++)>
```

7.3.2 广度优先搜索遍历

广度优先搜索遍历（BFS）类似于树的按层次遍历。

1）访问顶点 v。

2）依次访问 v 的各个未被访问的邻接点 v1, v2, …, v_i。

3）分别从 v1，v2，…，v_i 出发依次访问它们未被访问的邻接点，并使“先被访问顶点的邻接点”先于“后被访问顶点的邻接点”被访问。直至图中所有与顶点 v 有路径相通的顶点都被访问到。

对无向图 G_7 广度优先搜索遍历，从顶点 A 出发后得到的一个深度优先搜索遍历序列{A，

B，D，C，E}。如图 7-15 中所示。

对有向图 G_8 广度优先搜索遍历，从顶点 B 出发后得到的一个深度优先搜索遍历序列{B，A，C，D，E}。如图 7-16 中所示。

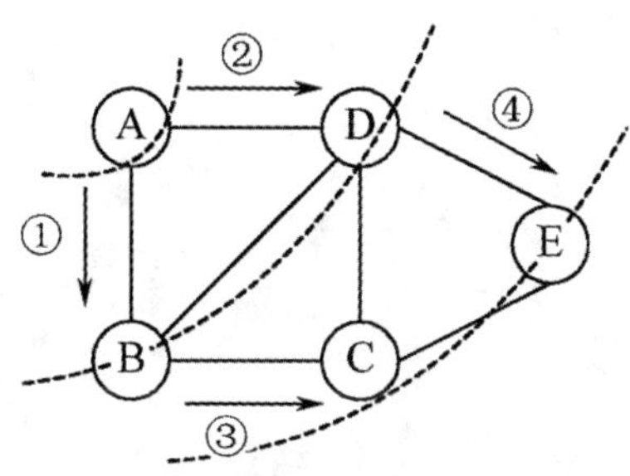

图 7-15 无向图 G_7 广度优先搜索遍历

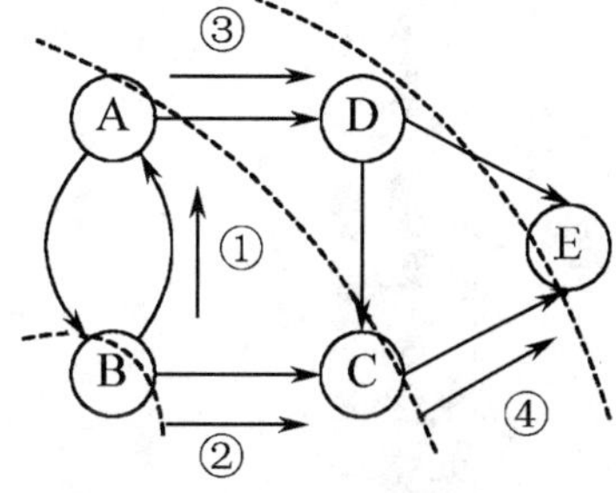

图 7-16 有向图 G_8 广度优先搜索遍历

广度优先搜索遍历：

```
package data_struct;
import java.util.Scanner;
public class Graph {
    public Vertex ver_List[];
    public boolean direct;//true 为有向图，false 为无向图
    public static int v_index=0;//计算当前点在数组内的下标

    /*Graph 构造*/
    public Graph(int num,boolean flag){
        direct=flag;
        ver_List=new Vertex[num];

    }

    /*添加节点*/
    public void addVertex(Vertex v){
        ver_List[v_index++]=v;
    }


    /*添加边*/
    public void addEdge(int from,int to){
        ver_List[from].setLabel(from);
            ver_List[from].add_adjacent(ver_List[to]);
            if(!direct){
                ver_List[to].setLabel(to);
```

```
                ver_List[to].add_adjacent(ver_List[from]);
            }
        }
    }
package data_struct;

import java.util.ArrayDeque;
import java.util.ArrayList;
import java.util.Collection;
import java.util.Iterator;
import java.util.Queue;
import java.util.Scanner;
import java.util.Stack;
 /*广度优先遍历*/
    public void bfs(Graph graph){
        int num=graph.ver_List.length;
        bfs=new Vertex[num];
        ArrayDeque<Vertex> queue=new ArrayDeque<Vertex>();
        bfs[0]=graph.ver_List[0];
        queue.add(graph.ver_List[0]);
        graph.ver_List[0].isVisited=true;
        Vertex vv;
        int index=0;
        while(!queue.isEmpty())
        {
            Vertex v=queue.remove();
            while((vv=getAdjVertex(v))!=null)
            {
                queue.add(vv);
                bfs[++index]=vv;
                vv.isVisited=true;
            }

        }
    }

    public static Vertex getAdjVertex(Vertex v){
       ArrayList<Vertex>    alv=v.getAdj();
       if(alv!=null){
       for(int k=0;k<alv.size();k++){
           if(alv.get(k).isVisited==false){
               alv.get(k);
```

```
                return alv.get(k);
            }
        }
    }
    return null;
}
```

下面以图 7-10 的邻接矩阵为例，编写完整的深度优先遍历和广度优先遍历的程序。

【算法 7.1　图的深度优先遍历和广度优先遍历的实现】

```
package lib.algorithm.chapter7.n01;

public class Graph
{
    // 顶点表及邻接矩阵数据依据《第七章　图.doc》图 7-10 编写
    static public char vexs[] = {'A', 'B', 'C', 'D', 'E'};          // 顶点表
    static public int arcs[][] =                                    // 邻接短阵
    {
        {0, 5, 0, 2, 0},
        {6, 0, 7, 0, 0},
        {0, 0, 0, 0, 3},
        {0, 0, 8, 0, 9},
        {0, 0, 0, 0, 0},
    };

    // 深度优先遍历
    static public void DFS(int idx, boolean visited[])
    {
        if(visited[idx]) return;

        System.out.println(vexs[idx]);
        visited[idx] = true;

        for(int n = 0; n < vexs.length; n++)
            if(arcs[idx][n] != 0)
                DFS(n, visited);
    }

    // 广度优先遍历
    static public void BFS(int idx, boolean visited[])
    {
        int search_queue[] = new int [25];
        int sdx = 0;
```

```
        int sqlen = 0;
        search_queue[sqlen++] = idx;

        while(sdx < sqlen)
        {
            idx = search_queue[sdx++];
            if(visited[idx]) continue;

            System.out.println(vexs[idx]);
            visited[idx] = true;

            for(int n = 0; n < vexs.length; n++)
                if(arcs[idx][n] != 0)
                    search_queue[sqlen++] = n;
        }
    }

    static public void main(String[] args)
    {
        System.out.println("深度优先遍历");
        boolean visited[] = new boolean [vexs.length];
        DFS(0, visited);

        System.out.println("广度优先遍历");
        visited = new boolean [vexs.length];
        BFS(0, visited);
    }
}
```

程序运行结果如下：

```
深度优先遍历
A
B
C
E
D
广度优先遍历
A
B
D
C
E
```

7.4 最小生成树

在图论中，时常将树定义为一个无回路连通图。如果图 T 是连通图 G 的一个子图，且 T 是一棵包含 G 的所有顶点的树，则图 T 称为 G 的生成树（Spanning Tree）。图 G 的生成树 T 包含 G 中的所有结点和尽可能少的边。对于有 n 个顶点的连通图 G，它的生成树 T 必然包含 n 个结点和 n-1 条边。

由于 n 个顶点的连通图至少有 n-l 条边，而所包含 n-1 条边及 n 个顶点的连通图都是无回路的树，所以生成树是连通图的极小连通子图。所谓极小是指边数最少，若在生成树中去掉任何一条边，都会使之变为非连通图，若在生成树上任意添加一条边，就必定出现回路。

极小连通子图：该子图是 G 的连通子图，在该子图中删除任何一条边，子图不再连通。

当且仅当 T 满足如下条件，T 是 G 的生成树。

1）T 是 G 的连通子图。

2）T 包含 G 的所有顶点。

3）T 中无回路。

生成树：包含连通图 G 所有顶点的的极小连通子图称为 G 的生成树。如图 7-17 所示。

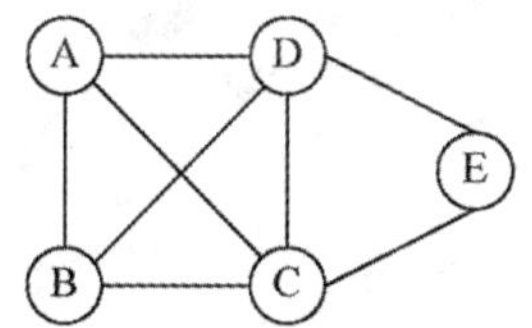

（a）无向图 G_9

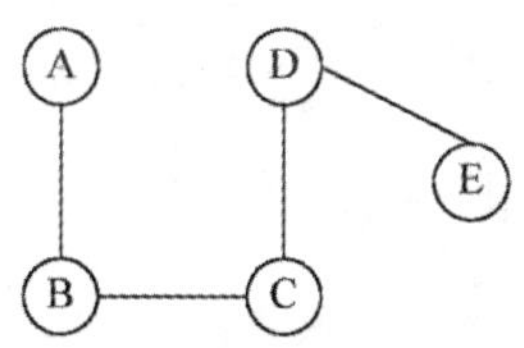

（b）图 G_9 的深度优先生成树

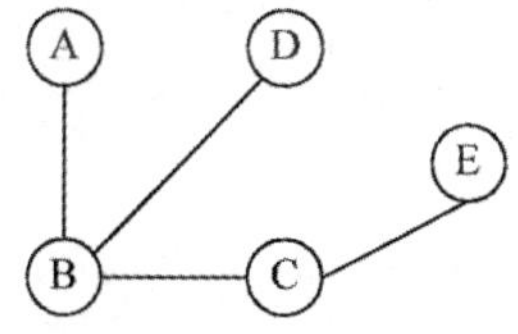

（c）图 G_9 的广度优先生成树

图 7-17 无向图 G_9 的生成树

生成树的的权：生成树各边的权值的总和。

最小生成树：权最小的生成树称为最小生成树。

图 7-18 所示为带权无向图 G_{10} 和其生成的最小生成树。

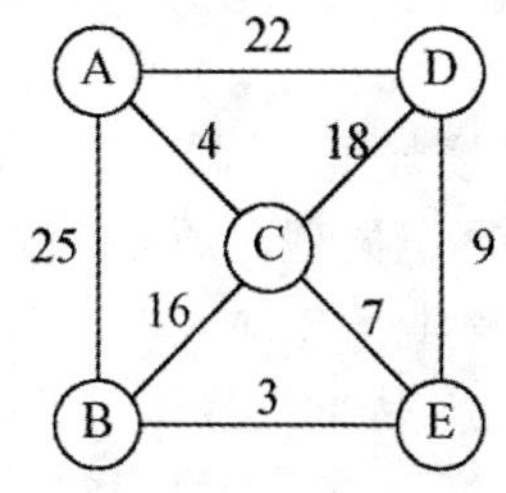

（a）带权无向图 G_{10}

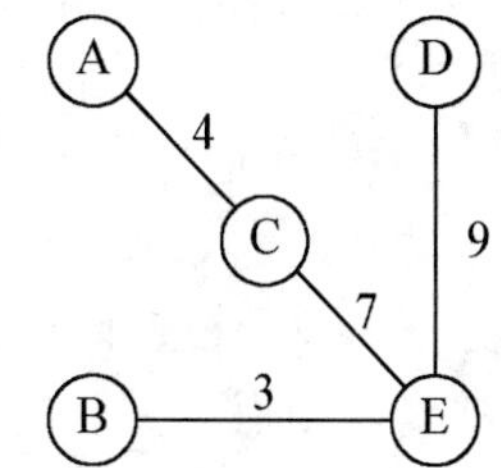

（b）最小生成树权值为 23

图 7-18 无向图 G_{10} 的最小生成树

那么如何构造最小生成树，下面主要介绍两种算法：普里姆（Prim）算法和克鲁斯卡尔（Kruskar）算法。

1．普里姆（Prim）算法

1）从连通网络 N={V,E}中的某一顶点 u_0 出发，选择与它关联的具有最小权值的边(u_0,v)，将其顶点 v 加入到生成树的顶点集合 U 中。

2）以后每一步有一个顶点在 U 中，而另一个顶点不在 U 中的各条边中选择权值最小的边(u,v)，把该边加入到生成树的边集 TE 中，把它的顶点加入到集合 U 中。

3）如此重复执行，直到网络中的所有顶点都加入到生成树顶点集合 U 中为止。

下图 7-19 中所示为图 G_{10} 用普里姆（Prim）算法构造最小生成树的过程：

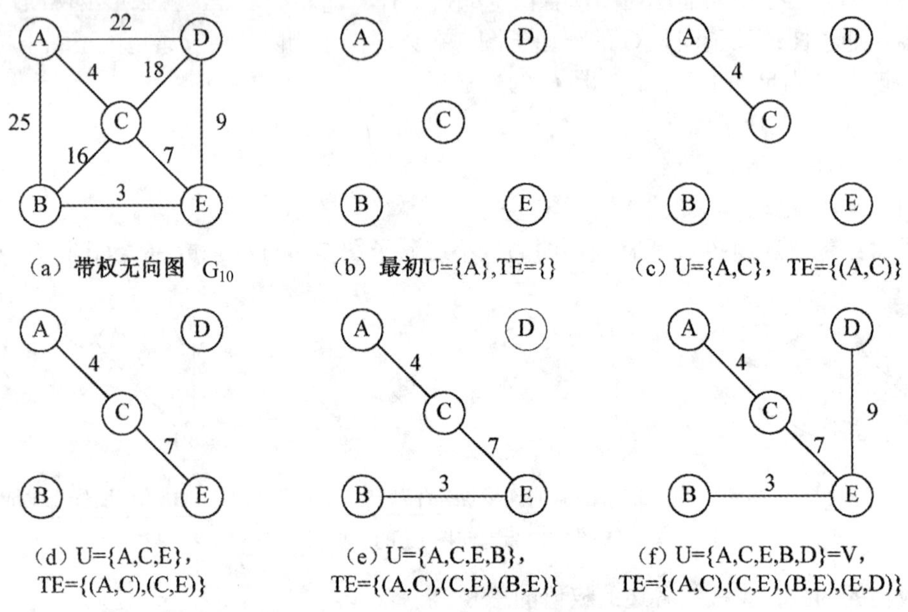

图 7-19　用 Prim 算法构造最小生成树的过程

对图 7-19（a）所示的连通网络，按照 Prim 算法思想形成最小生成树 U 的过程如图 7-19（b）～（f）所示。开始时，取顶点 A 加入 U 中，初始的候选边集是与另外 4 个点所关联的最短边，如图 7-19（b）所示。其中，点 A 同点 E 没有关联边，故 A 与 E 关联的最短边的长度是无穷大。显然，在这与点 A 关联的 4 条边中，(A,C)的长度最短，因此，选择该边扩充到 TE 中，即把该边及其点 C 加入 U，调整后如图 7-19（c）所示。同理，顶点 C 关联的原最短边(C,E)的长度为 7，因此选择该边扩充到 TE 中，即把该边及其点 E 加入 U，调整后如 7-19（d）所示。接着，顶点 E 关联的原最短边（E,B）的长度为 3，因此选择该边扩充到 TE 中，即把该边及其点 B 加入 U，调整后如 7-19（e）所示。如此进行下去，最终得到的生成树 T 即为所求的最小生成树，如图 7-19（f）所示。

下面对应上图 7-19 中的案例给出用普里姆算法构造最小生成树的算法实现和输出结果。

【算法 7.2　用普里姆算法构造最小生成树】

```
package lib.algorithm.chapter7.n02;

public class Prim
{


    private char[] mVexs; // 顶点集合
    private int[][] mMatrix; // 邻接矩阵
    private static final int INF = Integer.MAX_VALUE; // 最大值

    /*
     * 创建图(用已提供的矩阵)
     *
     * 参数说明： vexs -- 顶点数组 matrix-- 矩阵(数据)
     */
    public Prim(char[] vexs, int[][] matrix)
    {

        // 初始化"顶点数"和"边数"
        int vlen = vexs.length;

        // 初始化"顶点"
        mVexs = new char[vlen];
        for (int i = 0; i < mVexs.length; i++)
            mVexs[i] = vexs[i];

        // 初始化"边"
        mMatrix = new int[vlen][vlen];
        for (int i = 0; i < vlen; i++)
            for (int j = 0; j < vlen; j++)
                mMatrix[i][j] = matrix[i][j];
    }

    /*
     * prim 最小生成树
     *
     * 参数说明： start -- 从图中的第 start 个元素开始，生成最小树
     */
    public void prim(int start)
    {
```

7 Chapter

```
int num = mVexs.length; // 顶点个数
int index = 0; // prim 最小树的索引，即 prims 数组的索引
char[] prims = new char[num]; // prim 最小树的结果数组
int[] weights = new int[num]; // 顶点间边的权值

// prim 最小生成树中第一个数是"图中第 start 个顶点"，因为是从 start 开始的
prims[index++] = mVexs[start];

// 初始化"顶点的权值数组"
// 将每个顶点的权值初始化为"第 start 个顶点"到"该顶点"的权值
for (int i = 0; i < num; i++)
    weights[i] = mMatrix[start][i];
// 将第 start 个顶点的权值初始化为 0
// 可以理解为"第 start 个顶点到它自身的距离为 0"
weights[start] = 0;

for (int i = 0; i < num; i++)
{
    // 由于从 start 开始的，因此不需要再对第 start 个顶点进行处理
    if (start == i)
        continue;

    int j = 0;
    int k = 0;
    int min = INF;
    // 在未被加入到最小生成树的顶点中，找出权值最小的顶点
    while (j < num)
    {
        // 若 weights[j]=0，意味着"第 j 个节点已经被排序过"(或者说已经加入最小生成树中)
        if (weights[j] != 0 && weights[j] < min)
        {
            min = weights[j];
            k = j;
        }
        j++;
    }

    // 经过上面的处理后，在未被加入到最小生成树的顶点中，权值最小的顶点是第 k 个顶点
    // 将第 k 个顶点加入到最小生成树的结果数组中
    prims[index++] = mVexs[k];
    // 将"第 k 个顶点的权值"标记为 0，意味着第 k 个顶点已经排序过了(或者说已经加入最小树结果中)
```

```
            weights[k] = 0;
            // 当第 k 个顶点被加入到最小生成树的结果数组中之后，更新其它顶点的权值
            for (j = 0; j < num; j++)
            {
                // 当第 j 个节点没有被处理，并且需要更新时才被更新
                if (weights[j] != 0 && mMatrix[k][j] < weights[j])
                    weights[j] = mMatrix[k][j];
            }
        }

        // 计算最小生成树的权值
        int sum = 0;
        for (int i = 1; i < index; i++)
        {
            int min = INF;
            // 获取 prims[i]在 mMatrix 中的位置
            int n = getPosition(prims[i]);
            // 在 vexs[0...i]中，找出到 j 的权值最小的顶点
            for (int j = 0; j < i; j++)
            {
                int m = getPosition(prims[j]);
                if (mMatrix[m][n] < min)
                    min = mMatrix[m][n];
            }
            sum += min;
        }
        // 打印最小生成树
        System.out.printf("PRIM(%c)=%d: ", mVexs[start], sum);
        for (int i = 0; i < index; i++)
            System.out.printf("%c ", prims[i]);
        System.out.printf("\n");
    }

    /*
     * 返回 ch 位置
     */
    private int getPosition(char ch)
    {
        for (int i = 0; i < mVexs.length; i++)
            if (mVexs[i] == ch)
                return i;
```

```
        return -1;
    }

    public static void main(String[] args)
    {
        char[] vexs =
        { 'A', 'B', 'C', 'D', 'E'};
        int matrix[][] =
        {
        /* A *//* B *//* C *//* D *//* E */
        /* A */{ 0, 25, 4, 22, INF},
        /* B */{ 25, 0, 16, INF, 3},
        /* C */{ 4, 16, 0, 18, 7},
        /* D */{ 22, INF, 18, 0, 9},
        /* E */{ INF, 3, 7, 9, 0}};

        Prim pG = new Prim(vexs, matrix);

        // 从第一个元素开始，也就是从'A'开始
        pG.prim(0); // prim 算法生成最小生成树
    }
}
```

程序运行结果如下：

```
PRIM(A)=23: A C E B D
```

2. 克鲁斯卡尔（Kruskar）算法

1）设有一个有 n 个顶点的连通网络 N={V, E}。最初先构造一个只有 n 个顶点，没有边的非连通图 T={V,∅}，图中每个顶点自成一个连通分量。

2）当在 E 中选到一条具有最小权值的边时，若该边的两个顶点落在不同的连通分量上，则将此边加入到 T 中；否则将此边舍去，重新选择一条权值最小的边。

3）如此重复下去，直到所有顶点在同一个连通分量上为止。

图 7-20 中所示为图 G_{10} 用克鲁斯卡尔（Kruskar）算法构造最小生成树的过程。

对于图 7-20（a）中连通网络，按 Kruskal 算法构造的最小生成树，按长度递增顺序，依次考虑边(B,E)，(A,C)，(C,E)，(D,E)，(B,C)，(C,D)，(A,D)，(A,B)。因为前 4 条边最短，且又都连通了两个不同的连通分量，故依次将它们添加到 T 中，如图 7-20（b）~（f）所示。接着考虑当前最短边(B,C)，因为该边的两个端点在同一个连通分量上，若加入此边到 T 中，将会出现回路，故舍去这条边。最后便得到图 7-20（f）所示的单个连通分量 T，它就是所求的一棵最小生成树。

下面对应图 7-20 给出用克鲁斯卡尔算法构造最小生成树的算法实现和输出结果。

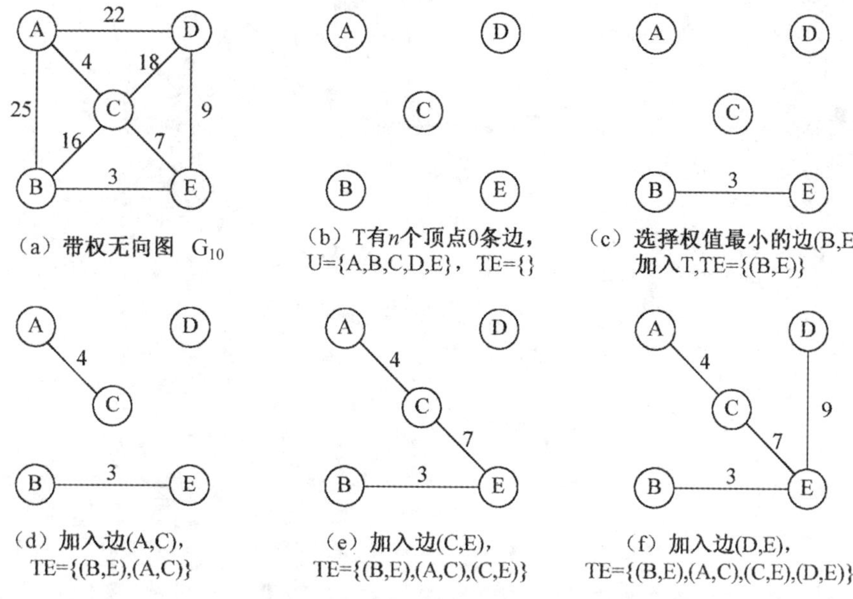

图 7-20 图 G_{10} 用克鲁斯卡尔（Kruskar）算法构造最小生成树的过程

【算法 7.3 用克鲁斯卡尔算法构造最小生成树】

```
package lib.algorithm.chapter7.n03;

    public class Kruskal
  {
    private int mEdgNum; // 边的数量
    private char[] mVexs; // 顶点集合
    private int[][] mMatrix; // 邻接矩阵
    private static final int INF = Integer.MAX_VALUE; // 最大值

    /*
     * 创建图(用已提供的矩阵)
     *
     * 参数说明： vexs -- 顶点数组 matrix-- 矩阵(数据)
     */
    public Kruskal(char[] vexs, int[][] matrix)
    {

        // 初始化"顶点数"和"边数"
        int vlen = vexs.length;

        // 初始化"顶点"
```

```
        mVexs = new char[vlen];
        for (int i = 0; i < mVexs.length; i++)
            mVexs[i] = vexs[i];

        // 初始化"边"
        mMatrix = new int[vlen][vlen];
        for (int i = 0; i < vlen; i++)
            for (int j = 0; j < vlen; j++)
                mMatrix[i][j] = matrix[i][j];

        // 统计"边"
        mEdgNum = 0;
        for (int i = 0; i < vlen; i++)
            for (int j = i + 1; j < vlen; j++)
                if (mMatrix[i][j] != INF)
                    mEdgNum++;
    }

    /*
     * 返回 ch 位置
     */
    private int getPosition(char ch)
    {
        for (int i = 0; i < mVexs.length; i++)
            if (mVexs[i] == ch)
                return i;
        return -1;
    }

    /*
     * 获取图中的边
     */
    private EData[] getEdges()
    {
        int index = 0;
        EData[] edges;

        edges = new EData[mEdgNum];
        for (int i = 0; i < mVexs.length; i++)
        {
            for (int j = i + 1; j < mVexs.length; j++)
            {
```

```
                    if (mMatrix[i][j] != INF)
                    {
                        edges[index++] = new EData(mVexs[i], mVexs[j], mMatrix[i][j]);
                    }
                }
            }

            return edges;
        }

        /*
         * 对边按照权值大小进行排序(由小到大)
         */
        private void sortEdges(EData[] edges, int elen)
        {

            for (int i = 0; i < elen; i++)
            {
                for (int j = i + 1; j < elen; j++)
                {

                    if (edges[i].weight > edges[j].weight)
                    {
                        // 交换"边 i"和"边 j"
                        EData tmp = edges[i];
                        edges[i] = edges[j];
                        edges[j] = tmp;
                    }
                }
            }
        }

        /*
         * 克鲁斯卡尔（Kruskal)最小生成树
         */
        public void Kruskal()
        {
            int index = 0; // rets 数组的索引
            int[] vends = new int[mEdgNum]; // 用于保存"已有最小生成树"中每个顶点在该最小树中的终点
            EData[] rets = new EData[mEdgNum]; // 结果数组，保存 Kruskal 最小生成树的边
            EData[] edges; // 图对应的所有边
```

7 Chapter

```
    // 获取"图中所有的边"
    edges = getEdges();
    // 将边按照"权"的大小进行排序(从小到大)
    sortEdges(edges, mEdgNum);

    for (int i = 0; i < mEdgNum; i++)
    {
        int p1 = getPosition(edges[i].start); // 获取第 i 条边的"起点"的序号
        int p2 = getPosition(edges[i].end); // 获取第 i 条边的"终点"的序号

        int m = getEnd(vends, p1); // 获取 p1 在"已有的最小生成树"中的终点
        int n = getEnd(vends, p2); // 获取 p2 在"已有的最小生成树"中的终点
        // 如果 m!=n，意味着"边 i"与"已经添加到最小生成树中的顶点"没有形成环路
        if (m != n)
        {
            vends[m] = n; // 设置 m 在"已有的最小生成树"中的终点为 n
            rets[index++] = edges[i]; // 保存结果
        }
    }

    // 统计并打印"Kruskal 最小生成树"的信息
    int length = 0;
    for (int i = 0; i < index; i++)
        length += rets[i].weight;
    System.out.printf("Kruskal=%d: ", length);
    for (int i = 0; i < index; i++)
        System.out.printf("(%c,%c) ", rets[i].start, rets[i].end);
    System.out.printf("\n");
}

/*
 * 获取 i 的终点
 */
private int getEnd(int[] vends, int i)
{
    while (vends[i] != 0)
        i = vends[i];
    return i;
}

// 边的结构体
private static class EData
```

```
    {
        char start; // 边的起点
        char end; // 边的终点
        int weight; // 边的权重

        public EData(char start, char end, int weight)
        {
            this.start = start;
            this.end = end;
            this.weight = weight;
        }
    };

    public static void main(String[] args)
    {
        char[] vexs =
        { 'A', 'B', 'C', 'D', 'E'};
        int matrix[][] =
        {
        /* A *//* B *//* C *//* D *//* E */
        /* A */{ 0, 25, 4, 22, INF},
        /* B */{ 25, 0, 16, INF, 3},
        /* C */{ 4, 16, 0, 18, 7},
        /* D */{ 22, INF, 18, 0, 9},
        /* E */{ INF, 3, 7, 9, 0}};

        Kruskal pG = new Kruskal(vexs, matrix);

        // Kruskal 算法生成最小生成树
        pG.kruskal();
    }
}
```

程序运行结果如下：

```
Kruskal=23: (B,E) (A,C) (C,E) (D,E)
```

7.5　最短路径

现实生活中常常提出这样的问题：两地之间是否有路连通？在有多条通路的情况下，哪一条路最短？求两个顶点之间的最短路径，不是指路径上边数之和最少，而是指路径上各边的权值之和最小。若两个顶点之间没有边，则认为两个顶点无直接通路，但有可能有间接通路（通过其他顶点中转后达到）。路径上的开始顶点（出发点）称为源点，路径上的最后一个顶点称为终点，并假定讨论的权值不能为负数。

7.5.1 单源点最短路径

单源点最短路径是指：给定一个有向网 G=(V,E)，并给定其中的一个点为出发点（单源点），求出该源点到其他各顶点之间的最短路径。下图 7-21 中为有向图 G_{11} 的路径分析。

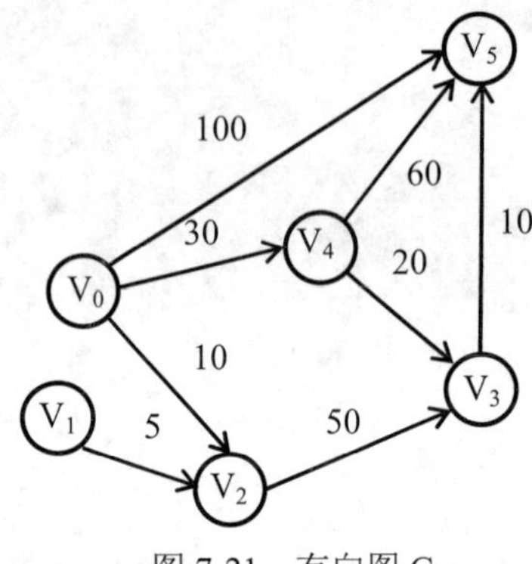

图 7-21 有向图 G_{11}

从源点 V_0 到终点 V_5 存在多条路径：

1）(V_0,V_5)的长度为 100。

2）(V_0,V_4,V_5)的长度为 90。

3）(V_0,V_4,V_3,V_5)的长度为 60。

4）(V_0,V_2,V_3,V_5)的长度为 70。

从源点 V_0 到各终点的最短条路径（V_0 到终点 V_1 不存在路径）：

1）(V_0,V_2)的最短条路径长度为 10。

2）(V_0,V_4,V_3)的最短条路径长度为 50。

3）(V_0,V_4)的最短条路径长度为 30。

4）(V_0,V_4,V_3,V_5)的最短条路径长度为 60。

解决这类某个源点到其余各顶点的最短路径问题，最常用的是迪杰斯特拉（Dijkstra）算法，下面进行详细介绍。

迪杰斯特拉（Dijkstra）算法思想：用于求解某个源点到其余各顶点的最短路径，“按最短路径长度递增的次序”求解类似于普里姆算法，每一条最短路径必定只有两种情况：①由源点直接到达终点；②只经过已经求得最短路径的顶点到达终点。该思想解决方法是每次选出当前的一条最短路径，算法中需要引入一个辅助向量 D，它的每个分量 $D[i]$存放当前所找到的从源点到各个终点 v_i 的最短路径的长度。

迪杰斯特拉（Dijkstra）算法描述：

1）令 S={v}，其中 v 为源点，S 表示已经找到最短路径的顶点集合。

2）设定 D[i]的初始值为： D[i]= |v,vi|。

3）选择顶点 vj 使得 D[j]=minvi ∈V-S {D[i]}，并将顶点并入到集合 S 中。

4）对集合 V-S 中所有顶点 vk，若 D[j]+|vj,vk|<D[k]，则修改 D[k]的值为：D[k]=D[j] +|vj,vk|。

5）重复操作 2）、3）共 n-1 次，由此求得从源点到所有其它顶点的最短路径是依路径长度递增的序列。

下面对应图 7-22 给出用迪杰斯特拉（Dijkstra）算法求最短路径的算法实现和输出结果。

【算法 7.4 用迪杰斯特拉（Dijkstra）算法求最短路径】

```
package lib.algorithm.chapter7.n04;

import java.io.IOException;
import java.util.ArrayList;
import java.util.TreeMap;

public class Dijkstra
{
    public static void main(String[] args)throws IOException {
        ArrayList<Point> point_arr = new ArrayList<Point>();// 存储点集合
        // 顶点个数
        int sum = 5;
        // 定义第一行数据
        Point p1 = new Dijkstra().new Point(sum);
        p1.setId(0);
        TreeMap<Integer, Integer> thisPointMap1 = new TreeMap<Integer, Integer>();// 该点到各点的距离
        thisPointMap1.put(0, 0);
        thisPointMap1.put(1, 3);
        thisPointMap1.put(2, Integer.MAX_VALUE);
        thisPointMap1.put(3, Integer.MAX_VALUE);
        thisPointMap1.put(4, 30);
        p1.setThisPointMap(thisPointMap1);
        point_arr.add(p1);

        // 定义第二行数据
        Point p2 = new Dijkstra().new Point(sum);
        p2.setId(1);
        TreeMap<Integer, Integer> thisPointMap2 = new TreeMap<Integer, Integer>();// 该点到各点的距离
        thisPointMap2.put(0, Integer.MAX_VALUE);
        thisPointMap2.put(1, 0);
        thisPointMap2.put(2, 25);
        thisPointMap2.put(3, 8);
```

```
thisPointMap2.put(4, Integer.MAX_VALUE);
p2.setThisPointMap(thisPointMap2);
point_arr.add(p2);

// 定义第三行数据
Point p3 = new Dijkstra().new Point(sum);
p3.setId(2);
TreeMap<Integer, Integer> thisPointMap3 = new TreeMap<Integer, Integer>();// 该点到各点的距离
thisPointMap3.put(0, Integer.MAX_VALUE);
thisPointMap3.put(1, Integer.MAX_VALUE);
thisPointMap3.put(2, 0);
thisPointMap3.put(3, 4);
thisPointMap3.put(4, 10);
p3.setThisPointMap(thisPointMap3);
point_arr.add(p3);

// 定义第四行数据
Point p4 = new Dijkstra().new Point(sum);
p4.setId(3);
TreeMap<Integer, Integer> thisPointMap4 = new TreeMap<Integer, Integer>();// 该点到各点的距离
thisPointMap4.put(0, 20);
thisPointMap4.put(1, Integer.MAX_VALUE);
thisPointMap4.put(2, 4);
thisPointMap4.put(3, 0);
thisPointMap4.put(4, 12);
p4.setThisPointMap(thisPointMap4);
point_arr.add(p4);

// 定义第五行数据
Point p5 = new Dijkstra().new Point(sum);
p5.setId(4);
TreeMap<Integer, Integer> thisPointMap5 = new TreeMap<Integer, Integer>();// 该点到各点的距离
thisPointMap5.put(0, 30);
thisPointMap5.put(1, Integer.MAX_VALUE);
thisPointMap5.put(2, Integer.MAX_VALUE);
thisPointMap5.put(3, Integer.MAX_VALUE);
thisPointMap5.put(4, 0);
p5.setThisPointMap(thisPointMap5);
point_arr.add(p5);

// 开始遍历的点， 从第一个点开始
int start = 0;
```

```
        showDijkstra(point_arr, start);// 单源最短路径遍历
    }

    public static void showDijkstra(ArrayList<Point> arr, int i)
    {
        System.out.print("顶点" + (i + 1));
        arr.get(i).changeFlag();
        Point p1 = getTopointMin(arr, arr.get(i));
        if (p1 == null)
            return;
        int id = p1.getId();
        showDijkstra(arr, id);

    }

    public static Point getTopointMin(ArrayList<Point> arr, Point p)
    {
        Point temp = null;
        int minLen = Integer.MAX_VALUE;
        for (int i = 0; i < arr.size(); i++)
        {
            // 当已访问或者是自身或者无该路径时跳过
            if (arr.get(i).isVisit() || arr.get(i).getId() == p.getId() || p.lenToPointId(i) < 0)
                continue;
            else
            {
                if (p.lenToPointId(i) < minLen)
                {
                    minLen = p.lenToPointId(i);
                    temp = arr.get(i);
                }
            }
        }
        if (temp == null)
            return temp;
        else
            System.out.print("    @--" + minLen + "--> ");
        return temp;
    }

    class Point
    {
```

```
        private int id;// 点的 id
        private boolean flag = false;// 标志是否被遍历
        int sum;// 记录总的点个数

        private TreeMap<Integer, Integer> thisPointMap = new TreeMap<Integer, Integer>();// 该点到各点
的距离

        public Point(int sum)
        {
            this.sum = sum;
        }

        public TreeMap<Integer, Integer> getThisPointMap()
        {
            return thisPointMap;
        }

        public void setThisPointMap(TreeMap<Integer, Integer> thisPointMap)
        {
            this.thisPointMap = thisPointMap;
        }

        // 该点到顶尖 id 的距离
        public int lenToPointId(int id)
        {
            return thisPointMap.get(id);
        }

        public void changeFlag() {// 修改访问状态
            this.flag = true;
        }

        public boolean isVisit() {// 查看访问状态
            return flag;
        }

        public void setId(int id) {// 设置顶点 id
            this.id = id;
        }

        public int getId() {// 获得顶点 id
            return this.id;
```

```
        }
    }
}
```

程序运行结果如下：

```
顶点 1  @--3--> 顶点 2  @--8--> 顶点 4  @--4--> 顶点 3  @--10--> 顶点 5
```

利用该算法求得的最短路径如图 7-22 所示。从图中可知，1 到 2 的最短距离为 3，路径为：1→2；1 到 3 的最短距离为 15，路径为：1→2→4→3；1 到 4 的最短距离为 11，路径为：1→2→4；1 到 5 的最短距离为 23，路径为：1→2→4→5。

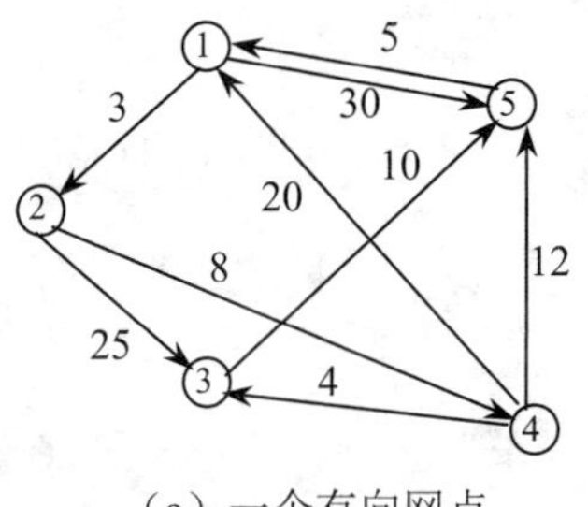

（a）一个有向网点

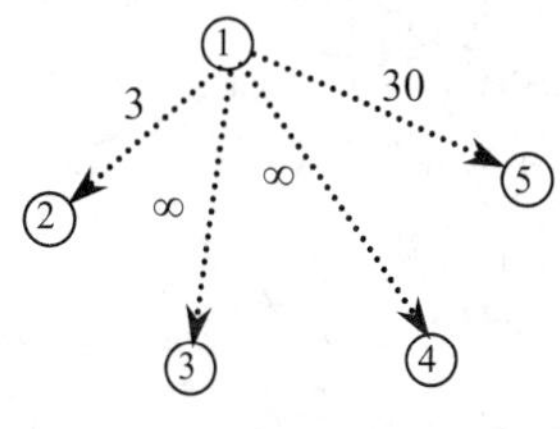

（b）源点 1 到其他顶点的初始距离

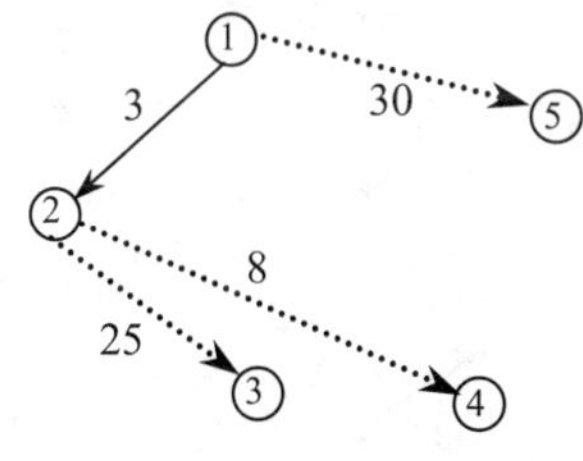

（c）第一次求得的结果

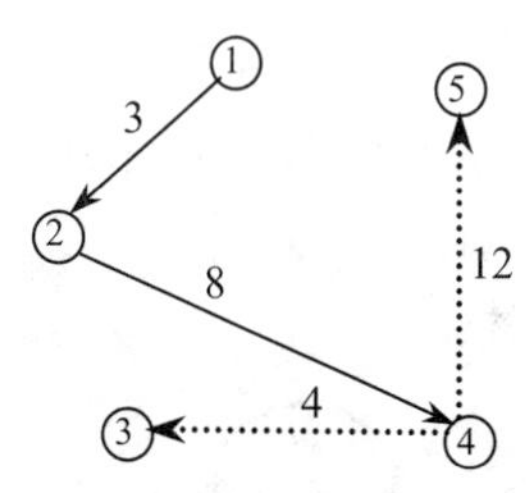

（d）第二次求得的结果

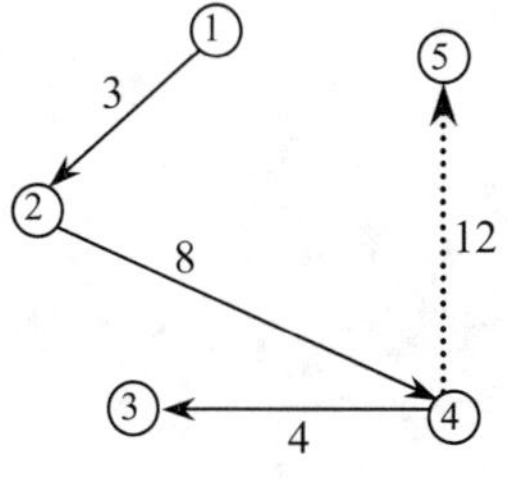

（e）第三次求得的结果

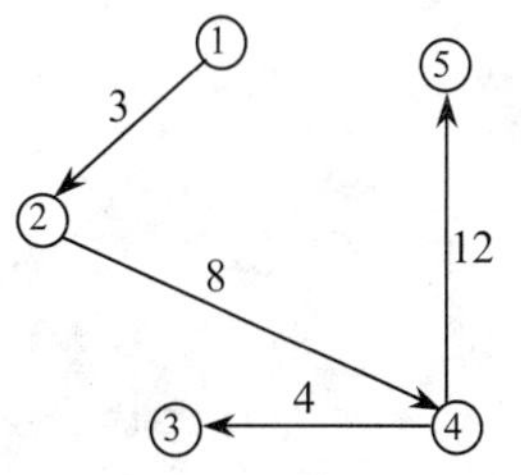

（f）第四次求得的结果

图 7-22　迪杰斯特拉算法求最短路径过程及结果

7.5.2 所有顶点对之间的最短路径

所有顶点之间的最短路径是指：对于给定的有向网 G=(V,E)，要对 G 中任意一对顶点有序对 v、w(v≠w)，找出 v 到 w 的最短距离和 w 到 v 的最短距离。解决此问题的一个有效方法是：依次以图 G 中的每个顶点为源点，求每个结点的单源最短路径。由此我们知道，重复执行迪杰斯特拉算法 n 次，即可求得每一对顶点之间的最短路径，下面将介绍用另一种弗洛伊德（Floyd）算法来实现此功能。

弗洛伊德（Floyd）算法基本思想：

求得一个 n 阶方阵序列：D(-1),D(0),D(1),…,D(k),…,D(n-1)

1）D(-1) [i][j]表示从顶点 vi 出发，不经过其它顶点直接到达顶点 vj 的路径长度。

2）D(k) [i][j]表示从 vi 到 vj 的中间只可能经过 v0, v1,…, vk，而不可能经过 vk+1, vk+2,…, vn-1 等顶点的最短路径长度。

3）D(n-1) [i][j]就是从顶点 vi 到顶点 vj 的最短路径的长度。

弗洛伊德(Floyd)算法的关键操作：if (D[i][k]+D[k][j]<D[i][j])

```
{
D[i][j]=D[i][k]+D[k][j];       //更新最短路径长度
P[i][j]=P[i][k]+P[k][j];       //更新最短路径
}
```

其中：k 表示在路径中新增的顶点号，i 为路径的源点，j 为路径的终点。

如图 7-23 所示的有向带权图用弗洛伊德算法进行计算，所得结果如图 7-24 所示。

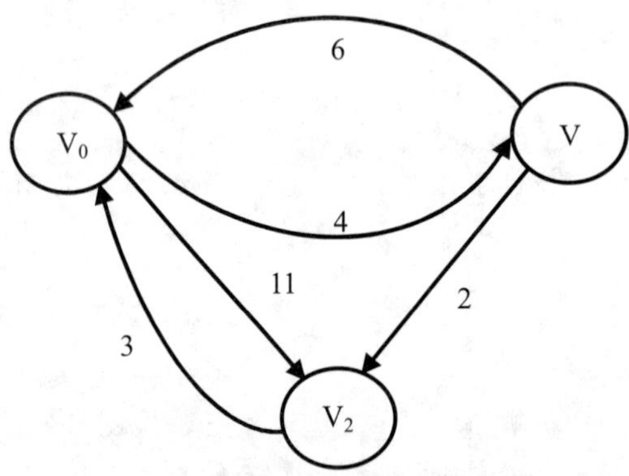

图 7-23 有向带权图 G_{12}

D	$D^{(-1)}$ 直接路径			$D^{(0)}$ 经过v_0的最短路径			$D^{(1)}$ 经过v_1的最短路径			$D^{(2)}$ 经过v_2的最短路径		
	v_0	v_1	v_2	v_0	v_1	v_2	v_0	v_1	v_2	v_0	v_1	v_2
v_0	0	4	11	0	4	11	0	4	6	0	4	6
v_1	6	0	2	6	0	2	6	0	2	5	0	2
v_2	3	∞	0	3	7	0	3	7	0	3	7	0
P	$P^{(-1)}$			$P^{(0)}$			$P^{(1)}$			$P^{(2)}$		
	v_0	v_1	v_2	v_0	v_1	v_2	v_0	v_1	v_2	v_0	v_1	v_2
v_0		v_0v_1	v_0v_2		v_0v_1	v_0v_2		v_0v_1	$v_0v_1v_2$		v_0v_1	$v_0v_1v_2$
v_1	v_1v_0		v_1v_2	v_1v_0		v_1v_2	v_1v_0		v_1v_2	$v_1v_2v_0$		v_1v_2
v_2	v_2v_0			v_2v_0	$v_2v_0v_1$		v_2v_0	$v_2v_0v_1$		v_2v_0	$v_2v_0v_1$	

图 7-24　图 G_{12} 弗洛伊德算法求解结果

【算法 7.5　弗洛伊德(Floyd)算法求最短路径　】

```
package lib.algorithm.chapter7.n05;

/**
 * Java: Floyd 算法获取最短路径(邻接矩阵)
 */

import java.io.IOException;
import java.util.Scanner;

public class FLOYD {

    private int mEdgNum;              // 边的数量
    private char[] mVexs;             // 顶点集合
    private int[][] mMatrix;          // 邻接矩阵
    private static final int INF = Integer.MAX_VALUE;     // 最大值

    /*
     * 创建图(自己输入数据)
     */
    public FLOYD() {

        // 输入"顶点数"和"边数"
        System.out.printf("input vertex number: ");
        int vlen = readInt();
        System.out.printf("input edge number: ");
        int elen = readInt();
```

```
    if ( vlen < 1 || elen < 1 || (elen > (vlen*(vlen - 1)))) {
        System.out.printf("input error: invalid parameters!\n");
        return ;
    }

    // 初始化"顶点"
    mVexs = new char[vlen];
    for (int i = 0; i < mVexs.length; i++) {
        System.out.printf("vertex(%d): ", i);
        mVexs[i] = readChar();
    }

    // 1. 初始化"边"的权值
    mEdgNum = elen;
    mMatrix = new int[vlen][vlen];
    for (int i = 0; i < vlen; i++) {
        for (int j = 0; j < vlen; j++) {
            if (i==j)
                mMatrix[i][j] = 0;
            else
                mMatrix[i][j] = INF;
        }
    }
    // 2. 初始化"边"的权值: 根据用户的输入进行初始化
    for (int i = 0; i < elen; i++) {
        // 读取边的起始顶点,结束顶点,权值
        System.out.printf("edge(%d):", i);
        char c1 = readChar();           // 读取"起始顶点"
        char c2 = readChar();           // 读取"结束顶点"
        int weight = readInt();         // 读取"权值"

        int p1 = getPosition(c1);
        int p2 = getPosition(c2);
        if (p1==-1 || p2==-1) {
            System.out.printf("input error: invalid edge!\n");
            return ;
        }

        mMatrix[p1][p2] = weight;
        mMatrix[p2][p1] = weight;
    }
}
```

```
public FLOYD(char[] vexs, int[][] matrix) {

    // 初始化"顶点数"和"边数"
    int vlen = vexs.length;

    // 初始化"顶点"
    mVexs = new char[vlen];
    for (int i = 0; i < mVexs.length; i++)
        mVexs[i] = vexs[i];

    // 初始化"边"
    mMatrix = new int[vlen][vlen];
    for (int i = 0; i < vlen; i++)
        for (int j = 0; j < vlen; j++)
            mMatrix[i][j] = matrix[i][j];

    // 统计"边"
    mEdgNum = 0;
    for (int i = 0; i < vlen; i++)
        for (int j = i+1; j < vlen; j++)
            if (mMatrix[i][j]!=INF)
                mEdgNum++;
}

/*
 * 返回 ch 位置
 */
private int getPosition(char ch) {
    for(int i=0; i<mVexs.length; i++)
        if(mVexs[i]==ch)
            return i;
    return -1;
}

/*
 * 读取一个输入字符
 */
private char readChar() {
    char ch='0';
```

```
        do {
            try {
                ch = (char)System.in.read();
            } catch (IOException e) {
                e.printStackTrace();
            }
        } while(!((ch>='a'&&ch<='z') || (ch>='A'&&ch<='Z')));

        return ch;
    }

    /*
     * 读取一个输入字符
     */
    private int readInt() {
        Scanner scanner = new Scanner(System.in);
        return scanner.nextInt();
    }

    /*
     * 返回顶点 v 的第一个邻接顶点的索引，失败则返回-1
     */
    private int firstVertex(int v) {

        if (v<0 || v>(mVexs.length-1))
            return -1;

        for (int i = 0; i < mVexs.length; i++)
            if (mMatrix[v][i]!=0 && mMatrix[v][i]!=INF)
                return i;

        return -1;
    }

    /*
     * 返回顶点 v 相对于 w 的下一个邻接顶点的索引，失败则返回-1
     */
    private int nextVertex(int v, int w) {

        if (v<0 || v>(mVexs.length-1) || w<0 || w>(mVexs.length-1))
            return -1;
```

```
        for (int i = w + 1; i < mVexs.length; i++)
            if (mMatrix[v][i]!=0 && mMatrix[v][i]!=INF)
                return i;

        return -1;
    }


    /*
     * 打印矩阵队列图
     */
    public void print() {
        System.out.printf("Martix Graph:\n");
        for (int i = 0; i < mVexs.length; i++) {
            for (int j = 0; j < mVexs.length; j++)
                System.out.printf("%10d ", mMatrix[i][j]);
            System.out.printf("\n");
        }
    }
    public void floyd(int[][] path, int[][] dist) {

        // 初始化
        for (int i = 0; i < mVexs.length; i++) {
            for (int j = 0; j < mVexs.length; j++) {
                dist[i][j] = mMatrix[i][j];       // "顶点 i"到"顶点 j"的路径长度为"i 到 j 的权值"
                path[i][j] = j;                   // "顶点 i"到"顶点 j"的最短路径是经过顶点 j
            }
        }

        // 计算最短路径
        for (int k = 0; k < mVexs.length; k++) {
            for (int i = 0; i < mVexs.length; i++) {
                for (int j = 0; j < mVexs.length; j++) {

                    // 如果经过下标为 k 顶点路径比原两点间路径更短，则更新 dist[i][j]和 path[i][j]
                    int tmp = (dist[i][k]==INF || dist[k][j]==INF) ? INF : (dist[i][k] + dist[k][j]);
                    if (dist[i][j] > tmp) {
                        // "i 到 j 最短路径"对应的值设，为更小的一个(即经过 k)
                        dist[i][j] = tmp;
                        // "i 到 j 最短路径"对应的路径，经过 k
                        path[i][j] = path[i][k];
                    }
```

```
                }
            }
        }

        // 打印 floyd 最短路径的结果
        System.out.printf("floyd: \n");
        for (int i = 0; i < mVexs.length; i++) {
            for (int j = 0; j < mVexs.length; j++)
                System.out.printf("%2d    ", dist[i][j]);
            System.out.printf("\n");
        }
    }

    // 边的结构体
    private static class EData {
        char start; // 边的起点
        char end;      // 边的终点
        int weight; // 边的权重

        public EData(char start, char end, int weight) {
            this.start = start;
            this.end = end;
            this.weight = weight;
        }
    };

    public static void main(String[] args) {
     char[] vexs =
            { 'A', 'B', 'C', 'D', 'E'};
            int matrix[][] =
            {
            /* A *//* B *//* C *//* D *//* E */
            /* A */{ 0, 25, 4, 22, INF},
            /* B */{ 25, 0, 16, INF, 3},
            /* C */{ 4, 16, 0, 18, 7},
            /* D */{ 22, INF, 18, 0, 9},
            /* E */{ INF, 3, 7, 9, 0}};
        FLOYD pG;

        // 采用已有的"图"
```

```
            pG = new FLOYD(vexs, matrix);

            int[][] path = new int[pG.mVexs.length][pG.mVexs.length];
            int[][] floy = new int[pG.mVexs.length][pG.mVexs.length];
            // floyd 算法获取各个顶点之间的最短距离
            pG.floyd(path, floy);
        }
}
```

程序运行结果如下：

```
floyd:
   0    14   4    20   11
   14   0    10   12   3
   4    10   0    16   7
   20   12   16   0    9
   11   3    7    9    0
```

7.6 拓扑排序

现实生活中，常会出现这类问题。有向图表示一个工程的施工图或程序的数据流图，则图中不允许出现回路。检查有向图中是否存在回路的方法之一，是对有向图进行拓扑排序。一个无环的有向图称作有向无环图（Directed Acycline Graph），简称为 DAG 图。

通常我们用一个有向图中的顶点表示活动，边表示活动间先后关系，这样的有向图称做顶点活动网（Activity On Vertex network，简称 AOV 网）。在 AOV 网中不允许出现环，如果出现说明该工程的施工设计图存在问题。若 AOV 网表示的是数据流图，则出现环表明存在死循环。

如图 7-25 所示，对学生课程开设工程图 AOV 网可以得到多个拓扑有序序列，如：C0,C1,C2,C3,C4,C5,C6,C7,C8,C9,C10,C11 和 C0,C1,C2,C7,C3,C5,C4,C6,C9,C8,C11,C10。

拓扑排序的基本概念是判断有向网中是否存在有向环。针对 AOV 网进行“拓扑排序”，构造一个包含图中所有顶点的“拓扑有序序列”，若在 AOV 网中存在一条从顶点 u 到顶点 v 的弧，则在拓扑有序序列中顶点 u 必然优先于顶点 v；若在 AOV 网中顶点 u 和顶点 v 之间没有弧，则在拓扑有序序列中这两个顶点的先后次序关系可以随意。

拓扑排序步骤：

1）在 AOV 网中选择一个没有前驱的顶点并输出。

2）从 AOV 网中删除该顶点以及从它出发的弧。

3）重复 1）和 2）直至 AOV 网为空（即已输出所有的顶点），或者剩余子图中不存在没有前驱的顶点。后一种情况则说明该 AOV 网中存在有向环，拓扑排序不成功。

课程编号	课程名称	先修课
C_0	计算机文化基础	无
C_1	高等数学	无
C_2	线性代数	无
C_3	程序设计基础	C_0
C_4	离散数学	C_3
C_5	数值分析	C_1，C_2，C_3
C_6	数据结构	C_3，C_4
C_7	计算机组成原理	C_0
C_8	数据库原理	C_3，C_6
C_9	操作系统	C_6，C_7
C_{10}	编译原理	C_3，C_6，C_7
C_{11}	计算机网络	C_3，C_6，C_9

（a）课程开设

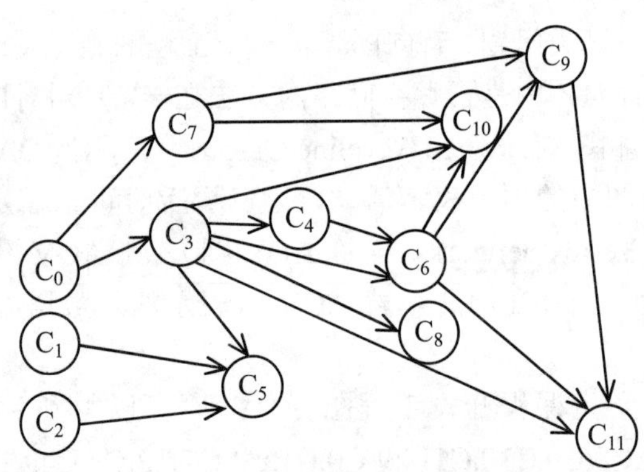

（b）课程开设优先关系的有向图

图 7-25　学生课程开设工程图

例如，对图 7-26 中 AOV 网进行拓扑排序，写出一个拓扑序列。

操作过程：在图 7-26（a）中选择一个入度为 0 的顶点 V6，删除 V6 及其相关联的两条边，如图 7-26（b）所示；再选择一个入度为 0 的顶点 V1，删除 V1 及其相关联的三条边，如图 7-26（c）所示；再选择一个入度为 0 的顶点 V4，删除 V4 及其相关联的一条边，如图 7-26（d）所示；再选择一个入度为 0 的顶点 V3，删除 V3 及其相关联的两条边，如图 7-26（e）所示；再选择一个入度为 0 的顶点 V2，删除 V2，如图 7-26（f）所示；最后选取顶点 V5，即得到该图的一个拓扑序列：V6,V1,V4,V3,V2,V5。

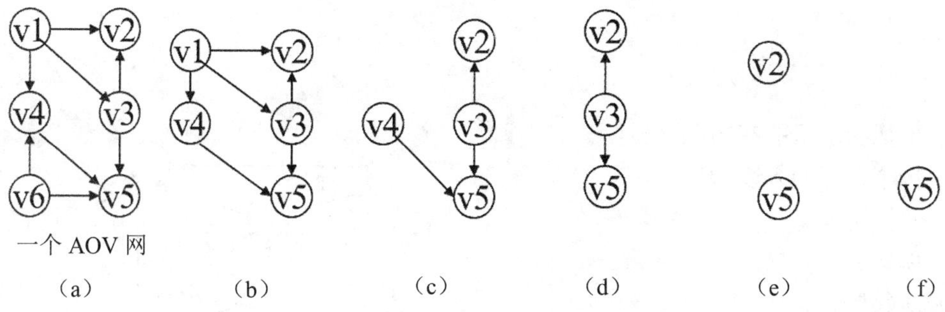

图 7-26 AOV 网的拓扑排序过程

本章小结

本章在介绍图的基本概念的基础上，介绍了图的两种常用的存储结构，即邻接矩阵和邻接表。接下来，讨论了图的主要算法，包括图的遍历（深度优先遍历算法和广度优先遍历算法）、图的生成树、图的最小生成树（普里姆算法和克鲁斯卡尔算法）、最短路径（迪杰斯特拉算法和弗洛伊德算法）、拓扑排序等问题，并将这些算法与实际应用联系起来解决问题。

要求读者通过本章的学习能够掌握图的有关术语和存储表示的基础知识；理解本章所介绍的算法实质；在解决实际问题时，学会灵活运用本章的相关内容。

上机实训

1．设无向图 G 有 n 个顶点、m 条边。试编写用邻接表存储该图的算法。

2．给出以十字链表作存储结构，建立图的算法，输入(i,j,v)其中 i,j 为顶点号，v 为权值。

3．试写一算法，判断以邻接表方式存储的有向图中是否存在由顶点 V_i 到顶点 V_j 的路径（i<>j）。注意：算法中涉及的图的基本操作必须在存储结构上实现。

4．设图用邻接表表示，写出求从指定顶点到其余各顶点的最短路径的 Dijkstra 算法。

要求：（1）对所用的辅助数据结构，邻接表结构给以必要的说明。

（2）写出算法描述。

5．设计算法，求出无向连通图中距离顶点 V_0 的最短路径长度（最短路径长度以边数为单位计算）为 K 的所有的结点，要求尽可能地节省时间。

6．欲用四种颜色对地图上的国家涂色，有相邻边界的国家不能用同一种颜色（点相交不算相邻）：

（1）试用一种数据结构表示地图上各国相邻的关系。

（2）描述涂色过程的算法（不要求证明）。

习题

1．对于如图所示的有向图，试给出

（1）每个顶点的入度和出度。

（2）邻接矩阵。

（3）邻接表。

（4）逆邻接表。

（5）强连通分量。

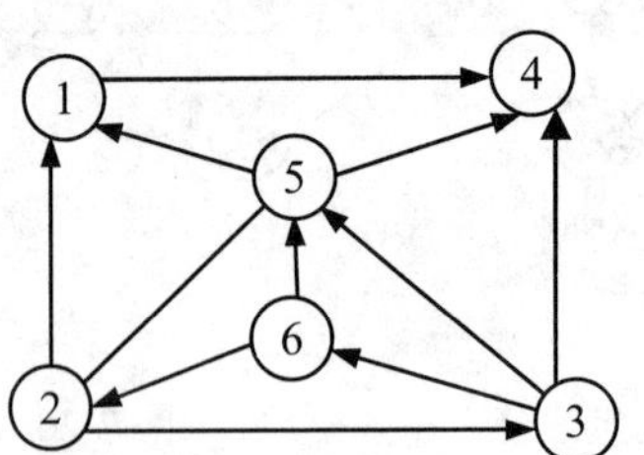

2．请回答下列关于图（Graph）的一些问题：

（1）有 n 个顶点的有向强连通图最多有多少条边？最少有多少条边？

（2）表示有 1000 个顶点、l000 条边的有向图的邻接矩阵有多少个矩阵元素？是否稀疏矩阵？

（3）对于一个有向图，不用拓扑排序，如何判断图中是否存在环？

3．已知无向图 G，V(G)={1,2,3,4}，E(G)={(1,2),(1,3),(2,3),(2,4),(3,4)}，试画出 G 的邻接多表，并说明，若已知点 i，如何根据邻接多表找到与 i 相邻的点 j？

4．设有数据逻辑结构为：

B = (K,R),　K = {k1,k2,⋯,k9}

R={<k1,k3>,<k1,k8>,<k2,k3>,<k2,k4>,<k2,k5>,<k3,k9>,<k5,k6>,<k8,k9>,<k9,k7>,<k4,k7>,<k4,k6>}

（1）画出这个逻辑结构的图示。

（2）相对于关系 r，指出所有的开始接点和终端结点。

（3）分别对关系 r 中的开始结点，举出一个拓扑序列的例子。

（4）分别画出该逻辑结构的正向邻接表和逆向邻接表。

5．G=(V,E)是一个带有权的连通图，则：

（1）请回答什么是 G 的最小生成树。

（2）G 为下图所示，请找出 G 的所有最小生成树。

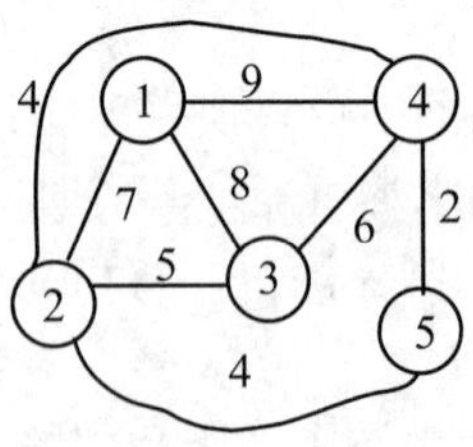

6．根据下图 G

（1）画出 G 的邻接表表示图。

（2）根据你画出的邻接表，以顶点①为根，画出 G 的深度优先生成树和广度优先生成树。

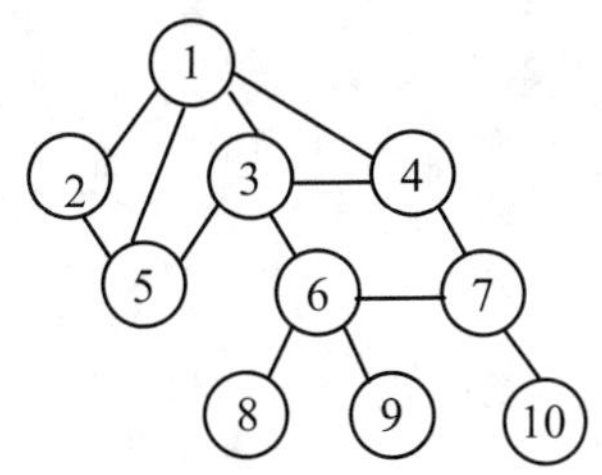

7．在什么情况下，Prim 算法与 Kruskual 算法生成不同的 MST？

8．试写出用克鲁斯卡尔（Kruskal）算法构造下图的一棵最小生成树的过程。

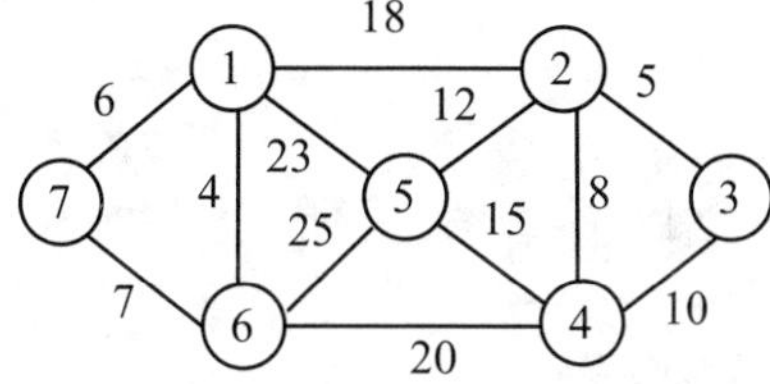

8 查找

本章学习目标：

在非数值运算问题中，数据的存储量很大，为了在大量信息中找到某些数据，需要用到查找技术。查找的数据处理量占有非常大的比重，故查找的有效性直接影响到算法的性能，因而查找是重要的处理技术。

通过本章的学习，学生应该掌握静态查找表的顺序表的查找、有序表的折半查找、掌握哈希表方法处理思想和过程、各种查找方法的处理过程、各种查找方法的计算问题。

8.1 查找的基本概念

所谓查找，是指根据给定的某个值，在查找表中确定一个其关键字等于给定值的记录或数据元素的过程。若表中存在这样的一个记录，称查找成功；若表中不存在关键字等于给定值的记录，称查找不成功。不同的表结构（查找表）采用不同的查找方法。为简单起见，本章所涉及的关键字均指主关键字，且假设关键字的类型为 Comparable 接口类。

主关键字：数据元素（或记录）中某个数据项的值，用它可以标识（识别）一个数据元素（或记录）。

次关键字：通常不能唯一区分各个不同数据元素的关键字。

查找表：是一种以同一类型的记录构成的集合的逻辑结构，以查找为核心运算的数据结构。

由于“集合”中的数据元素之间存在着松散的关系，因此查找表是一种应用灵便的结构。

查找成功：若查找表中存在这样一个记录，则称“查找成功”。查找结果给出整个记录的信息，或指示该记录在查找表中的位置。

查找不成功： 若在查找表中不存在这样的记录，则称“查找不成功”。查找结果给出“空记录”或“空指针”。

静态查找： 在查找过程中，查找表本身的结构不发生变化，只确定是否存在数据元素的关键字值与给定的关键值相等或找出此数据元素的属性。

动态查找： 在查找过程中，查找表本身的结构将发生变化，包括插入元素（查找不成功时，在查找表中插入关键字为给定值的记录）或删除元素（查找成功时，将查找表中关键字为给定值的记录删除）。

静态查找表： 仅作查找和读表元操作的查找表。

动态查找表： 需做修改操作的查找表。如果在查询之后，还需要将“查询”结果为“不在查找表中”的数据元素插入到查找表中；或者，从查找表中删除其“查询”结果在“在查找表中”的数据元素，此类查找表就称为“动态查找表”。

平均查找长度（Average Search Length，ASL）：是为确定数据元素在查找表中的位置，需要和给定的值进行比较的关键字个数的期望值，称为查找算法在查找成功时的平均查找长度。对于长度为 n 的查找表，查找成功时的平均查找长度为：

$$ASL=P_1C_1+P_2C_2+\cdots+P_nC_n=\sum_{i=1}^{n} P_iC_i$$

其中 P_i 为查找列表中第 i 个数据元素的概率，C_i 为找到列表中第 i 个数据元素时，已经进行过的关键字比较次数。

需要注意，这里讨论的平均查找长度是在查找成功的情况下进行的讨论，换句话说，我们认为每次查找都是成功的。前面提到查找可能成功也可能失败，但是在实际应用的大多数情况下，查找成功的可能性要比不成功的可能性大得多，特别是查找表中数据元素个数 n 较大时，查找不成功的概率可以忽略不计。由于查找算法的基本运算是关键字之间的比较操作，所以平均查找长度可以用来衡量查找算法的性能。在一个结构中查找某个数据元素的过程依赖于这个数据元素在结构中所处的位置。因此，对表进行查找的方法取决于表中数据元素以何种关系组织在一起，该关系是为了进行查找。

从上述定义中我们看到，在查找表中除了可以完成查找操作，还可以动态的改变查找表中的数据元素，即可以进行插入和删除的操作。为此，下面给出查找表的接口定义。

【查找表接口定义】

```
public interface SearchTable {
    //查询查找表当前的规模
    public int getSize();
    //判断查找表是否为空
    public boolean isEmpty();
    //返回查找表中与元素 ele 关键字相同的元素位置；否则，返回 null
    public Node search(Object ele);
    //返回所有关键字与元素 ele 相同的元素位置
```

```
    public Iterator searchAll(Object ele);
    //按关键字插入元素 ele
    public void insert(Object ele);
    //若查找表中存在与元素 ele 关键字相同元素，则删除一个并返回；否则，返回
     null
    public Object remove(Object ele);
}
```

8.2　静态查找表

静态查找表就是搜索结构在插入和删除等操作的前后不发生改变。静态查找表主要有三种结构：

- 顺序表
- 有序顺序表
- 索引顺序表

静态查找表的类型描述：

```
typedef    struct{
  ElemType    * elem; //数据元素存储空间的首地址，建表时按实际长度分配，0 号单元不存记录。
  int    length;         // 静态查找表的长度
} SqList  ;
```

8.2.1　顺序查找

在顺序表上查找的基本思想是：从顺序表的一端开始，用给定数据元素的关键字逐个和顺序表中各数据元素的关键字比较，若在顺序表中查找到要查找的数据元素，则查找成功，函数返回该数据元素在顺序表中的位置；否则查找失败，函数返回-1。

利用顺序查找的方法求得 1 在表中的位置，如图 8-1 所示。

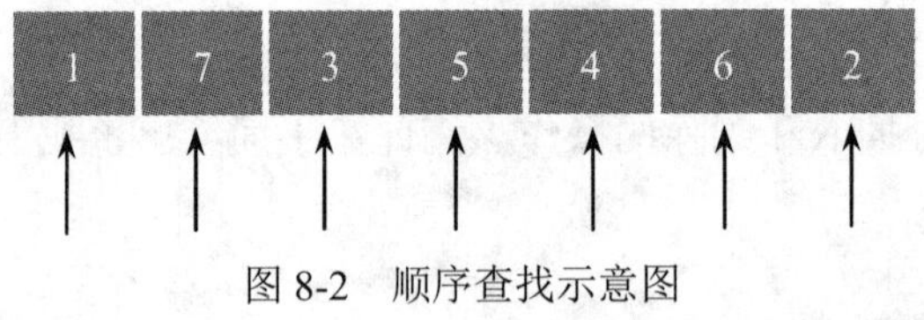

图 8-2　顺序查找示意图

查找函数设计如下：

```
public int seqSearch(Comparable key) {
        int i = 1, n = length();
        while (i < n+1 && r[i].getKey().compareTo(key) != 0) {
            i++;
        }
```

```
        if (i < n+1) {      //查找成功则返回该元素的下标 i，否则返回-1
            return i;
        } else {
            return -1;
        }
    }
```

平均查找长度：

查找的过程就是将给定的 Key 值与文件中各记录的关键字项进行比较的过程。所以用比较次数的平均值来评估算法的优劣。称为平均查找长度 ASL。对于含有 n 个记录的表，查找成功时的平均查找长度为：

$$ASL=\sum_{i=1}^{n} P_iC_i$$

其中，Pi 为查找表中第 i 个记录的概率，且 $P_i=1$；C_i 为查找到第 i 个元素所需比较次数。C_i 取决于所查记录在表中的位置。

当查找记录 r[n]时，仅需比较一次；而查找记录 r[1]时，则需比较 n 次。一般情况下 C_i 等于 n-i+1。

假设每次查找都是成功的，即 $P_i=1$，则：

$$ASL= nP_1+(n-1)P_2 +\ldots + 2P_{n-1}+P_n$$

假设每个记录的查找概率相等，即 $P_i=1/n$，则：

$$ASL= [n+(n-1)+\ldots + 2+1]/n=(n+1)/2$$

假设每个记录的查找概率不相等，则

$$ASL= nP_1+（n-1）P_2 +\ldots + 2P_{n-1}+P_n$$

取得极小值的情形是：

$$P_1\leqq P_2\leqq \ldots \leqq P_{n-1} \leqq P_n$$

若，假设查找“成功”和“不成功”的概率相等，查找成功时，每个记录的查找概率相等，即 $P_i=1/(2n)$，则：

$$ASL= [n+(n-1)+\ldots + 2+1]/(2n)+(n+1)/2=3(n+1)/4$$

1）物理意义：假设每一元素被查找的概率相同，则查找每一元素所需的比较次数之总和再取平均，即为 ASL。

2）平均查找长度算法：

查找第 n 个元素所需的比较次数为 1；

查找第 n-1 个元素所需的比较次数为 2；

……

查找第 1 个元素所需的比较次数为 n；

总计全部比较次数为：1＋2＋⋯＋n = (1+n)n/2

若求某一个元素的平均查找次数，还应当除以 n（等概率），即：ASLcc=(1＋n)/2（查找成功的情况），时间效率为 O(n)。

8.2.2 折半查找

上述顺序查找表的查找算法简单，但平均查找长度较大，特别不适用于表长较大的查找表。若以有序表表示静态查找表，则查找过程可以基于“折半”（“二分”）进行。

基本思想：取出表中的中间元素，若其关键字值为 key，则查找成功，算法结束；否则以中间元素为分界点，将查找表分成两个子表，并判断所查的 key 值所在的子表是前部分，还是后部分，再重复上述步骤直到找到关键字值为 key 的元素或子表长度为 0。

折半查找要求：查找表是按关键字从小到大排序好的有序顺序表。并且要用向量作为表的存储结构。不妨设有序表是递增有序的。

假设表的长度为 n，指针 low 和 high 分别指示待查元素所在区间的下界和上界，指针 mid 指示区间的中间位置，mid= (low+high)/2。执行下列步骤，直到查找成功。

1）若 key=r[mid].key，成功。

2）若 k<r[mid].key, 则 high=mid-1，重复(1)。

3）若 k>r[mid].key, 则 low=mid+1，重复(1)。

查找不成功时：low>high。

采用折半查找法查找 key=4 和 key=70 的记录的过程如图 8-2 所示。

算法如下：

```
Public static int BiSearch(DataType a[], int n, KeyType key)
//在有序表 a[0]--a[n-1]中二分查找关键码为 key 的数据元素
//查找成功时返回该元素的下标序号；失败时返回-1
{
    int low = 0, high = n - 1;                //确定初始查找区间上下界
    int mid;

    while(low <= high)
    {
        mid = (low + high)/2;                 //确定查找区间中心下标

        if(a[mid].key == key) return mid;         //查找成功
        else if(a[mid].key < key) low = mid + 1;
        else high = mid - 1;
    }
    return -1;                                     //查找失败
}
```

用折半查找法查找 4、70 的具体过程，其中 mid=(low+high)/2，当 high<low 时，表示不存在这样的子表空间，查找失败。

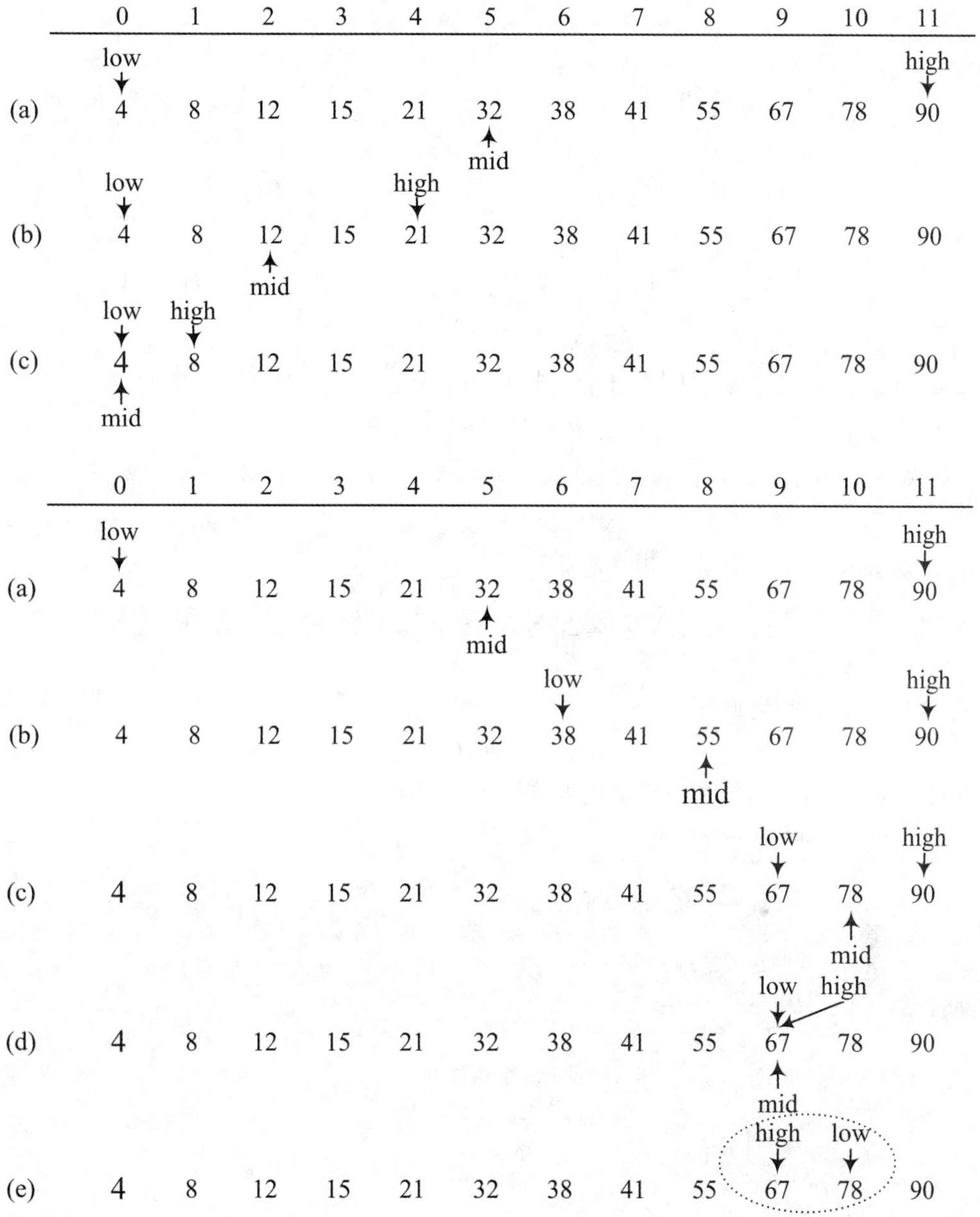

	0	1	2	3	4	5	6	7	8	9	10	11
	low↓											high↓
(a)	4	8	12	15	21	32	38	41	55	67	78	90
						↑mid						
	low↓				high↓							
(b)	4	8	12	15	21	32	38	41	55	67	78	90
			↑mid									
	low↓	high↓										
(c)	4	8	12	15	21	32	38	41	55	67	78	90
	↑mid											

	0	1	2	3	4	5	6	7	8	9	10	11
	low↓											high↓
(a)	4	8	12	15	21	32	38	41	55	67	78	90
						↑mid						
							low↓					high↓
(b)	4	8	12	15	21	32	38	41	55	67	78	90
									↑mid			
										low↓		high↓
(c)	4	8	12	15	21	32	38	41	55	67	78	90
											↑mid	
										low↓	high↙	
(d)	4	8	12	15	21	32	38	41	55	67	78	90
										↑mid		
										high↓	low↓	
(e)	4	8	12	15	21	32	38	41	55	67	78	90

图 8-2　折半查找示意图

假设查找表中各记录的关键字为{4，8，12，15，21，32，38，41，55，67，78，90}。

折半查找法的查找过程的折半查找判定树表示：树中结点对应记录，结点值不是记录值，是记录在表中的位置序号。根结点对应表中的中间记录，左子树为前子表，右子树为后子表。折半查找判定树如图 8-3 所示。

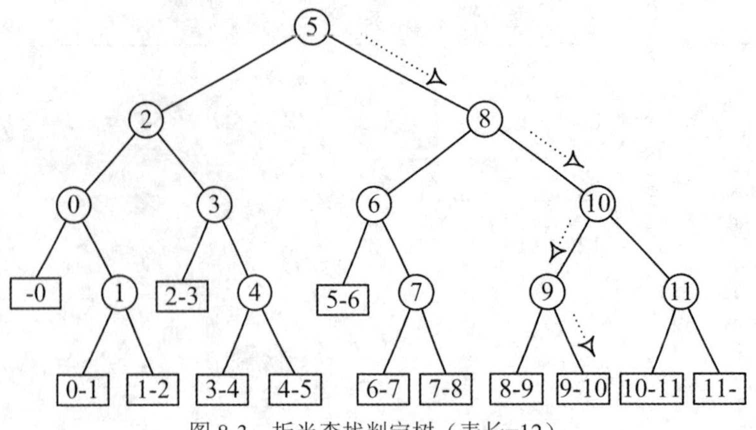

图 8-3　折半查找判定树（表长=12）

一般情况下，表长为 n 的折半查找的判定树的深度和含有 n 个结点的完全二叉树的深度相同。

假设 $n=2^k-1$ 并且查找概率相等，则

$$ASL_{bs}=\frac{1}{n}\sum_{i=0}^{n-1}C_i=\frac{1}{n}\left[\sum_{j=1}^{k}j\times 2^{j-1}\right]=\frac{n+1}{n}\log_2(n+1)-1$$

在 n>50 时，可得近似结果

$$ASL_{bs}\approx\log_2(n+1)-1$$

【算法 8.1　顺序查找和折半查找算法的实现和测试】

```
package lib.algorithm.chapter8.n01;

import lib.algorithm.chapter8.RecordNode;

@SuppressWarnings("rawtypes")
public class SeqList {

    private RecordNode[] r;          //顺序表记录结点数组
    private int curlen;              //顺序表长度，即记录个数

    public int length(){
        return curlen;
    }

    public int getCurlen() {
        return curlen;
    }
```

```
    public void setCurlen(int curlen) {
        this.curlen = curlen;
    }

    public SeqList (int maxSize) {
            this.r = new RecordNode[maxSize];// 为顺序表分配 maxSize 个存储单元
            this.curlen = 0;        // 置顺序表的当前长度为 0
    }

    public void   insert(int i , RecordNode x) throws Exception{
        if( curlen == r.length - 1){
            throw new Exception("表已满，无法加入!!");
        }

        if( i < 0 || i > curlen + 1){
            throw new Exception("无法插入，无此位置!!");
        }

        for( int j = curlen ; j > i; j-- ){
            r[j + 1] = r[j];
        }

        r[i] = x ;

        this.curlen++ ;
    }


    /**
     * 顺序查找:从顺序表 r[1]到 r[n]的 n 个元素中顺序查找出关键字为 key 的记录，成功返回下标，否
则返回-1
     */
    @SuppressWarnings("unchecked")
    public int seqSearch (Comparable key) {
            int i = 0, n = length();
            while (i < n &&
                    r[i].getKey().compareTo(key) != 0) {
                    i++;
            }
            if (i < n)
                        return i;
              else
```

```
                return -1;
        }

    /**
     * 二分查找（折半查找）：从顺序表 r[1]到 r[n]的 n 个元素中间位置开始查找出关键字为 key 的记录，
成功返回下标，否则返回-1
     * @param key
     * @return
     */
    @SuppressWarnings("unchecked")
    public int binarySearch(Comparable key){
        if( length() > 0 ){
            int startIndex = 1;//开始位置
            int endIndex = length();//结束位置

            while( startIndex <= endIndex ){
                int midIndex = ( startIndex + endIndex ) / 2; //取中间位置
                if( r[midIndex].getKey().compareTo(key) == 0){
                    return midIndex;
                } else if( r[midIndex].getKey().compareTo(key) > 0 ){
                    endIndex = midIndex - 1; //后半段查找
                } else {
                    startIndex = midIndex + 1; //前半段查找
                }
            }
        }
        return -1;
    }

    public static void main(String[] args) throws Exception{
        int[] iArray = new int[] { 32, 26, 87, 72, 29, 17 };
        SeqList list = new SeqList(10);

        for(int i = 0 ;i < iArray.length; i ++ ){
            RecordNode x = new RecordNode(iArray[i]);
            list.insert(i, x);
        }

        //顺序查找
        System.out.println("seqSearch("+ 72 +") : " + list.seqSearch(72));
        //二分查找
        System.out.println("binarySearch("+ 26 +") : " + list.binarySearch(26));
```

```
    }
}
```

程序运行结果如下：

```
seqSearch(72) : 3
binarySearch(26) : 1
```

8.2.3 分块查找

分块查找方法利用了索引顺序表，索引顺序表包括存储数据的顺序表（称为主表）和索引表两部分。顺序表被分为若干子表（又称块），整个顺序表有序或分块有序。将每个子表中的最大关键字取出，再加上指向该关键字记录所在子表第一个元素的指针，就构成一个索引项，将这些索引项按关键字增序排列，就构成了索引表。

把线性表顺序划分为若干个子表（块）后满足：

1）子表之间递增（或递减）有序——后一子表的每一项大于前一子表的所有项。

2）块内元素可以无序。

表结构的建立：

1）把线性表均匀划分为若干个子表（块），使子表之间有序。

2）建立索引表（有序表），结点结构如下。

关键字项 — 每个子表元素的最大值。

指针项 — 子表中第一个元素在线性表中的位置。

分块查找的基本过程如下：

1）首先，将待查关键字 K 与索引表中的关键字进行比较，以确定待查记录所在的块。具体的可用顺序查找法或折半查找法进行。

2）进一步用顺序查找法，在相应块内查找关键字为 K 的元素。

例如查找 36：首先，将 36 与索引表中的关键字进行比较，因为 25<36≤58，所以 36 在第二个块中，进一步在第二个块中顺序查找，最后在 9 号单元中找到 36。如图 8-4 所示。

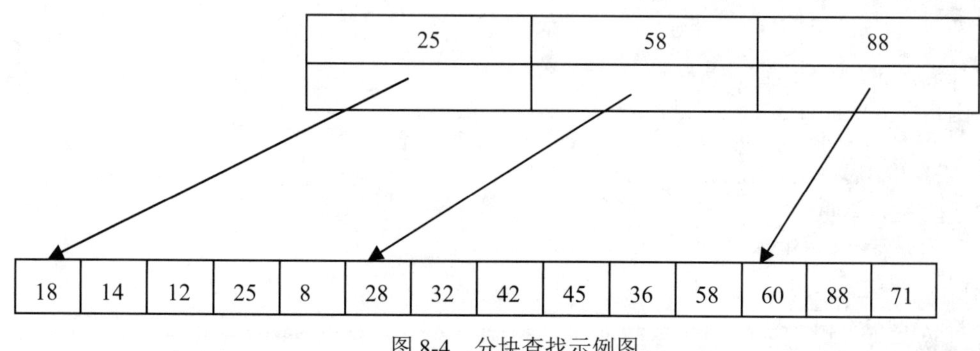

图 8-4 分块查找示例图

分块查找的平均查找长度 $ASL_{bs}=L_B+L_w$

L_B：查找索引表时的平均查找长度。

L_w：在相应块内进行顺序查找的平均查找长度。

假定将长度为 n 的表分成 b 块，且每块含 s 个元素，则 b=n/s。又假定表中每个元素的查找概率相等，则每个索引项的查找概率为 1/b，块中每个元素的查找概率为 1/s。

若用顺序查找确定待查元素所在的块，则有：

1）以二分查找确定块：

$$ASL_{blk} \approx \log 2(n/s+1)+s/2$$

2）以顺序查找确定块：

$$ASL_{blk}=(s^2+2s+n)/2s=1/2(n/s+s)+1$$

3）时间复杂度：$O(\sqrt{n})$

对上述三种查找方法比较得出：

1）平均查找长度：折半查找最小，分块查找次之，顺序查找最大。

2）表的结构：顺序查找对有序表、无序表均适用；折半查找仅适用于有序表；分块查找要求表中元素是块与块之间的记录按关键字有序。

3）存储结构：顺序查找和分块查找对向量和线性链表结构均适用；折半查找只适用于向量存储结构的表。

8.3 动态查找表

动态查找表（Dynamic Search Table）：表结构在查找过程中动态生成。对于给定值 K，若表中存在关键字等于 K 的记录，则查找成功返回，否则插入关键字等于 K 的记录。

动态查找表的建立由不断地执行查找操作来完成。动态查找表存储结构主要采用链式存储，并且经常采用树型结构表示（由于在动态查找表中要频繁地执行插入或删除操作）。

动态查找表的抽象数据类型：

```
ADT DynamicsearchTable {
  数据对象 D：具有同一特性和类型的元素的集合、可唯一标识数据元素的关键字。
  数据关系 R：数据集合
  基本操作 P：InitDSTable(&DT,n)          //构造查找表
              destroyDSTable(&DT)         //销毁查找表
              searchDSTable(DT,ch)        //查找表中指定元素
             TraverseDSTable(DT,visit())  //遍历表
} ADT DynamicsearchTable
```


1. 二叉排序树（Binary Sort Tree）概念

或者是一棵空树，或者是具有下列性质的二叉树。示例如图 8-5 所示。

1）若它的左子树不空，则左子树上所有结点的值均小于它的根结点的值。

2）若它的右子树不空，则右子树上所有结点的值均大于它的根结点的值。

3）它的左、右子树也分别为二叉排序树。

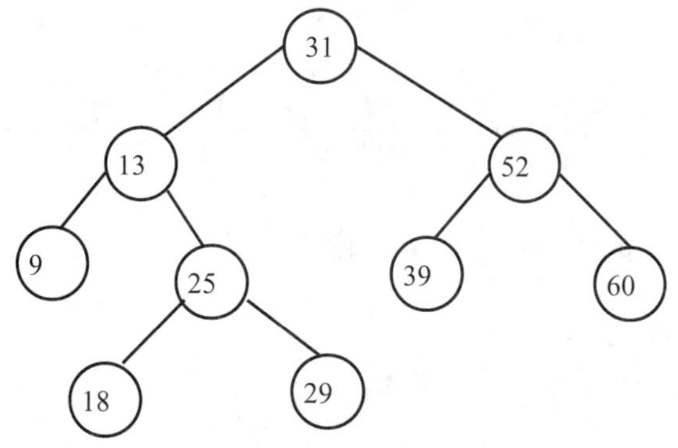

图 8-5 二叉排序树示例图

中序遍历序列：9 13 18 25 29 31 39 52 60

二叉排序树的特点：中序遍历二叉排序树得到的关键字序列是一个递增的有序序列。

2. 二叉排序树的查找

二叉排序树又称二叉查找树，通常取二叉链表作为其存储结构。在二叉排序树上进行查找，是一个从根结点开始，沿某一个分支逐层向下进行比较判断的过程。它可以是一个递归的过程。

假设想要在二叉排序树中查找关键字为 x 的元素，查找过程从根结点开始。如果根指针为 NULL，则查找不成功；否则用给定值 x 与根结点的关键字进行比较。

1）如果给定值等于根结点的关键字，则查找成功。

2）如果给定值小于根结点的关键字，则继续递归查找根结点的左子树。

3）如果均不满足前两个条件，递归查找根结点的右子树。

二叉排序树查找算法：

```
Public static void    searchBST(BiTreeNode p, Comparable key) {
  //在二叉排序树中查找关键字值为 key 的结点，若查找成功，则返回结点值；否则返回 null
  if (p != null) {
        if (key.compareTo(((RecordNode)p.getData()).getKey()) == 0) //查找成功
                return p.getData();
         if (key.compareTo(((RecordNode) p.getData()).getKey()) < 0)
                return searchBST( p.getLchild() , key);
                                                          //在左子树中查找
     else
                return searchBST( p.getRchild() , key);
                                                          //在右子树中查找
     }
}
```

3. 二叉排序树的插入

二叉排序树的插入操作的基本步骤（用递归的方法）：如果已知二叉排序树是空树，则插入的结点成为二叉排序树的根结点；如果待插入结点的关键字值小于根结点的关键字值，则插入到左子树中；如果待插入结点的关键字值大于根结点的关键字值，则插入到右子树中。

二叉排序树上的插入算法：

```
//在二叉排序树中插入关键字为 Keyt 的结点,若插入成功返回 true，否则返回 false
    public boolean insertBST(int key) {
        if (root == null) {
            root = new BiTreeNode(key); //建立根结点
            return true;
        }
        return insertBST(root, key);
    }
    //将关键字为 keyt 的结点插入到以 p 为根的二叉排序树中的递归算法
    private boolean insertBST(BiTreeNode p, int key) {
        if (key==p.getKey()) {
            return false;                  //不插入关键字重复的结点
        }
        if (key<p.getKey()) {
            if (p.getLchild() == null) {            //若 p 的左子树为空
                p.setLchild(new BiTreeNode(key));  //建立叶子结点作为 p 的左孩子
                return true;
            } else {                               //若 p 的左子树非空
                return insertBST(p.getLchild(), key);    //插入到 p 的左子树中
            }
        } else if (p.getRchild() == null) {      //若 p 的右子树为空
            p.setRchild(new BiTreeNode(key));       //建立叶子结点作为 p 的右孩子
            return true;
        } else {                                   //若 p 的右子树非空
            return insertBST(p.getRchild(), key);    //插入到 p 的右子树中
        }
}
```

【算法 8.2　二叉排序树的插入和查找算法】

```
package lib.algorithm.chapter8.n02;

import lib.algorithm.chapter8.BiTreeNode;
import lib.algorithm.chapter8.RecordNode;

@SuppressWarnings({"unchecked","rawtypes"})
public class BSTree {
    private BiTreeNode root;

    public boolean insertBST( Comparable key, Object theElement) {
```

```
        if (key == null || !(key instanceof Comparable)) {// 不能插入空对象或不可比较大小的对象
            return false;
        }
        if (root == null) {
            root = new BiTreeNode(new RecordNode(key, theElement)); // 建立根结点
            return true;
        }
        return insertBST(root, key, theElement);
    }

    /**
     * 二叉树插入:将关键字为 key 的结点插入到以 p 为根的二叉排序树中的递归算法
     * @param p
     * @param key
     * @param theElement
     * @return
     */
    private boolean insertBST(BiTreeNode p, Comparable key, Object theElement) {
        if (key.compareTo(((RecordNode) p.getData()).getKey()) == 0)
            return false;
        if (key.compareTo(((RecordNode) p.getData()).getKey()) < 0) {
            if (p.getLchild() == null) { // 若 p 的左子树为空
                p.setLchild(new BiTreeNode(new RecordNode(key, theElement))); // 建立叶子结点作为 p 的
左孩子
                return true;
            } // 若 p 的左子树非空
            return insertBST(p.getLchild(), key, theElement);
        } else if (p.getRchild() == null) { // 若 p 的右子树为空
            p.setRchild(new BiTreeNode(new RecordNode(key, theElement))); // 建立叶子结点作为 p 的右孩子
            return true;
        } else
            // 若 p 的右子树非空
            return insertBST(p.getRchild(), key, theElement); // 插入到 p 的右子树中
    }

    public Object searchBST(Comparable key) {
        if (key == null || !(key instanceof Comparable)) {
            return null;
        }
        return searchBST(root, key);
    }
```

```
    public Object searchBST(BiTreeNode p, Comparable key) {
        if (p != null) {
            if (key.compareTo(((RecordNode) p.getData()).getKey()) == 0) // 查找成功
                return p.getData();
            if (key.compareTo(((RecordNode) p.getData()).getKey()) < 0)
                return searchBST(p.getLchild(), key);
            // 在左子树中查找
            else
                return searchBST(p.getRchild(), key);
            // 在右子树中查找
        }
        return null;
    }

    public static void main(String[] args) {
        BSTree bstree = new BSTree();
        int[] k = { 50, 13, 63, 8, 36, 90, 5, 10, 18, 70 };
        String[] item = { "Wang", "Li", "Zhang", "Liu", "Chen", "Yang",
                "Huang", "Zhao", "Wu", "Zhou" };

        for (int i = 0; i < k.length; i++) {
            if (bstree.insertBST(k[i], item[i])) {
                System.out.print("[" + k[i] + "," + item[i] + "]" + "\n");
            }
        }

        RecordNode found = (RecordNode) bstree.searchBST(50);
        if (found != null) {
            System.out.println("查找关键码：" + 50 + ",成功！对应姓氏为："
                    + found.getElement());
        }else {
            System.out.println("查找关键码：" + 50 + ",失败!!" );
        }
    }
}
```

程序运行结果如下：

```
[50,Wang]
[13,Li]
[63,Zhang]
[8,Liu]
[36,Chen]
[90,Yang]
```

```
[5,Huang]
[10,Zhao]
[18,Wu]
[70,Zhou]
查找关键码：50,成功！对应姓氏为：Wang
```

8.4 哈希表

8.4.1 哈希表和哈希函数的定义

以上两节讨论的查找表的各种结构的共同特点：记录在表中的位置和它的关键字之间不存在一个确定的关系。

查找的过程：为给定值按某种顺序和记录集合中各个关键字进行比较的一个过程。

查找的效率：取决于和给定值进行比较的关键字个数。

哈希（Hash）又称散列，是一种重要的存储方法。它的基本思想是：以结点的关键字 k 为自变量，通过一个确定的函数 H，计算出对应的函数值 H(k)，作为结点的存储位置，将结点存入 H(k)所指的存储位置上。

哈希查找是一种常见的查找方法，查找时根据要查找的关键字用同样的函数 H 计算地址，然后到相应的单元去取要找的结点。顺序查找、折半查找、树表的查找都是建立在比较基础上的查找，而哈希查找是直接查找。

用哈希法存储的线性表叫做哈希表。上述的 H 函数称为哈希函数。H(k)称为哈希地址。通常哈希表的存储空间是一个一维数组，哈希地址是数组的下标。根据设定的哈希函数 H(key)和处理冲突的方法将一组关键字映象（散列）到一个有限的连续的地址集（区间）上。主要考虑两个问题：一是如何构造哈希函数，二是如何解决冲突。

冲突和同义词：若某个哈希函数 H 对于不同的关键字 key1 和 key2 得到相同的哈希地址，这种现象称为冲突。而发生冲突的这两个关键字则称为该哈希函数的同义词。

例如：为每年招收的 1000 名新生建立一张查找表，其关键字为学号，其值的范围为 xx000 ~ xx999 (前两位为年份)。若以下标为 000 ~ 999 的有序表表示。则查找过程可以简单进行，取给定值（学号）的后三位，直接可确定学生记录在查找表中的位置，不需要经过比较即可确定待查关键字。

所以：关键字(key) $\xrightarrow{H}$ 记录在表中位置。记录在表中的位置为关键字的某个函数值 H(key)，通常称这个函数 H(key)为哈希函数。

【算法 8.3　哈希查找算法】

```
package lib.algorithm.chapter8.n03;
```

```
import lib.algorithm.chapter8.RecordNode;

public class HashTable {

    // 对象数组
    private RecordNode[] table;

    // 构造指定大小 Hash 表
    public HashTable(int maxSize) {
        table = new RecordNode[maxSize];
        for (int i = 0; i < table.length; i++) {
            table[i] = new RecordNode(0);
        }
    }

    public int hash(int key) { // 除留余法数哈希函数，除数是哈希表长度
        return key % table.length;
    }

    @SuppressWarnings("unchecked")
    public RecordNode hashSearch(int key) {
        int i = hash(key); // 求哈希地址
        int j = 0;
        while ((table[i].getKey().compareTo(0) != 0)
                && (table[i].getKey().compareTo(key) != 0)
                && (j < table.length)) { // 该位置中不为空并且关键字与 key 不相等
            j++;
            i = (i + j) % 20; // 用线性探测再散列法求得下一探测地址
        } // i 指示查找到的记录在表中的存储位置或指示插入位置
        if (j >= table.length) { // 如果表已经为满
            System.out.println("哈希表已满");
            return null;
        } else
            return table[i];
    }

    @SuppressWarnings("unchecked")
    public void hashInsert(int key) {
        RecordNode p = hashSearch(key);
        if (p.getKey().compareTo(0) == 0)
            p.setKey(key); // 插入
        else
```

```
            System.out.println(" 此关键字记录已存在或哈希表已满");
    }

    @SuppressWarnings("unchecked")
    public static void main(String[] args) {
        HashTable hashTable = new HashTable(20);
        int[] k = { 50, 13, 63, 8, 36, 90, 5, 10, 18, 70 };
        for (int i = 0; i < k.length; i++) {
            hashTable.hashInsert(k[i]);
        }
        int searchKey = 90;
        RecordNode found = (RecordNode) hashTable.hashSearch(searchKey);
        if ((found.getKey()).compareTo(searchKey) == 0) {
            System.out.println("查找" + searchKey + "成功!!");
        } else {
            System.out.println("查找" + searchKey + "失败!!");
        }
    }
}
```

程序运行结果如下：

```
查找 90 成功!!
```

8.4.2 哈希函数的构造方法

构造哈希函数的目标：使哈希地址尽可能地均匀分布在散列空间上，计算要简单。

根据关键字的结构和分布情况，构造出相适应的哈希函数。假定关键字为整型数。

1. 直接定址法

哈希函数为关键字的线性函数

$$H(key) = key \quad 或者 \quad H(key) = a \cdot key + b$$

如：k1、k2 分别有值 10、1000；选 10、1000 作为存放地址。如发生冲突，则可能是关键字错误。

优点：计算简单，不会发生冲突。

缺点：有可能造成内存单元的大量浪费。

地址	01	02	03	…	25	26	27	…	100
年龄	1	2	3		25	26	27	…	100
人数	3000	2000	5000	…	1050	…	…	…	…

取关键字或关键字的某个线性函数值为哈希地址，即

$$H(key)=key \quad 或 \quad H(key)=a \cdot key+b$$

其中 a 和 b 为常数。

地址	01	02	03	…	25	26
年份	1949	1950	1951	…	1970	…
人数	…	…	….	…	15000	…

$$H(key)=key$$
$$H(key)=key+(-1948)$$

2. 数字分析法

取关键字中某些取值较分散的数字位作为散列地址。设关键字是以 r 为基的数，且哈希表中可能出现的关键字都是事先知道的，取关键字的若干数位组成哈希地址。

例，990101001，990101002，990203030

990204031，990504010，990504011

3. 平方取中法

取关键字平方的中间某些位作为散列地址。具体位数依实际需要而定。一个数的平方的中间某些位和数的每一位都有关。即得到散列地址与关键字的每一位都有关，这样就比较分散。其适合于每一位都不够分散或较分散的位数不满足实际需要的情况。

4. 折叠法

将关键字自左到右分成位数相等的几部分，最后一部分位数可以短些，然后将这几部分叠加求和，并根据哈希表表长取后几位作为哈希地址。在关键字位数较多，且每一位上数字的分布基本均匀时，利用折叠法可以得到比较均匀的哈希地址。

例如：K=68242324，散列地址为 3 位，分成 3 段：682、423、24，叠加和为 129。以此作为该关键字的散列地址。

适合于关键字位数较多而所需要的散列地址的位数又较少，各个位取值较集中的情况。

5. 除留余数法

关键字 K 除以哈希表长度 m 所得的余数作为散列地址。

哈希函数为：h(K)=k%m

最重要的是选择模数 m，使每一个关键字经函数转换后，映射到散列空间上任一地址的概率都相等。通常选择 m 为小于或等于线性表长度的最大素数。

优点：计算简单，适用范围广。

关键：选好哈希表长度 m。

技巧：哈希表长 m 取质数时效果最好。

已知 6 条记录的关键字序列为{6，8，12，17，21，30}，设哈希表长度 n=7，哈希函数为 H(key)=key % 7，则构造的哈希表中记录的哈希地址情况如图 8-6 所示。

keys= {6, 8, 12, 17, 21, 30}

H(key)=key%7

	0	1	2	3	4	5	6
hash table	21	8	30	17		12	6

图 8-6 除留余数法示例图

6. 随机数法

选择一个随机函数，取关键字的随机函数为散列地址。适合于关键字长度不等的情况。

哈希函数为：H(key)=random(key) 其中 random 为随机函数。

8.4.3 处理冲突的方法

如果 key1≠key2，但 H(key1) = H(key2)这种现象称为“冲突”，称 key1 和 key2 为同义词。在实际应用中，应尽量选择均匀的哈希函数来减少冲突。冲突不能避免时，选定一个解决冲突的方法。

发生冲突与下列三个因素有关：

1）装填因子（Load Factor）：$\alpha = n/m$（负载因子）

m 为 hash 表的长度，n 为填入的记录数。

α 越大，冲突的可能性越大。

α 越小，冲突的可能性会减小，但空间的利用率变低。

2）与采用的散列函数有关。

3）与解决冲突的方法有关。

方法选择的好坏也将减少或增加发生冲突的可能性。

1. 开放定址法

Hi=(H(key)+di)MOD m (i=1，2，…，k，直到不冲突为止)，其中：H(key)为哈希函数； m 为哈希表表长；di 为增量序列。可有下列三种取法：

1）di=1，2，3，…，m-1，称线性探测再散列。

2）di=1^2，-1^2，2^2，-2^2，3^2，…，k^2（$k\leqslant m/2$），称二次探测再散列。

3）di=伪随机数序列，称伪随机探测再散列。

例如：设哈希表的长度为 10，哈希函数为：H(key)=key MOD 8，哈希表中已填入 3 个关键字。

例如：关键字集合

{ 19, 01, 23, 14, 55, 68, 11, 82, 36 }

设定哈希函数 ：H(key) = key % 11 (表长=11)

若采用线性探测再散列处理冲突

0	1	2	3	4	5	6	7	8	9	10
55	01	23	14	68	11	82	36	19		
1	1	2	1	3	6	2	5	1		

在查找概率相同的情况下，查找成功和不成功时的 ASL 分别为：

ASLsucc =(1*4+2*2+3+5+6)/9 =22/9

ASLunsucc=(9+8+7+6+5+4+3+2+1)/11=56/11

若采用二次探测再散列处理冲突

0	1	2	3	4	5	6	7	8	9	10
55	01	23	14	68	11	82		19		11
1	1	2	1	2	1	4		1		3

在查找概率相同的情况下，查找成功和不成功时的 ASL 分别为：

ASLsucc =(1*5+2*2+3+4) /9 =16/9

ASLunsucc=(9+8+7+6+5+4+3+2+1)/11= 56 /11

2. 链地址法

将所有哈希地址相同的记录都链接在同一链表中。

例如：同前例的关键字，哈希函数设为 H(key)=key MOD 7

（1）链地址哈希表的查找操作算法

```
//在哈希表中查找指定对象，若查找成功，返回结点；否则返回 null
public Object hashSearch(int key)throws Exception{
    int i=hash(key);        //计算哈希地址
    int index=table[i].indexOf(key);                    //返回数据元素在单链表中的位置
    if(index>=0)
        return ((Object)table[i].get(index));           //返回单链表中找到的结点
    else
        return null;
}
```

（2）链地址哈希表的插入操作算法

```
public void hashInsert(int key)throws Exception{     //在哈希表中插入指定的数据元素
        int i=hash(key);                                          //计算哈希地址
        table[i].insert(0,new KeyType(key));   //将指定数据元素插入到相应的链表中
    }
```

其中，indexOf()和 insert()分别是 LinkList 类中的一个查找和插入方法。如图 8-7 所示。

ASL 成功=(1 × 6 +2×2+3)/9=13/9

ASL 不成功=(1×4 +2 + 3)/7=9/7

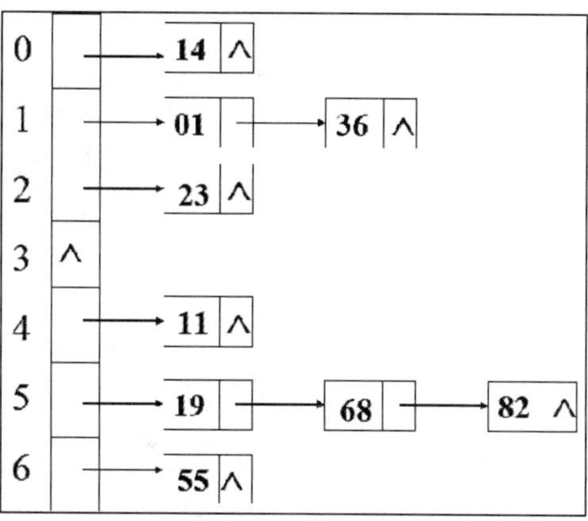

图 8-7　链地址法示例图

【算法 8.4 哈希查找算法】

```
package lib.algorithm.chapter8.n04;

import lib.algorithm.chapter8.LinkList;

public class LinkHashTable {

    private LinkList[] table;

    public LinkHashTable(int size) { // 构造指定大小的哈希表
        this.table = new LinkList[size];
        for (int i = 0; i < table.length; i++) {
            table[i] = new LinkList();
        }// 构造空链表
    }

    public int hash(int key) { // 除留余法数哈希函数，除数是哈希表长度
        return key % table.length;
    }

    public Object hashSearch(Object element) throws Exception {
        int key = element.hashCode();
        int i = hash(key);
        int index = table[i].indexOf(element);
        // 返回数据元素在单链表中的位置
        if (index >= 0) {
            return ((Object) table[i].get(index));
```

```
        } else {   //返回单链表中找到的结点
            return null;
        }
    }

    public void hashInsert(Object o) throws Exception { // 在哈希表中插入指定的数据元素
        int key = o.hashCode();
        int i = hash(key); // 计算哈希地址
        table[i].insert(0, o); // 将指定数据元素插入到相应的链表中
    }

    public void printHashTable() {
        for (int i = 0; i < table.length; i++) {
            System.out.print("table[" + i + "]=");
            table[i].display();
        }
    }

    public static void main(String[] args) throws Exception {
        String[] item = { "Wang", "Li", "Zhang", "Liu", "Chen", "Yang",
                "Huang", "Zhao", "Wu", "Zhou" };
        LinkHashTable table = new LinkHashTable(20);
        for (int i = 0; i < item.length; i++) {
            table.hashInsert(item[i]);
        }
        table.printHashTable();
        System.out.println(table.hashSearch("Li"));
    }
}
```

程序运行结果如下：

```
table[0]=
table[1]=Li
table[2]=Chen
table[3]=
table[4]=Zhang
table[5]=
table[6]=
table[7]=Wang
table[8]=Liu
table[9]=HuangYang
table[10]=
table[11]=
table[12]=ZhouZhao
```

```
table[13]=
table[14]=Wu
table[15]=
table[16]=
table[17]=
table[18]=
table[19]=
Li
```

3. 公共溢出法

基本思想是：除基本的存储区（称为基本表）之外，另建一个公共溢出区（称为溢出表）。当不发生冲突时，数据元素可存入基本表中；当发生冲突时，不管哈希地址是什么，数据元素都存入溢出表。查找时，对给定值K通过哈希函数计算出哈希地址i，先与基本表对应的存储单元相比较，若相等，则查找成功；否则，再到溢出表中进行查找。

4. 再哈希法

主要思想是：当发生冲突时，再用另一个哈希函数来得到一个新的哈希地址，若再发生冲突，则再使用另一个函数，直至不发生冲突为止。

预先需要设置一个哈希函数的序列：

$$Hi=RHi(key)\ (i=1,2,\cdots,k)$$

哈希表查找性能的分析：从查找过程得知，哈希表查找的平均查找长度实际上并不等于零。决定哈希表查找的ASL的因素有如下几点：

1）选用的哈希函数。

2）选用的处理冲突的方法。

3）哈希表饱和的程度，装载因子 $\alpha=n/m$ 值的大小（n—记录数，m—表的长度）。

一般情况下，可以认为选用的哈希函数是“均匀”的，则在讨论ASL时，可以不考虑它的因素。因此，哈希表的ASL是处理冲突方法和装载因子的函数。

例如（对于前例）：

线性探测处理冲突时，ASL =22/9

二次探测再散列处理冲突时，ASL =14/9

链地址法处理冲突时，ASL =13/9

可以证明，查找成功时有下列结果：

1）线性探测再散列：

$$S_{nl} \approx \frac{1}{2}\left(1+\frac{1}{1-\alpha}\right)$$

2）二次探测再散列：

$$S_{nr} \approx -\frac{1}{\alpha}\ln(1-\alpha)$$

3）链地址法：

$$S_{nc} \approx 1 + \frac{\alpha}{2}$$

从以上结果可见，哈希表的平均查找长度是 α 的函数，而不是 n 的函数。这说明，用哈希表构造查找表时，可以选择一个适当的装填因子 α，使得平均查找长度限定在某个范围内。这是哈希表所特有的特点。

本章小结

本章介绍了数据结构的一种重要的操作—查找，并介绍了操作的基本概念；讨论了多种经典查找技术，包括线性表的顺序、折半和分块查找算法，二叉排序树的查找算法以及哈希表的查找算法；并讨论了各种算法适用于哪些数据存储结构，以及比较了各种算法的运行效率。需要理解“查找表”的结构特点以及各种表示方法的适用性；熟练掌握以顺序表或有序表表示静态查找表时的查找方法；熟悉静态查找树的构造方法和查找算法，理解静态查找树和折半查找的关系；熟练掌握二叉查找树的构造和查找方法。

查找不是一种数据结构，而是一种基于数据结构的对数据进行处理时经常使用的一种操作。查找的方法很多，而且与数据的结构密切相关，查找算法的优劣对计算机系统的运行效率影响很大。

上机实训

1．给出折半查找的递归算法，并给出算法时间复杂度性分析。

2．写出从哈希表中删除关键字为 K 的一个记录的算法，设哈希函数为 H，解决冲突的方法为链地址法。

3．在单链表中，每个结点含有 5 个正整型的数据元素（若最后一个结点的数据元素不满 5 个，以值 0 填充），试编写一算法查找值为 n（n>0）的数据元素所在的结点指针以及在该结点中的序号，若链表中不存在该数据元素则返回空指针。

4．编写对有序表进行顺序查找的算法，并画出对有序表进行顺序查找的判定树。假设每次查找时的给定值为随机值，查找成功和不成功的概率也相等，试求进行每一次查找时和给定值进行比较的关键字个数的期望值。

习题

1．对下面的关键字集{30,15,21,40,25,26,36,37}，若查找表的装填因子为 0.8，采用线性探测再散列方法解决冲突。

（1）设计哈希函数。

（2）画出哈希表。

（3）计算查找成功和查找失败的平均查找长度。

（4）写出将哈希表中某个数据元素删除的算法。

2. 设有五个数据 do,for,if,repeat,while，它们排在一个有序表中，其查找概率分别为 p_1 =0.2, p_2=0.15,p_3=0.1,p4=0.03,p_5=0.01。而查找它们之间不存在数据的概率分别为 q0=0.2,q1=0.15, q2=0.1,q3=0.03,q4=0.02,q5=0.01。

	do		for		if		repeat		while	
q_0	p_1	q_1	p_2	q_2	p_3	q_3	p4	q_4	p_5	q_5

（1）试画出对该有序表采用顺序查找时的判定树和采用折半查找时的判定树。

（2）分别计算顺序查找时查找成功和不成功的平均查找长度，以及折半查找时查找成功和不成功的平均查找长度。

（3）判定是顺序查找好还是折半查找好？

3. 顺序检索、二分检索、哈希（散列）检索的时间分别为 O(n)、O($\log_2$n)、O(1)。既然有了高效的检索方法，为什么低效的方法还不放弃？

4. 解答下面的问题。

（1）画出在递增有序表 A[1..21]中进行折半查找的判定树。

（2）当实现插入排序过程时，可以用折半查找来确定第 I 个元素在前 I-1 个元素中的可能插入位置，这样做能否改善插入排序的时间复杂度？为什么？

（3）折半查找的平均查找长度是多少？

5. 设哈希表 a,b 分别用向量 a[0..9],b[0..9]表示，哈希函数均为 H(key)=key MOD 7,处理冲突使用开放定址法，Hi=[H(key)+Di]MOD 10，在哈希表 a 中 Di 用线性探测再散列法，在哈希表 b 中 Di 用二次探测再散列法，试将关键字{19,24, 10,17,15,38,18,40}分别填入哈希表 a,b 中，并分别计算出它们的平均查找长度 ASL。

6. 有一个长度为 12 的有序表，按折半查找法对该表进行查找，在表内各元素等概率情况下，查找成功所需的平均比较次数是多少？

7. 给定关键码序列{26,25,20,33,21,24,45,204,42,38,29,31}，要用散列法进行存储，规定负载因子 α=0.6。

（1）请给出除余法的散列函数。

（2）用开地址线性探测法解决碰撞，请画出插入所有的关键码后得到的散列表，并指出发生碰撞的次数。

9 排序

本章学习目标

排序是数据结构中使用频率很高的一种操作，进行排序操作的目的是为了方便数据的查找，在数据查找之前我们需要先做好排序这种基础性操作，也是计算机程序中经常使用的一种运算，本章中所有排序算法均采用 Java 语言编写，所有代码均运行测试过。

本章将介绍排序过程中“稳定”与“不稳定”的含义，几种常用的内部排序方法，各种排序方法的比较以及各种排序算法的时间复杂度分析等相关知识。

9.1 排序基本概念

排序（Sorting）就是将一组杂乱无章的数据按一定的规律排列起来（递增或递减）。它是对数据元素序列建立某种有序排列的过程，是将一个数据元素的任意序列，重新排列成一个按关键字有序的序列，是计算机程序设计中的一个重要操作。为了讨论方便，在此把排序关键字假设为整型，并且用顺序表（即一维数组）做存储结构。排序需要的几个基本概念如下：

数据表（DataList）：它是待排序数据对象的有限集合。

关键字（Key）：通常数据对象有多个属性域，某一个或几个可以区分对象的属性域称作关键字。每个数据表用哪个属性域作为关键字，要视具体的应用需要而定。即使是同一个表，在解决不同问题的场合也可能取不同的域作关键字。

主关键字：如果在数据表中各个对象的关键字互不相同，这种关键字即主关键字。按照主关键字进行排序，排序的结果是唯一的。

次关键字：数据表中有些对象的关键字可能相同，这种关键字称为次关键字。按照次关键字进行排序，排序的结果可能不唯一。

若某关键字是主关键字，则任何一个记录的无序序列经排序后得到的结果是唯一的；若某关键字是次关键字，则排序的结果不唯一。因为待排序的序列中可能存在两个或两个以上关键字相等的记录。如表 9-1 所示。

表 9-1 学生档案表

学号	姓名	年龄	性别
99001	张林	18	男
99002	王娜	19	男
99003	谢辉	17	女
99004	祝米娜	18	女
99005	刘心	20	男
99006	周陶	16	女

主关键字：学号　　次关键字：姓名、年龄、性别

排序算法的稳定性：

如果在对象序列中有两个对象 R[i]和 R[j]，它们的关键字 K[i] == K[j]，且在排序之前，对象 R[i]排在 R[j]前面。如果在排序之后，对象 R[i]仍在对象 R[j]的前面，则称这个排序方法是稳定的，否则称这个排序方法是不稳定的。

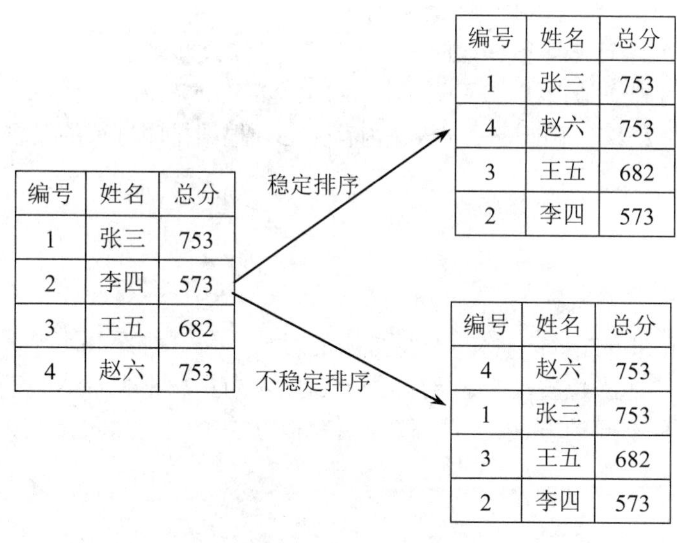

图 9-1 稳定排序和不稳定排序

衡量排序方法的标准：

- 排序时所需要的平均比较次数
- 排序时所需要的平均移动次数
- 排序时所需要的平均辅助存储空间

内部排序的过程是一个逐步扩大记录的有序序列长度的过程。在排序的过程中，参与排序的记录序列中存在两个区域：有序区和无序区，如图 9-2 所示。

使有序区中记录的数目增加一个或几个的操作称为一趟排序。

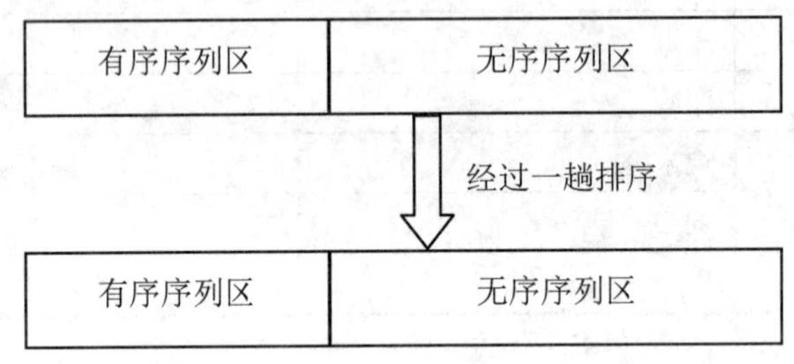

图 9-2　有序区和无序区

排序的分类：基于不同的“扩大”有序序列长度的方法，内部排序方法大致可分下列几种类型：

- 插入类（如直接插入排序、折半插入排序、2—路插入排序、希尔排序）
- 交换类（如起泡排序、快速排序）
- 选择类（简单选择排序、锦标赛排序、堆排序）
- 归并类（通过“归并”两个或两个以上的记录有序子序列，逐步增加记录有序序列的长度）

内排序与外排序：内排序是指在排序期间数据对象全部存放在内存的排序；外排序是指在排序期间全部对象个数太多，不能同时存放在内存，必须根据排序过程的要求，不断在内、外存之间移动的排序。

9.2　插入排序

插入排序（Insertion Sort），每步将一个待排序的对象，按其排序码大小，插入到前面已经排好序的一组对象的适当位置上，直到对象全部插入为止。根据插入点查找方式的不同，插入排序又可分几种不同的方法，这里仅介绍三种方法：直接插入排序、折半插入排序和希尔排序。

9.2.1　直接插入排序

直接插入排序的基本思想是：顺序地把待排序的数据元素按其值的大小插入到已排序数据

元素子集合的适当位置。子集合的数据元素个数从只有一个数据元素开始逐次增大。当子集合大小最终和集合大小相同时排序完毕。

设有一组关键字序列为(32,26,87,72,26,17)，这里 n=6，即有 6 个记录。请将其按由小到大的顺序排序。图 9-3 为直接插入排序。

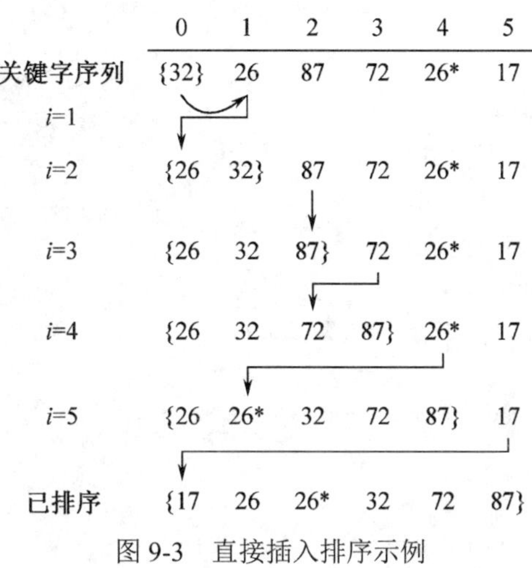

图 9-3 直接插入排序示例

在具体实现 K_i 向前边插入时，有两种方法，一种方法是让 K_i 与 K_0，K_1，…，顺序比较；另一种方法是让 K_i 与 K_{i-1}，K_{i-2}，…，倒着比较，这里选用的是后一种方法。算法 Java 语言实现如下：

[算法 9.1 直接插入排序]

```
// the Insert Sort class
package lib.algorithm.chapter9.n01;

public class InsertSort {
    public void Sort(int[] list)
    {
        int nTemp = 0;
        int j = 0;
        for (int i = 1; i < list.length; i++)
        {
            nTemp = list[i];
            j = i;
            while ((j > 0) && (list[j - 1] > nTemp ))
            {
                list[j] = list[j - 1];
                j--;
```

```
                }
                list[j] = nTemp;
            }
        }
    }

    // the main class
    package lib.algorithm.chapter9.n01;

    public class MainClass
    {
        public static void main(String args[]) {
            int[] iArray = new int[] { 32, 26, 87, 72, 26, 17 };

            InsertSort Sorter = new InsertSort();
            Sorter.Sort( iArray );

            for (int i = 0; i < iArray.length; i++){
                System.out.printf("%d      ", iArray[i]);
            }
        }

    }
```

程序运行结果如下：

```
17    26    26    32    72    87
```

此算法外循环 n-1 次，当初始输入数据（记录）已排好了序，对于循环变量 j 的每一取值仅仅作一次比较，故排序时间是 O(n)，如果初始输入记录是逆序排列的，则整个排序时间是 $O(n^2)$，所以在一般情况下内循环平均比较次数的数量级为 O(n)，算法总时间复杂度为 $O(n^2)$。

最好情况下，排序前对象已按排序码从小到大有序，每趟只需与前面有序对象序列的最后一个对象比较 1 次，总的排序码比较次数为 n-1，不需移动记录。直接插入排序的时间复杂度为 $O(n^2)$。

最坏情况下，待排记录按关键字非递增有序排列（逆序）时，第 i 趟时第 i+1 个对象必须与前面 i 个对象都做排序码比较，并且每做 1 次比较就要做 1 次数据移动。总比较次数为(n+2)(n-1)/2 次，总移动次数为(n+4)(n-1)/2。

在平均情况下的排序码比较次数和对象移动次数约为 $n^2/4$。因此，直接插入排序的时间复杂度为 $O(n^2)$。

直接插入排序是一种稳定的排序方法。

9.2.2 折半插入排序

直接插入排序的基本思想是：顺序地把待排序的数据元素按其值的大小插入到已排序数据元素子集合的适当位置。子集合的数据元素个数从只有一个数据元素开始逐次增大。当子集合大小最终和集合大小相同时排序完毕。

折半搜索比顺序搜索查找快，所以折半插入排序就平均性能来说比直接插入排序要快。它所需的排序码比较次数与待排序对象序列的初始排列无关，仅依赖于对象个数。在插入第 i 个对象时，需要经过 $\log_2 i + 1$ 次排序码比较，才能确定它应插入的位置。因此，将 n 个对象（为推导方便，设为 n=2k）用折半插入排序所进行的排序码比较次数为：

$$\sum_{i=1}^{n-1}\left(\lfloor \log_2 i \rfloor + 1\right) \approx n \cdot \log_2 n$$

当 n 较大时，总排序码比较次数比直接插入排序的最坏情况要好得多，但比其最好情况要差。

在对象的初始排列已经按排序码排好序或接近有序时，直接插入排序比折半插入排序执行的排序码比较次数要少。折半插入排序的对象移动次数与直接插入排序相同，依赖于对象的初始排列。

折半插入排序是一个稳定的排序方法。折半插入排序的时间复杂度为 $O(n^2)$。

9.2.3 希尔排序

希尔排序的基本思想是：把待排序的数据元素分成若干个小组，对同一小组内的数据元素用直接插入法排序；小组的个数逐次缩小；当完成了所有数据元素都在一个组内的排序后排序过程结束。希尔排序又称作缩小增量排序。

待排序列有 12 个记录，其关键字分别是 27、38、65、97、76、13、27、49、55、4。用希尔排序法对记录按关键字递增的顺序进行排序，设步长取值依次为 5、2、1。

第一趟排序时，d1=5，整个记录被分成 6 个子序列，分别为(27,13)、(38,27)、(65,49)、(97,55)、(76,4)，各个序列中的第 1 个记录都自成一个有序区，依次将各子序列的第 2 个记录 13、27、....、4 分别插入到子序列的有序区中，使记录的各个子序列均是有序的，其结果如图 9-4 所示的第一趟排序结果。

第二趟排序时，d2=2，整个记录分成两个子序列：(13,49,4,38,97)、(27,55,27,65,76)。

最后一趟排序时，d3=1，即对第二趟排序结果的记录序列做直接插入排序，其结果即为有序记录。希尔排序示例如图 9-4 所示。

对特定的待排序对象序列，可以准确地估算排序码的比较次数和对象移动次数。希尔排序所需的比较次数和移动次数约为 $n^{1.3}$，当 n 趋于无穷时可减少到 $n(\log 2^n)^2$。

希尔排序是一种不稳定的排序方法。

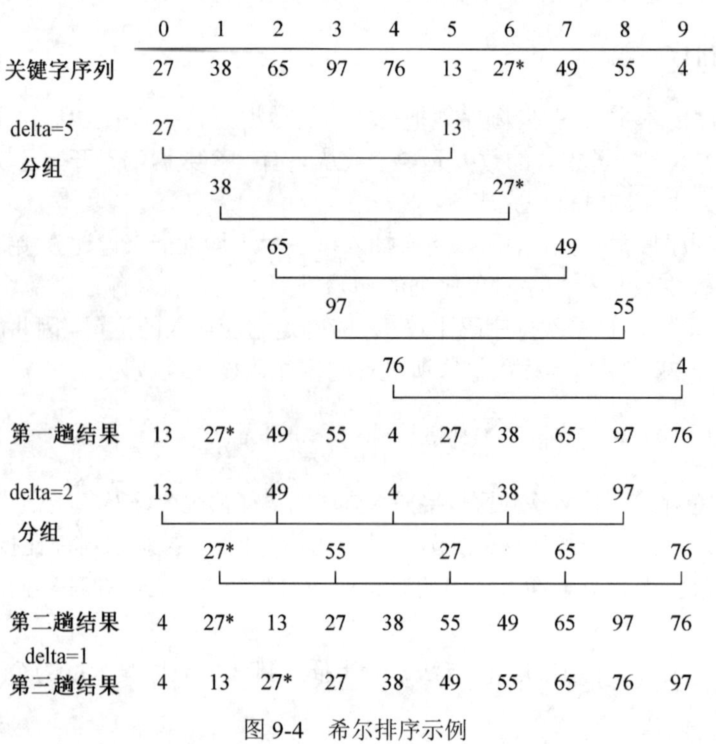

图 9-4　希尔排序示例

9.3　交换排序

交换排序（Switch Sort）的基本思想：两两比较待排序对象的关键字，如果发生逆序（即排列顺序与排序后的次序正好相反），则交换之，直到所有对象都排好序为止。

冒泡排序

冒泡排序的基本思想是：设数组 a 中存放了 n 个数据元素，循环进行 n-1 趟如下的排序过程：第 1 趟时，依次比较相临两个数据元素 a[i]和 a[i+1]（i = 0，1，2，…，n-2），若为逆序，即 a[i]>a[i+1]，则交换两个数据元素，否则不交换，这样数值最大的数据元素将被放置在 a[n-1]中。第 2 趟时，循环次数减 1，即数据元素个数为 n-1，操作方法和第 1 趟的类似，这样整个 n 个数据元素集合中数值次大的数据元素将被放置在 a[n-2]中。当第 n-1 趟结束时，整个 n 个数据元素集合中次小的数据元素将被放置在 a[1]中，a[0]中放置了最小的数据元素。就像水底下的气泡一样逐渐向上冒。

例如有一组关键字[38，5，19，26，49，97，1，66]，这里 n=8，对它们进行冒泡排序。排序过程如图 9-5 所示。

初始关键字序列:	38	5	19	26	49	97	1	66
第一次排序结果:	5	19	26	38	49	1	66	[97]
第二次排序结果:	5	19	26	38	1	49	[66	97]
第三次排序结果:	5	19	26	1	38	[49	66	97]
第四次排序结果:	5	19	1	26	[38	49	66	97]
第五次排序结果:	5	1	19	[26	38	49	66	97]
第六次排序结果:	1	5	[19	26	38	49	66	97]
第七次排序结果:	1	[5	19	26	38	49	66	97]
最后结果序列:	1	5	19	26	38	49	66	97

图 9-5　冒泡排序示例

冒泡排序具体算法 Java 实现如下：

[算法 9.2 冒泡排序]

```
// the Bubble Sort class
package lib.algorithm.chapter9.n02;

public class BubbleSort {
    public void Sort(int[] list )
    {
        int nFlag = 0;
        int nTemp = 0;
        for (int i = 0; i < list.length; i++)          /*对表 r[1..n]中的 n 个记录进行冒泡排序*/
        {
            nFlag = 0;                                 /*设交换标志，flag=0 为未交换*/
            for (int j = 1; j < list.length; j++)
{
                if (list[j] < list[j-1])
                {
                    nFlag = 1;                         /*  已交换  */
                    nTemp = list[j-1];
                    list[j-1] = list[j];
                    list[j] = nTemp;
                }
}
            if (nFlag == 0) break;                     /*未交换，排序结束*/
        }
    }
```

```
}

// the main class
package lib.algorithm.chapter9.n02;

public class MainClass
{
    public static void main(String args[]) {
        int[] iArray = new int[] { 38, 5, 19, 26, 49, 97， 1， 66 };

        BubbleSort Sorter = new BubbleSort();
        Sorter.Sort( iArray );

        for (int i = 0; i < iArray.length; i++){
          System.out.printf("%d      ", iArray[i]);
        }
    }
}
```

程序运行结果如下：

```
1    5    19    26    38    49    66    97
```

算法中 flag 为标志变量，当某一趟排序中进行过记录交换时 flag 的值为 1，未发生记录交换时 flag 的值为 0。所以外循环结束条件是：flag=0，已有序，或 i=n，已进行了 n-1 趟处理。冒泡排序的时间复杂度为 $O(n^2)$。如果原始关键字序列已有序，只需进行一趟比较就结束，此时时间复杂度为 O(n)。

从冒泡排序的算法可以看出，若待排序的元素为正序，则只需进行一趟排序，比较次数为(n-1)次，移动元素次数为 0，若待排序的元素为逆序，则需进行 n-1 趟排序。比较次数为 n(n-1)/2。

9.4 堆排序

堆排序（Heap Sort）的基本思想是循环执行如下过程直到数组为空：

1）把堆顶 a[0]元素（最大元素）和当前最大堆的最后一个元素交换。

2）最大堆元素个数减 1。

3）调整根结点使之满足最大堆的定义。

图 9-6 为一个堆排序算法的排序过程。

我们回忆一下，一棵有 n 个结点的顺序二叉树可以用一个长度为 n 的向量（一维数组）来表示；反过来，一个有 n 个记录的顺序表示的文件，在概念上可以看作是一棵有 n 个结点（即记录）的顺序二叉树。例如，一个顺序表示的文件(R_1，R_2，…，R_9)，可以看作为图 9-7 所示的顺序二叉树。

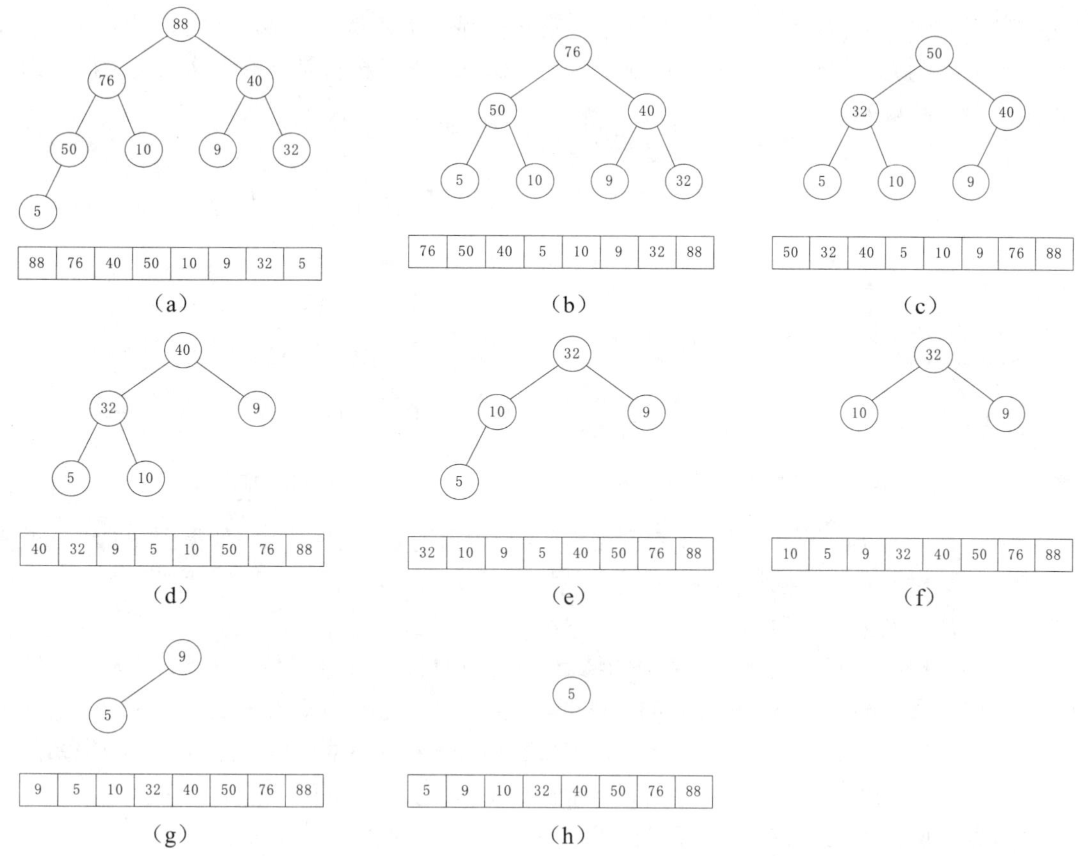

图 9-6　堆排序算法的排序过程

当把顺序表示的文件（R_1，R_2，…，R_n）看作为顺序二叉树时，由顺序二叉树的性质可知：记录 $R_i(1<i\leqslant n)$的双亲是记录 $R_{[i/2]}$；R_i 的左孩子是记录 $R_{2i}(2i\leqslant n)$，但若 $2i>n$，则 R_i 的左孩子不存在；R_i 的右孩子是记录 $R_{2i+1}(2i+1\leqslant n)$，但若 $2i+1>n$，则 R_i 的右孩子不存在。

什么是堆呢？堆是一个具有这样性质的顺序二叉树，每个非终端结点（记录）的关键字大于等于它的孩子结点的关键字。例如，图 9-8 所示的顺序二叉树就是一个堆。

显然，在一个堆中，根结点具有最大值（指关键字，下同），而且堆中任何一个结点的非空左、右子树都是一个堆，它的根结点到任一叶子的每条路径上的结点都是递减有序的。

堆排序的基本思想是：首先把待排序的顺序表示（一维数组）的文件(R_1，R_2，…，R_n)在概念上看作一棵顺序二叉树，并将它转换成一个堆。这时，根结点具有最大值，删除根结点，然后将剩下的结点重新调整为一个堆。反复进行下去，直到只剩下一个结点为止。

堆排序的关键步骤是如何把一棵顺序二叉树调整为一个堆。初始状态时，结点是随机排列的，需要经过多次调整才能把它转换成一个堆，这个堆叫做初始堆。建成堆之后，交换根结点和堆的最后一个结点的位置，相当于删除了根结点。同时，剩下的结点（除原堆中的根结点）

又构成一棵顺序二叉树。这时，根结点的左、右子树显然仍都是一个堆，它们的根结点具有最大值（除上面删去的原堆中的根结点）。把这样一棵左、右子树均是堆的顺序二叉树调整为新堆，是很容易实现的。

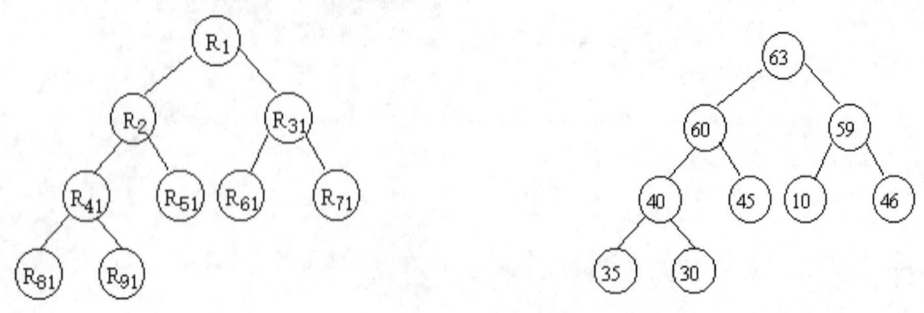

图 9-7　顺序二叉树　　　　图 9-8　堆示例

例如，对于图 9-6 所示的堆，交换根结点 63 和最后的结点 30 之后，便得到图 9-9（a）所示的顺序二叉树（除 63 之外）。现在，新的根结点是 30，其左、右子树仍然都是堆。下面讨论如何把这棵二叉树调整为一个新堆。

由于堆的根结点应该是具有最大值的结点，且已知左、右子树是堆，因此，新堆的根结点应该是这棵二叉树的根结点，根结点的左孩子，根结点的右孩子（若存在的话）中最大的那个结点。于是，先找出根结点的左、右孩子，比较它们的大小。将其中较大的孩子再与根结点比较大小。如果这个孩子大于根结点，则将这个孩子上移到根结点的位置，而根结点下沉到这个孩子的位置，即交换它们的位置。在图 9-9（a）中，根结点 30 的左、右孩子分别是 60、59，由于 60>59，并且 60>30，于是应交换根结点 30 和左孩子 60 的位置。

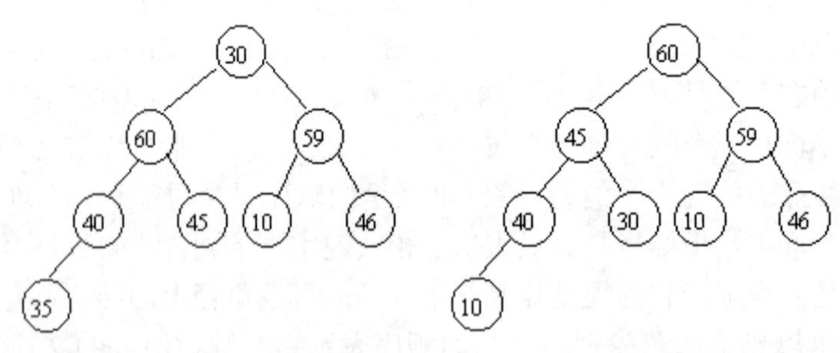

（a）根的左、右子树都是堆　　（b）调整后的新堆

图 9-9　调整堆

这时，新的根结点 60 的右子树没有改变，仍然是一个堆。但是，由于结点 30 下沉到左子树的根上，使得左子树有可能不再是堆了。按照上面所用的办法，把这棵子树调整为一个堆，显然，结点 30 的左、右子树原来都是堆，30 的左、右子树分别是 40、45。由于 40<45，并且

45>30，于是应交换结点 30 和右孩子 45 的位置。

现在，由于结点 45 的左子树没有改变，仍是堆，而结点 45 的右子树只有结点 30，它是一个堆，因此，调整过程结束，得到图 9-9（b）所示的新堆。

把左、右子树都是堆的顺序二叉树调整为一个堆，其算法描述如下：

【算法 9.3 调整成堆的算法 HeapSort::Adjust(…)】

```
// the Heap Sort class
package lib.algorithm.chapter9.n03;

public class HeapSort {
    //对记录数组 r[1]至 r[n]进行堆排序
    public void Sort( int[] r)
    {
        int nCount=r.length-1;
        int i=0;
        for (i = nCount / 2; i >= 1; i--)
        {
            Adjust(r, i, nCount);                /*建立初始堆*/
        }

        int nTemp = 0;
        for (i = nCount; i >= 2; i--)
        {
            nTemp = r[1];
            r[1] = r[i];                         /*交换根结点和堆的最后一个结点*/
            r[i] = nTemp;
            Adjust(r, 1, i - 1);                 /*将 r [1]至 r[i-1]调整为堆*/
        }
    }

    // 将文件(r[1],r[2],…,r[m])解释为一棵顺序二叉树,将其中以 r[i]为根结点的二叉树调整
    // 为一个堆,设以 r[i]为根的二叉树的左,右子树已是堆, 1≤i≤nCount/2」
    public void Adjust(int[] r, int nRoot, int nCount )
    {
        int i = nRoot;
        int nTemp=r[i];
        int j=2*i;                                   /*求出 r[i]的左孩子 r[2*i]，即 r[j] */
        while (j <= nCount)                          /*有左孩子*/
        {
            if ((j < nCount) && (r[j] < r[j + 1]))   /*比较左、右孩子*/
            {
                j=j+1; /*左孩子<右孩子*/
```

9 Chapter

```
            }

            if ( nTemp < r[j] )          /*比较根结点和它的大孩子*/
            {
                r[i]=r[j];               /*大孩子上移到它的双亲位置*/
                i=j;                     /*令 r[j]为根结点*/
                j=2*i;                   /*求出左孩子*/
            }
            else
            {
                break;                   /*根不小于它的任一孩子时，强迫退出 while 循环*/
            }
        }
        r[i] = nTemp;                    /*将存放在 nTemp 中的根结点放到 r[i]中*/
    }
}
```

在上面的算法中，为了减少移动次数，先将根结点 R 存入中间变量 x 中。while 循环语句每迭代一次，首先比较两个孩子（若存在的话）的大小，接着比较根和它的较大孩子的大小。若根小于这个孩子，则这个孩子上移到它的双亲所在的位置，否则这个孩子不上移。注意，在算法中，孩子结点上移时，根结点并未立即下沉，即不立即进行交换，而是当下面层次上的结点不再需要上移时，才将原先存放在 x 中的结点 R，直接下沉到最后被上移的结点的位置上。有了上面的算法就容易把(R_1, R_2,⋯, R_n)转换成初始堆了。以自底向上的方式，从最后一个非终端结点 R_1 开始，依次将以 R_i、R_{i-1}、⋯、R_1 为根结点的顺序二叉树调整为堆，即反复调用算法 Adjust，便可得到 n 个结点的初始堆。

得到初始堆以后，交换根结点和最后结点的位置。再调用算法 Adjust，将前 n-1 个结点调整为新的堆。交换新堆的根结点和最后结点（第 n-1 个结点）的位置，再将前 n-2 个结点调整为新的堆。继续进行下去，直至剩下一个结点，便得到了 n 个结点（记录）的递增序列。

堆排序算法为 HeapSort::Sort()，不断调用 HeapSort::Adjust 函数，具体如下：

【算法 9.4 堆排序算法 HeapSort::Sort(…)】

```
// the Heap Sort class
package lib.algorithm.chapter9.n03;

public class HeapSort {
    //对记录数组 r[1]至 r[n]进行堆排序
    public void Sort( int[] r)
    {
        int nCount=r.length-1;
        int i=0;
        for (i = nCount / 2; i >= 1; i--)
```

```
        {
            Adjust(r, i, nCount);          /*建立初始堆*/
        }

        int nTemp = 0;
        for (i = nCount; i >= 2; i--)
        {
            nTemp = r[1];
            r[1] = r[i];                   /*交换根结点和堆的最后一个结点*/
            r[i] = nTemp;
            Adjust(r, 1, i - 1);           /*将 r [1]至 r[i-1]调整为堆*/
        }
      }
    //…
}

// the main class
package lib.algorithm.chapter9.n03;

public class MainClass
{
    public static void main(String args[]) {
        int[] iArray = new int[] { 1, 5, 4, 6, 10, 55, 9, 2, 87, 12, 34, 75, 33, 47 };

        HeapSort Sorter = new HeapSort();

        Sorter.Sort( iArray );

        for (int i = 0; i < iArray.length; i++){
            System.out.printf("%d      ", iArray[i]);
        }
    }
}
```

程序运行结果如下：

```
1    2    4    5    6    9    10    12    33    34    47    55    75    87
```

现在来分析堆排序所需的比较次数。从堆排序的全过程可以看出，它所需的比较次数为建立初始堆所需比较次数和重建新堆所需比较次数之和，即算法 HeapSort::Sort 中两个 for 语句多次调用算法 HeapSort::Adjust 的比较次数的总和。

先看建立初始堆所需的比较次数，即算法 HeapSort::Sort 中执行第 1 个 for 语句时调用算法 HeapSort::Adjust 的比较次数是多少。假设 n 个结点的堆的深度为 k，即堆共有 k 层结点，由顺序二叉树的性质可知，2k-1≤n<2k。执行第 1 个 for 语句，对每个非终端结点 Ri(1≤i≤

└n/2┘)调用一次算法 Adjust，在最坏的情况下，第 j(1≤j≤k-1)层的结点都下沉 k-j 层到达最底层，根结点下沉一层，相应的孩子结点上移一层需要 2 次比较，这样，第 j 层的一个结点下沉到最底层最多需 2(k-j)次比较。由于第 j 层的结点数为 2(j-1)，因此建立初始堆所需的比较次数不超过下面的值：

$$\sum_{j=k-1}^{1} 2(k-j)\times 2^{j-1} = \sum_{j=k-1}^{1}(k-j)\times 2$$

令 p=k-j，则有：

$$\sum_{j=k-1}^{1}(k-j)\times 2^{j} = \sum_{p=1}^{k-1} p\times 2^{k-p} = 2^{K}\sum_{P=1}^{K-1} P/2^{P} < 4n$$

其中：2k≤2n，$\sum_{p=1}^{k-1} p/2^{p} < 2$。

现在分析重建新堆所需的比较次数，即算法 HeapSort::Sort 中执行第 2 个 for 语句时，n-1 次调用算法 Adjust 总共进行的比较次数。每次重建一个堆，仅将新的根结点从第 1 层下沉到一个适当的层次上，在最坏的情况下，这个根结点下沉到最底层。每次重建的新堆比前一次的堆少一个结点。设新堆的结点数为 I，则它的深度 k=└log2i┘+1。这样，重建一个有 i 个结点的新堆所需的比较次数最多为 2(k-1)=2└$\log 2^{n}$┘。因此，n-1 次调用算法 adjust 时总共进行的比较次数不超过：

$$2(\lfloor \log 2^{(n-1)} \rfloor + \lfloor \log 2^{(n-2)} \rfloor + \ldots + \lfloor \log 2^{2} \rfloor) < 2n\lfloor \log 2^{n} \rfloor$$

综上所述，堆排序在最坏的情况下，所需的比较次数不超过 O($n\log 2^{n}$)，显然，所需的移动次数也不超过 O($n\log 2^{n}$)。因此，堆排序的时间复杂度为 O($n\log 2^{n}$)。堆排序中只需一个记录大小的空间作为辅助空间。读者可以找出一个例子来说明堆排序是不稳定的。

9.5 快速排序

快速排序（Quick Sort）的基本思想是：快速排序是 C.R.A.Hoare 于 1962 年提出的一种划分交换排序。它采用了一种分治的策略，通常称其为分治法（Divide-and-Conquer Method）。快速排序是一种二叉树结构的交换排序方法。设数组 a 中存放了 n 个数据元素，low 为数组的低端下标，high 为数组的高端下标，从数组 a 中任取一个元素（通常取 a[low]）做为标准元素，以该标准元素调整数组 a 中其他各个元素的位置，使排在标准元素前面的元素均小于标准元素，排在标准元素后面的均大于或等于标准元素。这样一次排序过程结束后，一方面将标准元素放在了未来排好序的数组中该标准元素应位于的位置上，另一方面将数组中的元素以标准元素为中心分成了两个子数组，位于标准元素左边子数组中的元素均小于标准元素，位于标准元素右边子数组中的元素均大于或等于标准元素。对这两个子数组中的元素分别再进行方法类同的递归快速排序。算法的递归出口条件是 low≥high。

快速排序的算法实现如下所示，算法中记录的比较表示记录关键码的比较。

【算法 9.5 一次划分及其排序的算法】

```
// the Quick Sort class
package lib.algorithm.chapter9.n04;

public class QuickSort {
    public void Sort(int[] sqList, int low, int high)
    {
        int i = low;
        int j = high;
        int tmp = sqList[low];
        while (low < high)
        {
            while ((low < high) && (sqList[high] >= tmp))
            {
                high--;
            }

            sqList[low] = sqList[high];
            sqList[high] = tmp;
            low++;

            while ((low < high) && (sqList[low] <= tmp))
            {
                low++;
            }

            if (low < high)
            {
                sqList[high] = sqList[low];
                sqList[low] = tmp;
                high--;
            }
        }


        if (i < low-1)
        {
            Sort(sqList, i, low-1);
        }
```

```
                if (low < j)
                {
                    Sort(sqList, low, j);
                }
        }
}

// the main class
package lib.algorithm.chapter9.n04;

public class MainClass
{
        public static void main(String args[]) {
            int[] iArray = new int[] { 60, 55, 48, 37, 10, 90, 84, 36 };

            QuickSort Sorter = new QuickSort();
            Sorter.Sort( iArray, 0, iArray.length-1 );

            for (int i = 0; i < iArray.length; i++){
                System.out.printf("%d      ", iArray[i]);
            }
        }
}
```

程序运行结果如下：

```
10    36    37    48    55    60    84    90
```

注意：对整个文件 R[0]到 R[n-1]排序，只需调用 QuickSort::Sort(R,0,n-1)即可。

快速排序算法的时间复杂度和每次划分的记录关系很大。如果每次选取的记录都能均分成两个相等的子序列，这样的快速排序过程是一棵完全二叉树结构（即每个结点都把当前待排序列分成两个大小相当的子序列结点，n 个记录待排序列的根结点的分解次数就构成了一棵完全二叉树），这时分解次数等于完全二叉树的深度 $\log_2 n$。每次快速排序过程是否把待排序列这样划分，全部的比较次数都接近于 n-1 次，所以，最好情况下快速排序的时间复杂度为 $O(n\log_2 n)$。快速排序算法的最坏情况是记录已全部有序，此时 n 个记录待排序列的根结点的分解次数就构成了一棵单右支二叉树。所以在最坏情况下快速排序算法的时间复杂度为 $O(n^2)$。一般情况下，记录的分布是随机的，序列的分解次数构成一棵二叉树，这样二叉树的深度接近于 $\log_2 n$，所以快速排序算法在一般情况下的时间复杂度为 O（$n\log_2 n$）。图 9-10 展示了一次划分的过程及整个快速排序的过程。

快速排序算法各次快速排序过程

初始关键字序列:	60	55	48	37	10	90	84	36
	↑i							↑j
(1)	36	55	48	37	10	90	84	[ ]
	↑i							↑j
(2)	36	55	48	37	10	90	84	[ ]
		↑i						↑j
(3)	36	55	48	37	10	90	84	[ ]
			↑i					↑j
(4)	36	55	48	37	10	90	84	[ ]
				↑i				↑j
(5)	36	55	48	37	10	90	84	[ ]
					↑i			↑j
(6)	36	55	48	37	10	90	84	[ ]
						↑i		↑j
(7)	36	55	48	37	10	[ ]	84	90
						↑i	↑j	
(8)	36	55	48	37	10	[60]	84	90
						↑i ↑j		

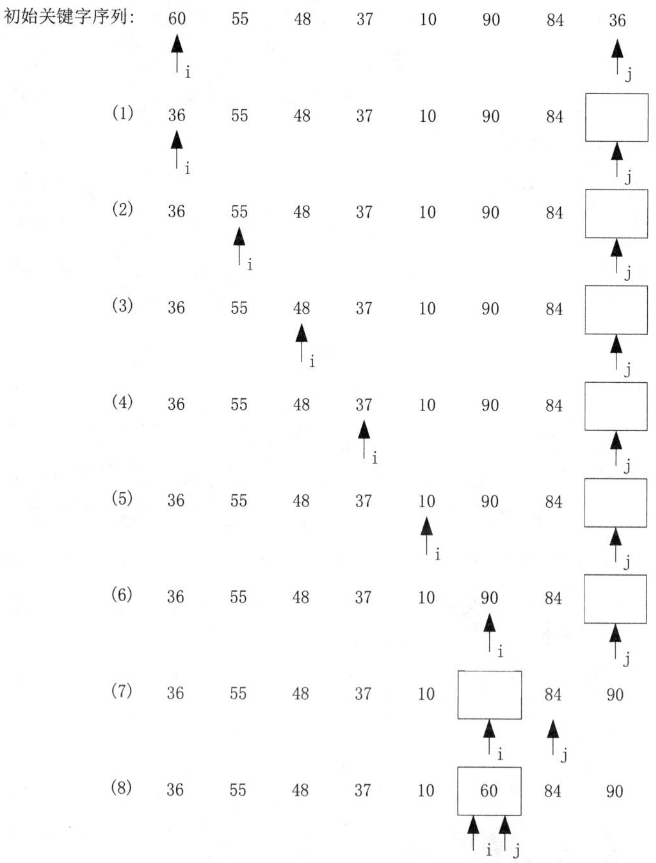

（a）一次划分过程

快速排序算法各次快速排序过程

初始关键字:	[60　53　48　37　10　90　84　36]
一趟排序之后:	{36　55　48　37　10}　60　{84　90}
二趟排序之后:	{10}　36　{48　37　55}　60　84　{90}
三趟排序之后:	{10}　36　{37}　48　{55}　60　84　90
最后的排序结果:	10　36　37　48　55　60　84　90

（b）各趟排序之后的状态

图 9-10　快速排序示例

另外，快速排序算法是一种不稳定的排序的方法。

可以证明：快速排序的平均时间复杂度也是 $O(n\log_2 n)$，它是目前基于比较的内部排序方法中速度最快的，快速排序亦因此而得名。

快速排序需要一个栈空间来实现递归。若每次划分均能将文件均匀分割为两部分，则栈的最大深度为[$\log 2^n$]+1，所需栈空间为 O($\log 2^n$)。最坏情况下，递归深度为 n，所需栈空间为 O(n)。

快速排序实质上是对冒泡排序的一种改进，它的效率与冒泡排序相比有很大的提高。

在冒泡排序过程中是对相邻两个记录进行关键字比较和互换的，这样每次交换记录后，只能改变一对逆序记录，而快速排序则从待排序记录的两端开始进行比较和交换，并逐渐向中间靠拢，每经过一次交换，有可能改变几对逆序记录，从而加快了排序速度。

快速排序是递归的，需要有一个栈存放每层递归调用时的指针和参数（新的 low 和 high）。

9.6 归并排序

归并排序主要是二路归并排序。二路归并排序的基本思想是：设数组 a 中存放了 n 个数据元素，初始时把它们看成是 n 个长度为 1 的有序子数组，然后从第一个子数组开始，把相临的子数组两两合并，得到 n/2 个（若 n/2 为小数则上取整）长度为 2 的新的有序子数组（当 n 为奇数时最后一个新的有序子数组的长度为 1）；对这些新的有序子数组再两两归并；如此重复，直到得到一个长度为 n 的有序数组为止。多于二路的归并排序方法和二路归并排序方法类同。

一趟二路归并排序算法的实现如下所示，算法中记录的比较代表记录关键码的比较，顺序表中只存放了记录的关键码。

【算法 9.6　二路归并排序算法】

```
// the Merge Sort class
package lib.algorithm.chapter9.n05;

public class MergeSort {
        // 二路归并排序算法的实现如下：
    public void Sort( int[] sqList)
    {
        int k = 1; //归并增量
        while( k < sqList.length )
        {
            Merge(sqList, k);
            k *= 2;
        }
    }

     // 归并
     public void Merge(int[] sqList, int len)
     {
        int m = 0; //临时顺序表的起始位置
        int l1 = 0; //第 1 个有序表的起始位置
```

```
int h1 = 0; //第 1 个有序表的结束位置
int l2 = 0; //第 2 个有序表的起始位置
int h2 = 0; //第 2 个有序表的结束位置
int i = 0;
int j = 0;

//临时表，用于临时将两个有序表合并为一个有序表
int[] tmp = new int[sqList.length];

//归并处理
while (l1 + len < sqList.length )
{
    l2 = l1 + len;   //第 2 个有序表的起始位置
    h1 = l2 - 1;     //第 1 个有序表的结束位置

        //第 2 个有序表的结束位置
        h2 = (l2 + len - 1 < sqList.length ) ? l2 + len - 1 : sqList.length-1;
        j = l2;
        i = l1;

        //两个有序表中的记录没有排序完
        while ((i<=h1) && (j<=h2))
        {
            if (sqList[i] <= sqList[j])
            { //第 1 个有序表记录的关键码小于第 2 个有序表记录的关键码
                tmp[m++] = sqList[i++];
            }
            else
            { //第 2 个有序表记录的关键码小于第 1 个有序表记录的关键码
                tmp[m++] = sqList[j++];
            }
        }

//第 1 个有序表中还有记录没有排序完
    while (i <= h1)
    {
      tmp[m++] = sqList[i++];
    }

    //第 2 个有序表中还有记录没有排序完
    while (j <= h2)
    {
```

```
                tmp[m++] = sqList[j++];
            }

            l1 = h2 + 1;
        }
        i = l1;

        //原顺序表中还有记录没有排序完
        while (i < sqList.length )
        {
            tmp[m++] = sqList[i++];
        }

        //临时顺序表中的记录复制到原顺序表，使原顺序表中的记录有序
        for (i = 0; i < sqList.length; i++)
        {
            sqList[i] = tmp[i];
        }
    }
}

// the main class
package lib.algorithm.chapter9.n05;

public class MainClass
{
    public static void main(String args[]) {
        int[] iArray = new int[] { 49, 38, 65, 97, 76, 13, 27 };

        MergeSort Sorter = new MergeSort();
        Sorter.Sort( iArray );

        for (int i = 0; i < iArray.length; i++){
            System.out.printf("%d      ", iArray[i]);
        }
    }
}
```

程序运行结果如下：

```
13    27    38    49    65    76    97
```


对于 n 个记录的顺序表，将这 n 个记录看作叶子结点，若将两两归并生成的子表看作它们的父结点，则归并过程对应于由叶子结点向根结点生成一棵二叉树的过程。所以，归并趟数约

等于二叉树的高度减 1，即 $\log_2 n$，每趟归并排序记录关键码比较的次数都约为 n/2，记录移动的次数为 2n（临时顺序表的记录复制到原顺序表中记录的移动次数为 n）。因此，二路归并排序的时间复杂度为 $O(n\log_2 n)$。而二路归并排序使用了 n 个临时内存单元存放记录，所以，二路归并排序算法的空间复杂度为 O(n)。

二路归并排序过程如图 9-11 所示。

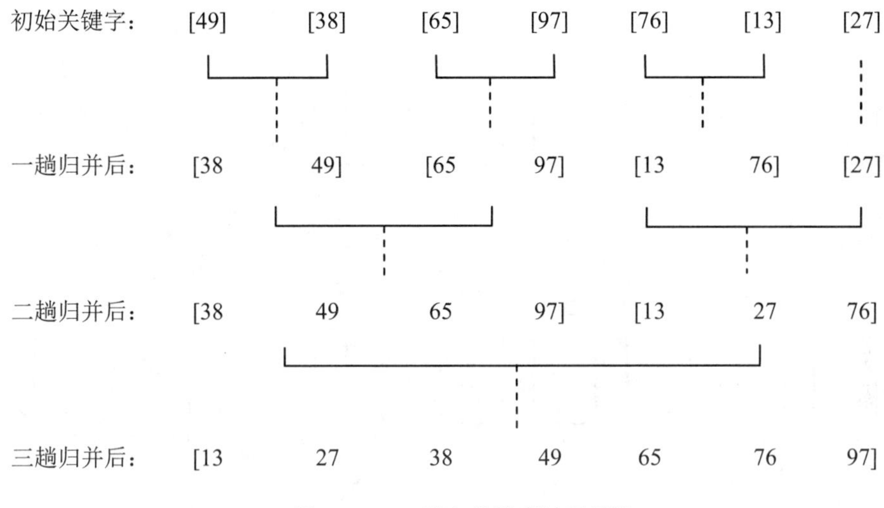

图 9-11　二路归并排序过程示例

归并排序是高效算法中唯一“稳定”的排序方法；

较少用于内部排序，多用于外部排序。

9.7　基数排序

基数排序是采用“分配”与“收集”的办法，用对多关键码进行排序的思想实现对单关键码进行排序的方法。

基数排序算法的基本思想是：设待排序的数据元素是 m 位 d 进制整数（不足 m 位的在高位补 0），设置 d 个桶，令其编号分别为 0、1、2、…、d-1。首先按最低位（即个位）的数值依次把各数据元素放到相应的桶中，然后按照桶号从小到大和进入桶中数据元素的先后次序收集分配在各桶中的数据元素，这样就形成了数据元素集合的一个新的排列，称这样的一次排序过程为一次基数排序；再对一次基数排序得到的数据元素序列按次低位（即十位）的数值依次把各数据元素放到相应的桶中，然后按照桶号从小到大和进入桶中数据元素的先后次序收集分配在各桶中的数据元素；这样的过程重复进行，当完成了第 m 次基数排序后，就得到了排好序的数据元素序列。如图 9-12 所示。

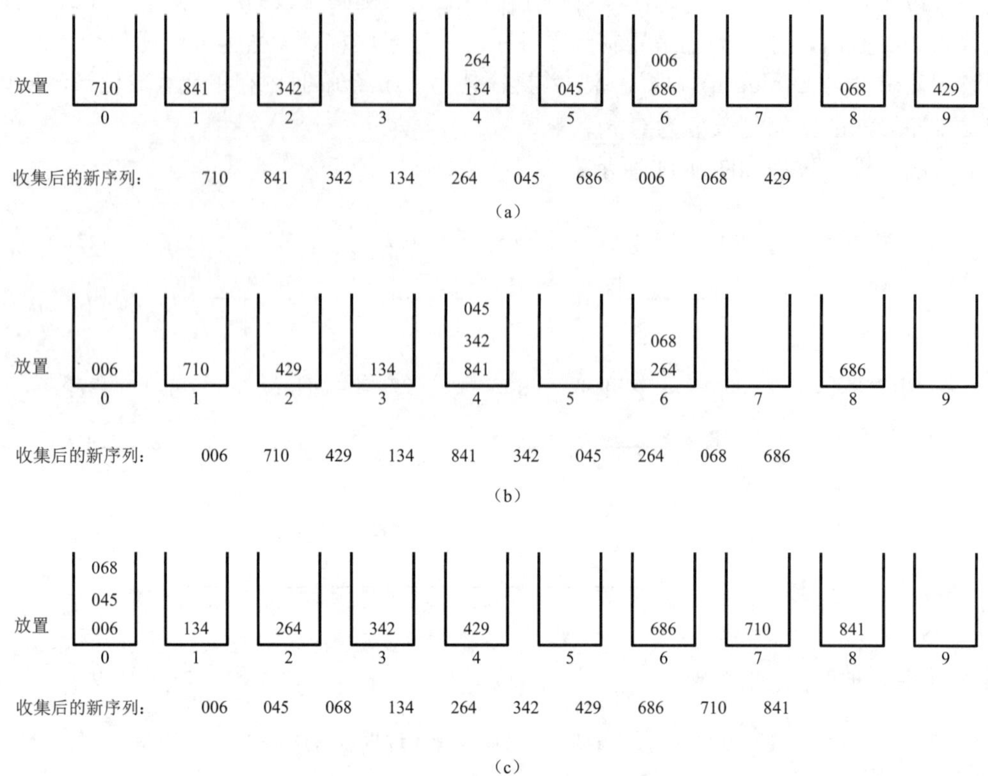

图 9-12 基数排序示例

基数排序所需的计算时间不仅与文件的大小 n 有关，而且还与关键字的位数、关键字的基有关。设关键字的基为 r（十进制数的基为 10，二进制数的基为 2），为建立 r 个空队列所需的时间为 O(r)。把 n 个记录分放到各个队列中并重新收集起来所需的时间为 O(n)，因此一遍排序所需的时间为 O(n+r)。若每个关键字有 d 位，则总共要进行 d 遍排序，所以基数排序的时间复杂度为 O(d(n+r))。由于关键字的位数 d 直接与基数 r 以及最大关键字的值有关，因此不同的 r 和关键字将需要不同的时间。

在已介绍的上述各种内部排序方法中，就所需要的计算时间来看，快速排序、归并排序、堆排序是很好的方法。但是，归并排序需要大小为 n 的辅助空间，快速排序需要一个栈。除了快速排序、堆排序、选择排序不稳定外，其他排序方法都是稳定的。评价一个排序算法性能好坏的主要标准是它所需的计算时间和存储空间。影响计算时间的两个重要因素是比较关键字的次数和记录的移动次数。在实际应用中，究竟应该选用何种排序方法，取决于具体的应用和机器条件。

9.8 外部排序

当待排序的记录数目特别多时，在内存中不能一次处理。必须把它们以文件的形式存放于外存，排序时再把它们一部分一部分调入内存进行处理。这样，在排序过程中必须不断地在内存与外存之间传送数据。这种基于外部存储设备（或文件）的排序技术就是外部排序。

外部排序的应用对象是保存在外存储器上的信息量很大的数据记录文件。外部排序与内部排序的差别：内部排序充分利用内存可以随机存取的特点，如希尔排序中，相隔 di 的记录关键字可作比较；堆排序中，完全二叉树中父 R[i]与子 R[2i]、R[2i+1]可比快速排序中，需正向和逆向访问记录序列外存信息的定位和存取受其物理特性的限制外部排序的实现手段在排序过程中，进行多次内外存之间的数据交换。

假设有一个含 10000 个记录的文件，首先通过 10 次内部排序得到 10 个初始归并段 R1~R10，其中每一段都含 1000 个记录。然后对它们作如图 9-13 所示的两两归并，直至得到一个有序文件为止。

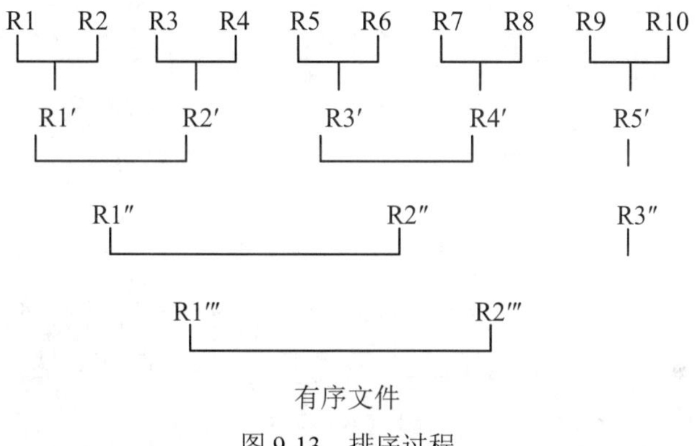

图 9-13 排序过程

从图 9-13 可见，由 10 个初始归并段到一个有序文件，共进行了 4 趟归并，每一趟从 m 个归并段得到[m/2]个归并段。这种归并方法称为 2-路平衡归并。

将两个有序段归并成一个有序段的过程，若在内存进行，则很简单，上一节中的 merge 过程便可实现此归并。但是，在外部排序中实现两两归并时，不仅要调用 merge 过程，而且要进行外存的读/写，这是由于我们不可能将两个有序段及归并结果段同时存放在内存中的缘故。在 11.1 节中已经提到，对外存上信息的读/写是以“物理块”为单位的。假设在上例中每个物理块可以容纳 200 个记录，则每一趟归并需进行 50 次“读”和 50 次“写”，4 趟归并加上内部排序时所需进行的读/写使得在外部排中序总共需进行 500 次的读/写。

一般情况下，外部排序所需总的时间=

内部排序（产生初始归并段）所需的时间　　　m*t_{IS}

+外部信息读写的时间　　　　$d*t_{IO}$　　　　（11-1）

+内部归并所需的时间　　　　$s*ut_{mg}$

其中：t_{IS} 是为得到一个初始归并段进行内部排序所需时间的均值；t_{IO} 是进行一次外存读/写时间的均值；ut_{mg} 是对 u 个记录进行内部归并所需时间；m 为经过内部排序之后得到的初始归并段的个数；s 为归并的趟数；d 为总的读/写次数。由此，上例 10000 个记录利用 2-路归并进行外排所需总的时间为：

$$10*T\ I_s+500*T_{io}+4*10000\ t_{mg}$$

其中 t_{IO} 取决于所用的外部设备，显然，t_{IO} 较 t_{mg} 要大得多。因此，提高外部排序的效率应主要着眼于减少外存信息读写的次数 d。

下面来分析 d 和"归并过程"的关系。若对上例中所得的 10 个初始归并段进行 5—路平衡归并（即每一趟将 5 个或 5 个以下的有序子文件归并成一个有序子文件），则从图 9-14 可见，仅需进行二趟归并，外排时总的读/写次数便减至 2×100+100=300，比 2—路归并减少了 200 次的读/写。

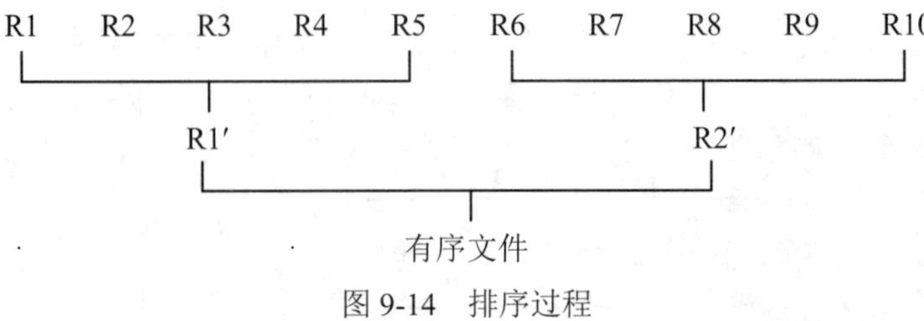

图 9-14　排序过程

可见，对同一文件而言，进行外部排序时所需读/写外存的次数和归并的趟数 s 成正比。而在一般情况下，对 m 个初始归并段进行 k-路平衡归并时，归并的趟数

$$s = [\ \log_k m\ ]$$

可见，若增加 k 或减少 m 便能减少 s。

9.9　各种排序方法的比较

1. 直接插入排序

算法简洁，但是只有当待排元素 n 比较少的时候效率才高。

所需空间：一个当前元素的哨兵 array[0]即可。

所需时间：主要与所需关键字的比较次数及移动的次数有关。

最坏的情况——逆序：总的比较次数为 n(n-1)/2，记录的移动次数也为 n(n-1)/2。

最好的情况——正序：比较次数为 n-1，记录移动次数为 0。

由此可以推断出插入排序算法的平均时间为 $O(n^2)$，最坏的情况为 $O(n^2)$，辅助存储为 O(1)，算法优化：减少比较和移动的次数。

稳定性：插入排序本就是在一个有序的序列里插入一个新的元素，当遇到两个或多个一样的元素时，自然是一律放到相同元素的最后面，所以这是稳定的。

2. 希尔排序

也属于插入排序类，又称减小增量排序。

基本思想：将序列由某一个变化的增量分为若干子序列，再对这些子序列进行直接插入排序，等到整个序列基本有序的时候，再对整体进行一次直接插入排序。

出发点：直接插入排序在 n 值较小以及在序列大致有序的时候效率很高。

稳定性：一次插入排序是稳定的，不会改变相同元素的相对顺序，但在不同的插入排序过程中，相同的元素可能在各自的插入排序中移动，最后其稳定性就会被打乱，所以希尔排序是不稳定的。

3. 冒泡排序

最坏情况——逆序：需要进行 n(n-1)/2 次比较，n-1 次排序，n(n-1)/2 次记录的移动。

最好情况——正序：需要进行 n-1 次比较，0 次排序，0 次移动。

稳定性：冒泡排序交换的是两个相邻元素，如果两个元素相等，我们是不会交换两个元素的位置的，所以这个排序是稳定的。

4. 快速排序

平均时间：O(nlogn)，在平均时间性能上来说属于最佳的排序算法。

最坏情况——逆序：$O(n^2)$。

辅助存储：O(logn)。

快速排序所需时间为：一次对整体记录进行划分的时间 + 对前 k-1 个记录进行快速排序的时间 + 对后 n-k 个记录进行快速排序的时间，当然，一次对整体进行划分的时间和 n 值成正比的。

稳定性：快排有两个指针 low、high 和一个 key，key 一般为第一个元素，也就是枢轴，j 往前走，当 j 的内容小于 key 的时候，i 就往后走，当 i 的内容大于 key 的时候，i 和 j 的内容就互换，当 i>j 的时候，i 和 key 互换内容，这是一趟排序，这时候很容易把稳定性打乱的。

5. 堆排序

堆排序适用于 n 值较大的文件，但对于 n 值较小的还是选择希尔排序之类的较好。

最坏情况和平均时间是一样的：O(nlogn)。

辅助空间：O(1)，即：一个记录大小共交换的空间。

性能分析：①堆排序是基于完全二叉树的，对于深度为 k 的堆，至多 2^{k-1} 个记录，从最后一个非终端结点 2^{k-1} 的记录开始筛选并建立一个大顶堆，此时与关键字的比较次数至多为 2(k-1) 次；②在建立堆的时候，由第 i 层记录至多 2^{i-1} 次，以它们为根的记录深度为 h-i-1，那么调用 n/2 次筛选算法的时候，与关键字比较的次数至多为 4n 次；再看，n 记录的完全二叉树深度为 $\log_2 n+1$，那么建立新堆调用 n-1 次筛选算法，总共的比较次数不超过 $2n(\log_2 n)$，也就是

$O(nlog_2n)$。

稳定性：是不稳定的。

6. 归并排序

性能分析：一次归并排序会调用 n/2h 次归并两个相邻有序序列的算法，得到一个长度为 2h 的有序序列，整个算法会进行 log_2n 次。

时间：$O(nlog_2n)$，最坏情况亦如此。

辅助空间：归并排序需要的空间比较多，因为需要存储一个经过归并的序列，它所需要的空间为 O(n)。

稳定性：归并排序把序列分为若干含有 1 个或 2 个元素的序列，1 个元素的序列默认为有序，2 个元素的可以直接排序，同样，我们是不会去交换两个相等元素的值的，这样将第一次归并的序列看为新的子序列，重复归并直到有序，这期间都是稳定的。

7. 基数排序

基本思想：基数排序与前几种排序均不同，它是将关键字分解成若干个原子关键字，通过对原子关键字的排序来实现对关键字的排序，例如 3 位数的排序可以分为个位数的排序、十位数的排序、百位数的排序（采用链式存储结构来实现）。

性能分析：对 n 个数进行一次未被排序的最低位数的收集时，先对其进行一次分配，时间复杂度为 O(n)，然后对其收集，其时间复杂度为 O(rd)（已知关键字所含原子关键字的取值范围为 0～d，rd 为原子关键字的取值范围），即一次分配收集的时间复杂度为 O(d(n+rd))，整个排序的收集分配次数依据数值而定，三位数的就需要 3 次。

辅助空间：O(2rd)，即 2rd 个队列。

所需时间：平均时间和最坏情况的时间一致：O(d(r+n))。

稳定性：基数排序从低位开始分配、收集，一直到最高位排序完成，是不可能调整两个相同元素的位置的，是稳定的。

8. 综合分析

（1）就平均时间而言，快速排序最为优秀，但在最坏情况下不是最好的。

（2）在 n 值较大的时候，使用堆排序和归并排序较为有效，这其中以归并排序时间最少，但是需要更多的空间。

（3）n 值较大且关键字较小时，基数排序较适合，空间也只需要多加几个队列指针即可；而且基数排序是稳定性最强的，快排、堆排序、希尔排序都不稳定。

（4）从数据存储结构来看，若排序中记录未大量移动，可采用顺序存储结构，若记录大量移动，则可采用静态链表实现（表插入排序、链式基数排序）。

排序方法	最好时间	平均时间	最坏时间	辅助空间	稳定性
直接插入排序	O(n)	$O(n^2)$	$O(n^2)$	O(1)	稳定
希尔排序	O(n)	$O(n^{1.3})$	$O(n^2)$	O(1)	不稳定

续表

排序方法	最好时间	平均时间	最坏时间	辅助空间	稳定性
直接选择排序	$O(n^2)$	$O(n^2)$	$O(n^2)$	O(1)	稳定
堆排序	$O(nlog_2n)$	$O(nlog_2n)$	$O(nlog_2n)$	O(1)	不稳定
冒泡排序	O(n)	$O(n^2)$	$O(n^2)$	O(1)	稳定
快速排序	$O(nlog_2n)$	$O(nlog_2n)$	$O(n^2)$	$O(log_2n)$	不稳定
归并排序	$O(nlog_2n)$	$O(nlog_2n)$	$O(nlog_2n)$	O(n)	稳定
基数排序	O(d(n+rd))	O(d(r+n))	O(d(r+n))	O(n)	稳定

本章小结

本章介绍了数据结构中排序的概念，常用的排序算法的实现，排序过程中的“稳定”与“不稳定”的含义，各种排序算法的时间复杂度的分析等相关知识。重点要求学生掌握常用的排序算法。理解排序算法的过程，通过程序实现具体的排序。

上机实训

1．借助于快速排序的算法思想，在一组无序的记录中查找给定关键字值等于 key 的记录。设此组记录存放于数组 r[l..h]中。若查找成功，则输出该记录在 r 数组中的位置及其值，否则显示“not find”信息。请编写出算法并简要说明算法思想。

2．冒泡排序算法是把大的元素向上移（气泡的上浮），也可以把小的元素向下移（气泡的下沉），请给出上浮和下沉过程交替的冒泡排序算法。

3．输入 50 个学生的记录（每个学生的记录包括学号和成绩），组成记录数组，然后按成绩由高到低的次序输出（每行 10 个记录）。排序方法采用选择排序。

4．快速分类算法中，如何选取一个界值（又称为轴元素），影响着快速分类的效率，而且界值也并不一定是被分类序列中的一个元素。例如，我们可以用被分类序列中所有元素的平均值作为界值。编写算法实现以平均值为界值的快速分类方法。

5．设有一个数组中存放了一个无序的关键序列 K1、K2、…、Kn。现要求将 Kn 放在将元素排序后的正确位置上，试编写实现该功能的算法，要求比较关键字的次数不超过 n。

习题

1．已知待排序的序列为(503,87,512,61,908,170,897,275,653,462)，试完成下列各题。

（1）根据以上序列建立一个堆（画出第一步和最后堆的结果图），希望先输出最小值。

（2）输出最小值后，如何得到次小值，（并画出相应结果图）。

2．给出一组关键字 T=(12,2,16,30,8,28,4,10,20,6,18)，写出用下列算法从小到大排序第一趟结束时的序列；

（1）希尔排序（第一趟排序的增量为 5）。

（2）快速排序（选第一个记录为枢轴（分隔））。

（3）链式基数排序（基数为 10）。

3．全国有 10000 人参加物理竞赛，只录取成绩优异的前 10 名，并将他们从高分到低分输出。而对落选的其他考生，不需排出名次，问此种情况下，用何种排序方法速度最快？为什么？

4．已知某文件的记录关键字集为{50,10,50,40,45,85,80}，选择一种从平均性能而言是最佳的排序方法进行排序，且说明其稳定性。

5．在内排序算法中，待排序的数据已基本有序时，花费时间反而最多的排序方法是哪种？

6．（1）判定起泡排序的结束条件是什么？

（2）请简单叙述希尔排序的基本思想。

（3）将下列序列调整成堆（堆顶为最小值）。

1	2	3	4	5	6	7	8	9	10
112	70	33	65	24	56	48	92	80	13

（4）在 16 个关键字中选出最小的关键字至少要多少次比较？再选出次小的关键字至少要多少次比较？请简要说明选择的方法和过程。

7．有一随机数组(25,84,21,46,13,27,68,35,20)，现采用某种方法对它们进行排序，其每趟排序结果如下，则该排序方法是什么？

初始：25,84,21,46,13,27,68,35,20

第一趟：20,13,21,25,46,27,68,35,84

参考文献

[1] 邓俊辉．数据结构与算法（Java 语言描述）[M]．北京：机械工业出版社，2006．

[2] 叶核亚．数据结构（Java 版）[M]．北京：电子工业出版社，2004．

[3] Sartaj Sahni 著，孔芳，高伟译．数据结构、算法与应用（Java 语言描述）[M]．北京：中国水利水电出版社，2007．

[4] Robert Lafore 著，计晓云等译．Java 数据结构和算法（第二版）[M]．北京：中国电力出版社，2004．

[5] 朱战立．数据结构- Java 语言描述[M]．北京：清华大学出版社，2005．

[6] 张铭．数据结构与算法．北京：高等教育出版社．2008．

[7] 王学军．数据结构（Java 语言版）[M]．北京：人民邮电出版社，2010．

[8] 刘小晶．数据结构（Java 语言版描述）[M]．北京：清华大学出版社，2011．

[9] 严蔚敏．数据结构与抽象（Java 语言版）[M]．北京：清华大学出版社，2004．

[10] （美）韦斯．数据结构与问题求解（Java 语言版）（第 4 版）[M]．北京：清华大学出版社，2010．